UNITED NATIONS COMMAND INSIGHTS

반드시 알아야 할 국가전략자산
유엔군사령부 인사이트

발행일	2022년 10월 14일 초판 1쇄
	2023년 1월 25일 초판 2쇄
지은이	장광현
펴낸이	장광현
기획 편집	최화, 성화경
발행인	이동윤
발행처	도서출판 선진
출판등록번호	제 2002-000187호
출판등록일자	2002년 10월 7일
전화	02-2275-3090
팩스	02-2273-0570
인쇄 · 제본	선진상사

ⓒ 장광현 2020

ISBN 979-11-980111-0-7
값 20,000원

# UNITED NATIONS COMMAND INSIGHTS

반드시 알아야 할 국가전략자산
유엔군사령부 인사이트

장광현 著

도서출판 선진

머리말

지난 2022년 2월 24일 러시아가 우크라이나를 침공하면서 시작된 러·우 전쟁이 7개월째 지속되고 있다. 우크라이나가 처한 상황이 작금의 한반도 정세와 대한민국의 안보에 미치는 시사점이 적지 않다. 72년 전에 이미 한 차례 참혹한 전쟁을 겪은 적이 있고, 지난 69년 동안 '전쟁이 종결된 상태(終戰)'가 아닌 '정전(停戰)' 상태를 이어오면서 늘 전쟁의 위험을 품에 안고 살아온 대한민국으로서는 지구 반대편에서 벌어지고 있는 러·우 전쟁을 그저 '강 건너 남의 집 불구경하듯이' 바라만 볼 수 있는 상황이 아니기 때문이다.

러시아는 우크라이나를 침공하기 하루 전인 2월 23일 우크라이나의 인권상황과 관련한 결의안을 유엔안보리에 제출했다. 전쟁 명분을 쌓기 위한 수단으로 유엔안보리를 이용하고자 한 것이다. 유엔안보리에서 결의안이 채택되려면 상임이사국의 반대 없이 9개 이상의 회원국이 찬성해야 하는데 표결 결과 찬성은 단 2표에 불과했다. 러시아와 중국만 찬성했을 뿐이다. 러시아는 우크라이나를 침공한 이후에도 유엔안보리 상임이사국이라는 절대적인 권한을 내세워 러시아를 규탄하는 안보리 결의안 자체를 무산시키는 이중성을 보였다. 침공 다음 날인 2월 25일 러시아에 대한 규탄과 함께 즉각적인 철수를 요구하는 서방측의 유엔안보리 결의안은 러시아가 거부권을 행사하였고, 중국과 인도, 아랍에미리트(UAE)가 기권하면서 자동부결되었다. 유엔안보리 상임이사국인 러시아는 자국 안보를 내세워 1945년 10월 국제연합(UN)이 출범할 당시부터 기본 가치로 삼아왔던 '집단안보' 개념을 스스로 내팽개쳤으며, 같은 상임이사국인 중국은 러·우 전쟁 초기부터 내내 러시아의 편에서 힘을 실어주었다. 우크라이나 침공과정에서 상임이사국인 러시아와 중국의 공조는 유엔안보리의 국제적 리더십과 의사결정 시스템에 한계를 드러내었다.

우크라이나와 한국은 지정학적인 면에서 유사한 특성이 있다. 우크라이나는 유럽과 아시아, 흑해로 이어지는 지정학적인 요충지에 자리를 잡고 있어 미국과 러시아, EU의 이해관계가 첨예하게 충돌하는 지역이다. 우크라이나는 1991년 구소련에서 분리독립을 한 상태이지만, 러시아는 여전히 우크라이나의 전략적인 가치를 포기하지 않고 있다. 러시아는 우크라이나를 독립국가연합(CIS) 중 하나로 인정은 하면서도 어디까지나 親 러시아 국가로서 남아 서방세력과의 사이에서 완충지대 역할을 감당해주길 바랐다. "우크라이나를 잃으면 러시아는 머리를 잃는다"는 레닌의 말에서 러시아가 우크라이나를 얼마나 중요한 전략적 요충지로 생각하고 있는지를 가늠할 수 있을 것이다. 이런 우크라이나에 견주어 볼 때, 한반도 역시 자유민주진영과 공산 진영이 대립하는 접점에 위치하면서 주변 강대국들의 이해가 끊임없이 상충하는 지정학적 특성으로 인하여 늘 전쟁 위험을 안고 있다.

반면 한국이 우크라이나와 비교하여 확연히 다른 점은 국방력의 차이와 동맹의 유무일 것이다. 불행히도 우크라이나가 러시아를 상대로 힘겨운 전쟁을 이어갈 수밖에 없는 결정적인 이유는 러시아에 대항할 수 있는 무기체계가 열세할 뿐 아니라 함께 싸울 동맹(同盟)이 없다는 점이다. 반면 한국은 비교적 튼튼한 국방력과 우수한 첨단무기체계를 보유하고 있으며, 무엇보다 강력한 안보자산인 한미동맹과 주한미군, 그리고 유엔사가 있다. 1950년도에 발발한 한국전쟁을 계기로 거의 비슷한 시기에 태동한 이들 세 가지 특별한 자산은 평소 한반도에서 전쟁을 억제하고, 전쟁 발발 시 승리로 이끌 수 있는 '태세'와 '능력'을 유지하고 있다. 지리적으로 동북아지역 대륙의 한쪽 끝단에 자리하고 있는 한국이 하나같이 군사적 강국이면서 핵으로 무장한 주변 공산권 국가들과 근접하고 있는 불리함 속에서도 전후 69년간 당당히 자유민주주의를 지켜가고 있는 것 또한 든든한 한미동맹과 주한미군, 유엔사가 늘 함께 해왔기 때문이다.

그중 한미동맹과 주한미군은 전쟁 직후 체결한 '한미상호방위조약(1953. 10. 1)'에 근거하고 있어 그 견고함은 굳이 강조할 필요가 없다. 반면 유엔사는 엄연히 유엔안보리 결의 제84호(S/1588, 1950. 7. 7)에 의해 창설된 조직이지만, 공산권 국가들을 중심으로 한 해체 요구와 북한의 노골적인 무력화 시도 등으로 위상이 크게 저하되었다. 게다가 국내에서도 북한의 주장을 액면 그대로 대변하면서 끊임없이 흔드는 세력들이 있어 유엔사의 존재감은 매우 약화된 상태이다. 실제로 정전협정 체결 후 70년 가까운 세월이 지나면서 유엔사 회원국들 사이에도 한반도 유사시 재파병 의지를 결의했던 '워싱턴 선언'의 의미가 많이 희석된 느낌이다. 더욱이 2018년 문재인 정부가 출범하면서 지난 5년 동안 유엔사의 지위에 대해 지나치게 폄하와 홀대를 하였으며, 종전선언과 연계하여 언제든지 해체할 수 있는 하찮은 존재로 평가절하하였다.

유엔사는 평시 한반도 정전협정 관리자이면서, 유사시 전력제공자(Force Provider)로서 전구작전을 견인(牽引)하는 유용한 안보전략자산이다. 그런 유엔사가 당장 해체되고 나면 한반도 정전협정 관리는 물론, 나아가서는 유사시 한국방위에 치명적인 악영향을 미치게 될 것이다. 대안이 없는 상태에서 유엔사가 해체될 경우 자연스럽게 주한미군 철수 주장으로 연계될 가능성과 함께 궁극적으로는 한미동맹 손상으로 이어질 것이다. 만약 한반도에서 전쟁이 재발한다고 가정할 경우, 과거 한국전쟁(1950-

53)처럼 한국을 돕기 위한 유엔안보리 차원의 결의문 채택이나 다국적군 전력 구성은 불가능할 것이다. 러·우 전쟁 초기 상황에서 이미 지켜보았듯이, 유엔안보리 상임이사국이면서 북한과 우호·동맹 관계에 있는 러시아와 중국이 유엔안보리에서 거부권을 행사할 것이 거의 확실시 되기 때문이다.

유엔사의 법적 지위에 대한 공격과 해체 논란이 야기되는 원인으로는 여러 이유가 있겠지만, 무엇보다도 그동안 정권이 바뀔 때마다 변화를 거듭했던 한국 정부의 일관성없는 안보정책과 정책입안자들의 유엔사에 대한 무지(無知)가 가장 큰 원인이 아닐 수 없다. 이에 필자는 오직 유엔사가 지니고 있는 유용한 가치를 널리 알려야겠다는 사명감 하나로 "다시 유엔사를 논하다"를 더욱 심화하여 "유엔군사령부 인사이트(UNC Insights)"를 출간하게 되었다. 유엔사의 태동 배경과 변천 과정, 유엔사에 관한 주요 이슈가 무엇인지, 유엔사가 한반도 평화와 한국 안보에 어떻게 기여하고 있는지, 또 한반도 평화체제가 정착할 때까지 한국이 유엔사를 어떻게 활용할 수 있을 것인지에 대해 구체적으로 제시하였다. 바라기는 이 책이 '강대국의 이해관계를 최소화한 가운데 전쟁이 없는 평화적인 한반도 통일'을 꿈꾸는 국방·안보·외교 분야와 학계 및 연구기관에 종사하는 관계자들, 무엇보다 안보전선의 최첨단에 서있는 군 간부들에게 학문적·정책적으로 깊은 영감을 드릴 수 있는 필독서가 된다면 더할 나위 없이 기쁘고 큰 보람이 될 것이다.

추천의 글 (Recommendations)

　제20대 국회 국방위원 시절 미국의 인도-태평양사령부와 일본 내 유엔 후방기지 일곱곳을 돌아보면서 당시 '파이트 투나잇(Fight Tonight)'과 '상시 전투태세 유지'에 전념하던 미군 지휘관들의 결연한 모습이 아직도 기억에 생생하다. 주적(主敵) 개념을 상실해 가는 듯한 한국군 간부들의 모습과 대비되면서 말이다.

　이러한 시점에서 장광현 장군이 한반도의 불확실성과 마치 정글과도 같은 역내·외 안보 상황을 반영하여 시의적절하게 "유엔군사령부 인사이트(UNC Insights)"라는 책을 출간하게 되었다. 장장군은 70년 전 공산주의 집단으로부터 대한민국의 자유민주주의를 회복한 유엔사의 역할과 위상을 재조명하였다. 나는 이 책이 피를 나눈 한미동맹의 끈끈함을 더욱 새롭게 견인할 수 있는 매우 소중한 울림이 될 것이라고 확신한다.

　육사 4년 동안 화랑대에서 함께 절차탁마(切磋琢磨)했던 동기생 장광현 장군은 사관생도 때부터 누구보다 원칙과 규정을 중시하였으며, 매사에 최선을 다하는 열정의 소유자였다. 2016년 말 전역을 하기까지 군 생활 38년 동안을 오직 국가를 위해 헌신한 장광현 장군의 훌륭한 품성과 출중한 능력을 익히 잘 알고 있었던 터라 '다시 유엔사를 논하다'에 이어 "유엔군사령부 인사이트(UNC Insights)"라는 책을 출간한 것에 박수를 보낸다.

그는 이 책에서 세계 유일의 분단국가인 대한민국이 한미동맹의 중요성과 유엔사의 전략적 가치에 대한 인식과 비전을 공유할 것을 호소하고 있다. 특히 오랜 군 생활 동안 정책부서 및 야전에서 중요한 직책을 두루 역임하면서 몸소 체득한 전문성과 경험적 요소를 모두 결합하였기에, 이 책이 장차 대한민국의 국방안보에 큰 지침서가 될 역작임을 믿어 의심치 않는다.

적어도 대한민국 안보를 책임지는 국방 분야 관계자와 군의 간부들, 그리고 대한민국의 국방 및 외교 안보, 정치 및 통일 분야에 관심을 두고 있는 분들에게 필독서가 되기를 바란다. 다시 한번 누군가 꼭 해야 할 일을 더 늦기 전에 행동으로 옮겨준 장광현 장군에게 진심 어린 감사와 축하를 드린다.

제20대 국회의원

이 종 명

추천의 글 (Recommendations)

유엔사에서 군사정전위원회 수석대표를 지낸 장광현 박사가 "다시 유엔사를 논하다"에 이어 "유엔군사령부 인사이트(UNC Insights)"를 세상에 내놓았다. 일찍이 저자가 가지고 있는 전문성과 군사적 식견을 알고 있기에 전혀 놀라운 일이 아니다.

장광현 박사는 본인의 생생한 유엔사 근무경험과 깊은 학문적 통찰을 통하여 70년 전 냉전의 화마(火魔)가 한반도를 뒤덮었을 때 대한민국을 구하는 데 실질적으로 공헌하였던 유엔사가 변화하는 안보환경과 한반도 정세에 맞게 그 역할과 기능을 최적화시켜 나가야 한다는 발전적 가이드라인을 제시하고 있다. 이 책은 단순히 유엔사의 현주소와 미래 비전을 제시하는데 그치지 않고, 장기적인 안목에서 유엔사를 통해 한반도 평화와 안정을 도모하는 큰 물길을 열고 있다.

역사적 관점에서 유엔사의 법적 지위가 명확함에도 오늘날 대한민국 일각에서 유엔사를 부정하는 시각이 제기되는 것이 매우 우려스럽다. 항간의 주장처럼 유엔사는 족보조차 없는 구시대의 유물(遺物)이 아니다. 유엔사는 한반도를 둘러싼 강대국의 이해관계 속에서 대한민국만이 활용할 수 있는 엄청나고도 강력한 힘(power)이자 유사시를 대비한 상시 준비된 다국적군 전력이다.

대한민국의 국방력이 한국군 자체 능력에 더하여 한미동맹, 그리고 유엔사를 구성하는 국가들과의 동맹에 준하는 군사적 협력관계는 평시 전쟁 억제는 물론 유사시 한국방위를 위해 더할 나위 없이 중요한 자산이며, 이 세 가지 요소가 합쳐진 시너지 효과는 어떠한 국방과학기술이나 무기체계와도 비교할 수 없을 정도로 절대적이다.

모쪼록 우리 국민이 이 경이로운 책을 통해 블루오션(blue-ocean)과도 같은 유엔사의 엄청난 가치를 인식할 수 있기를 바란다. 그래서 앞으로도 유엔사가 평시에는 한반도 평화에 힘쓰고, 유사시 한국을 방어하는 안보 방패와 망토로 활용될 수 있도록 전략적인 지혜를 모아갈 수 있게 되기를 바란다. 이 책을 통해 펼치는 장광현 박사의 냉철한 주장과 논리를 부디 한국의 국가지도부와 모든 국민이 간과하지 않으시기를 바란다.

김희은(Kim Hee Eun)
아시아태평양전략센터(Center for Asia Pacific Strategy) CEO 겸 이사장
Washington D.C.

추천의 글 (Recommendations)

본인은 과거 3년간 유엔사 내 핵심조직인 군사정전위원회(UNCMAC)에서 영(英)연방 대표로 근무하면서 당시 수석대표로 재직 중이던 장광현 장군과 비교적 오랜 기간을 함께 일할 기회가 있었다. 그곳에서 일하는 동안 나는 유엔군사령부라는 중요한 기구가 한반도에서 거의 매일같이 발생하는 여러 가지 안보문제와 씨름하는 것을 직접 관찰할 수 있었다.

장광현 장군은 한미연합사와 유엔사, 그리고 한국 합참 등에서 여러 중책을 수행하면서 얻은 경험을 바탕으로 "유엔군사령부 인사이트(UNC Insights)"라는 훌륭한 책을 집필하였다. 내가 보기에 이 책은 그저 '단순한 역사책(history book)'이 아니다. 이 책은 대한민국과 북한이 매일 직면하고 있는 '독특한 딜레마(unique dilemma)'를 들추어 일깨우는 안보현장 그 자체일 뿐만 아니라, 잠재적으로는 한반도를 넘어 동북아지역에까지 엄청난 영향을 미치는 '한 편의 살아있는 다큐멘터리(a living documentary)'이다.

이 책은 유엔사가 수행하는 본연의 역할과 기능을 정확히 포착한 상태에서 한반도의 미래까지를 내다보며, 유엔사가 앞으로 한반도 평화 정착 시까지 어떻게 공존할 것인가에 관한 비전을 고스란히 담고 있다. 장 장군은 여기에 한발 더 나아가서 막강한 군사력이 밀집되어 있어 세계에서 가장 위험한 지역 중의 하나로 손꼽히는 한반도에서 평화와 안정을 지속하기 위한 힘의 원천으로서 유엔사의 미래 활용도와 가치에 대하여 매우 일관되고도 설득력 있는 주장을 펴고 있다.

나는 한반도가 처한 실제적이고도 생생한 현실에 대해 더 많이 알고 싶어 하거나 한반도에 항구적인 평화와 안정을 바라는 사람, 그리고 지난 수천 년 동안 단일 역사를 가진 남과 북이 궁극적으로 재결합하는 것을 보고자 하는 사람들에게 자신있게 이 책을 추천한다.

예비역 준장 앤드류 클리프 (Andrew Cliffe)
前 주한 영국 국방무관 겸 유엔사 군정위 영연방 대표
Former UK Defence Attaché to the Republic of Korea &
Commonwealth member for the UN Military Armistice Committee

추천의 글 (Recommendations)

유엔군사령부는 군사 지휘구조나 임무, 존속기간, 그리고 중요성 면에서 세계 역사상 가장 특이한 실체 중 하나이다. 유엔사는 70년 가까이 지속 중인 정전체제를 유지하는 중요한 기관이면서, 한반도와 관련성이 높은 동북아지역의 안정과 평화에도 기여하는 중요한 기구이다. 정전협정 체결 이후 지금까지 유엔사가 존재한다는 것은 한반도가 항구적인 평화체제로 가기 위해서는 아직도 극복해야 할 과업이 산적하고 있다는 것을 상기시켜 준다.

장광현 박사는 유엔사가 수행하는 중요한 핵심 기능 중 하나인 '정전협정 유지'를 실질적으로 주도하는 '유엔사 군사정전위원회(UNCMAC)'에서 수석대표로 근무했다. 군정위 수석대표는 유엔사가 수행하는 전·평시 임무에 대해 다양한 견해를 가지고 있는 한국군 지도부와 유엔사를 연결해 주는 접점 역할을 하는 매우 중요한 직위이다. 나는 지난 2012년부터 2017년도에 이르기까지 6년간 중립국감독위원회(NNSC)의 스위스 대표로서 UNCMAC의 많은 고위급 직위자들과 함께 일하였는데, 특히 장광현 장군과 함께 외부적인 관점에서 유엔사 활동을 감시하면서 서로 긴밀히 협력하고 교류한 것이 가장 기억에 남는다.

장광현 박사는 유엔사 내 유일한 한국군 장성(將星)으로서 유엔사가 주관하는 각종 프로세스뿐만 아니라, 유엔사가 한국 국방부나 합참과 가진 다양한 의사결정 사이클에도 관여했던 전문가이다. 그는 이번에 자신의 귀중한 근무경험과 연구결과물들을 토대로 "유엔군사령부 인사이트(UNC Insights)"를 집필하였다. 유엔사의 과거와 현재를 정리함은 물론, 유사시 한국방위에 매우 긴요한 전략자산인 유엔사의 중요성과 미래 활용가치 등 전문가가 아니고서는 쉽게 다룰 수 없는 다양하고도 도전적인 이슈에 대한 객관적인 분석과 해결책을 제시하고 있다.

특히 유엔사의 미래를 논함에 있어 예상되는 많은 도전적 이슈들을 진단하고 한국 정부와 국민이 현명한 선택을 할 수 있도록 기회를 제공하고자 하는 이 통찰력 있는 작품은 대한민국뿐만 아니라 미국을 비롯한 유엔사 회원국들에 이르기까지 폭넓은 독자층을 확보할 만한 학문적 가치를 지니고 있다. 부디 장광현 박사의 역작이 한반도 평화와 통일, 나아가서는 동북아지역의 안정을 꾀하는데 큰 이정표가 되길 바라는 바이다.

예비역 소장 우르스 거버 (MG Urs Gerber(Ret)
전 중립국감독위원회 스위스 대표
Former Swiss Member of the Neutral Nations Supervisory Commission

추천의 글 (Recommendations)

　오랫동안 유엔사에 대해 깊이있고 폭넓게 연구해 온 장광현 박사가 한미연합사 부참모장 겸 유엔사 군사정전위원회 수석대표로 근무했던 본인의 실제적인 경험과 그동안 축적해 전문성을 바탕으로 '유엔군사령부 인사이트(UNC Insights)'를 출간하게 되었다. 이 책을 통해 저자는 유엔사의 과거와 현재를 재조명함은 물론, 미래에도 유엔사가 우리 국가안보에 유용하게 활용될 수 있도록 국가전략 차원에서 관리해야 함을 주장하고 있다.

　유엔사는 한국으로서는 더할 나위 없이 긴요한 국가안보전략 자산이다. 한반도 유사시 유엔사가 주도하는 다국적 연합군이 즉각 개입하게 되어 있는데, 분단국가인 한국으로서는 이보다 더 좋은 국제안전보장이 또 어디에 있겠는가? 전 세계적으로 이러한 국제 집단안보체제를 유지하고 있는 나라는 지구상에 대한민국이 유일하다.

　일찍이 유엔사가 재활성화를 가동하면서 한국이 일정 부분 역할을 분담해 주기를 요구해 왔지만, 한국의 국가지도부는 혹여 국익에 반하는 결과를 초래할 것을 염려하여 늘 조심스럽게 접근해 왔다. 이러한 모면주의(謀免主義)로 인해 국내에서 유엔사의 중요성은 더욱 경시되었으며, 학술적 연구 또한 매우 빈한하게 만들었다.

이 책에서 장광현 박사는 한국의 국가지도부와 국민 모두에게 유엔사에 관한 인식을 새롭게 함과 동시에, 국가안보 차원에서 더욱 적극적이고 전략적으로 관리해야 함을 역설하고 있다. 유엔사 문제는 21세기 국제화 시대에 온 세계가 긴밀히 협력해야 하는 관점에서뿐만 아니라, 북핵 문제를 비롯하여 전쟁의 위험성이 전혀 해소되지 않고 있는 현실에 비추어 보아도 매우 긴요한 주제임에 틀림이 없기에 그의 논리는 더욱 설득력이 있다.

모쪼록 한국의 국방 및 외교·안보 분야에 관여하는 정책 전문가들과 학계 및 연구기관의 관계관, 군의 주요 간부들, 나아가서는 대한민국 안보를 염려하는 우리 국민에 이르기까지 모든 분에게 주저함 없이 일독을 권면하는 바이다.

홍성표 박사
아주대 교수 겸 한국군사문제연구원 전문연구위원

CONTENTS

머리말   4
추천의 글   9
프롤로그   22

1부   6.25전쟁, 그리고 유엔사

01   전쟁의 그림자   31
02   한국전쟁, 그 치열했던 3년   36
03   전쟁의 아픔과 상처   43
04   잊혀진 전쟁, 잊혀져가는 유엔사   46

2부   유엔군사령부 이해

05   창설 배경 및 과정   52
06   유엔사의 역사적 변천   57
07   주한미군사와 한미연합사, 그리고 유엔사   70
08   유엔사의 국제법적 지위   79

3부 유엔사의 역할·편성·조직

09 유엔사의 임무 및 기능   85
10 편성 및 조직   94
11 군사정전위원회(UNC MAC)   98
12 중립국감독위원회(NNSC)   110

4부 주일 유엔사 후방기지

13 주일 유엔사 후방기지 방문 프로그램   121
14 후방지휘소의 임무 및 기능   128
15 후방기지별 현황 및 능력   133

5부 유엔군사령부 재활성화

16 유엔사 재활성화 배경   163
17 유엔사 역할 및 기능 강화   170
18 다국적 통합사령부 운용   176
19 전시 대비 회원국 능력 및 결속 강화   182
20 미국의 유엔사 재활성화 의도   201

6부 유엔사 관련 주요 이슈

21 유엔사의 법적 지위 및 해체 논란   218
22 유엔사 재활성화의 방향성   254
23 유엔사 전투사령부화 논란   276
24 유엔사 전력제공 전망   291
25 한반도 종전선언과 유엔사   317

7부 글을 마치며

26 유용한 국가전략자산, 유엔사   339
27 대한민국에 특화된 맞춤형 안전보장보험, 유엔사   345
28 유엔사의 미래, 한미동맹의 선택   350

주석   357

프롤로그 (Prologue)

우리 속담에 "달면 삼키고 쓰면 뱉는다"라는 말이 있다. 자신에게 유리하면 받아들이고 불리하면 내치는 이기주의적인 태도를 나무라거나 신의(信義)를 돌보지 않고 자기의 이익만을 꾀하는 것을 꼬집을 때 쓰는 표현이다. 필자는 이 속담이 마치 지금 우리나라가 유엔사를 대하는 태도와 쏙 빼닮았다고 생각한다.

지금으로부터 72년 전인 1950년 6월 25일 새벽, 스탈린의 사주와 승인, 모택동의 지원을 약속받은 북한 김일성이 38도선 전(全) 전선에 걸쳐 기습남침을 감행함으로써 대한민국의 운명은 풍전등화(風前燈火)의 위기에 처하였다. 장담하건대, 만약 그때 미국의 즉각적인 개입과 유엔군의 도움이 없었더라면 대한민국의 자유민주주의는 끝내 지켜지지 못했을 것이다. 미국이 매우 발 빠르게 유엔(UN)을 움직였고 유엔의 요청에 호응하여 16개 나라가 국제연합군 일원으로 신속히 전투병력을 한반도에 파견했다. 전투병력 외에도 물자 지원을 약속했던 국가와 전후 복구지원에 참여한 나라들까지 합치면 국제사회에서 대한민국을 도왔던 나라는 60여 개 국가가 넘는다.

만 3년을 조금 넘는 6.25전쟁(이하 한국전쟁) 동안 연인원 195만 7천여 명의 유엔군이 참전하였고, 그중 전사 또는 사망자 4만여 명을 비롯하여 부상, 실종 및 포로 등 15만 5천 명에 가까운 인원이 희생되었다. 유엔군의 일원으로 이름조차 제대로 알려지지 않은 동양의 낯설고 작은 나라를 위해 자신의 몸을 초개와 같이 바친 꽃다운 이국(異國) 젊은이들의 고귀한 희생 덕분에 대한민국은 자유민주주의를 회복할 수 있었다. 대륙세력과 해양세력의 이해관계가 충돌하는 동북아 대륙 끝단에 위치한 대한민국은 전통적인 동맹국 미국보다는 러시아, 중국 등 공산주의 강대국들과 더 근접한 지정학적 불리점에도 불구하고 전후 70년 동안 꿋꿋이 자유민주주의를 지켜내면서 세계 제10위권 경제대국으로 성장할 수 있었다. 어디 그뿐인가? 1953년 7월 27일 정전협정 체결과 때를 같이 하여 '한국에서 또다시 전쟁이 발발할 경우 즉각 재참전할 것'을 결의했던 유엔사는 지금까지 이 땅에 머무르면서 한반도 평화와 안정을 위해 묵묵히 임무를 수행하고 있다. 오늘날 대한민국이 급변하는 주변 정세에 능동적으로 대처하면서 한편으로는 북한의 끊임없는 도발과 위협속에서도 자유민주주의 발전과 경제성장이라는 두 마리 토끼를 한꺼번에 잡을 수 있었던 이면에는 든든한 한미동맹과 함께 한반도 평화와 안정에 힘써온 유엔사의 기여도를 간과할 수 없다. 유엔사는 평시 한반도 '정전협정 관리자'로서, 그리고 유사시에는 '전력 제공자'로서 부여받은 임무 수행에 집중하며 늘 대한민국과 함께 해왔다.

그런 유엔사가 언제부터인가 한국에서 홀대와 외면을 당하고 있다. 북한이 핵 및 미사일 전력을 더욱 강화하는 등 한반도에서 군사적 위협이 전혀 줄어들지 않고 있는 현실임에도 불구하고, 최근 대한민국 내에서는 유엔사를 담보로 섣부른 한반도 평화를 꿈꾸는 낯설고 이상한 일이 벌어지곤 했다. 오래전부터 유엔사의 법적인 지위를 거론하며 끊임없이 해체를 주장하는 북한과 이를 부추기는 일부 공산권 국가들의 시비는 애써 무시하며 넘길 수 있다. 문제는 한국 내부에서조차 유엔사를 하찮은 애물단지로 취급하며 북한의 주장에 동조하는 세력들의 목소리가 끊임없이 이어지고 있다는 사실이다. "유엔사가 남북관계를 저해하고 한반도 통일을 가로막는 걸림돌이므로 마땅히 해체해야 한다"는 북한의 집요한 주장에 맹목적으로 편승하는 국내 일부 세력들의 주장은 이미 도를 넘었다. 이러한 행태가 더욱 심각한 수준으로 확장되는 이유는 순전히 한국 정부의 어정쩡하고도 방관자적인 태도 때문이다. 특히 북한 비핵화를 촉진할 수 있다는 이유로, 또는 '한반도 평화 프로세스'를 진전시키기 위해서라면 유엔사 정도는 얼마든지 해체할 수도 있다는 문재인 정부의 편향된 시각은 안보적 관점에서 볼 때 심히 우려스러운 일이 아닐 수 없다.

문재인 정부의 대(對)한반도 정책인 '한반도 평화 프로세스'는 먼저 종전선언을 통해 한국전쟁의 완전한 종식을 선언함으로써 북한이 비핵화 협상에 응할 수 있는 분위기를 조성해 주고, 북한 비핵화가 어느 정도 진척된 시점에 유엔사를 해체하는 등 신뢰성 있는 조치를 더함으로써 한반도 평화협정을 성사시키겠다는 것이다. 이처럼 유엔사를 평화협정 체결을 위한 희생양으로 내세우고자 하는 구상은 한 마디로 '유엔사가 한반도 평화를 가로막고 있으므로 반드시 해체해야 한다'는 일부 정책입안자들의 편향된 사고(思考)가 여과없이 반영된 것으로 보인다.

이렇듯이, 국제사회가 북한 비핵화를 논의하는 과정에서 문재인 정부의 유엔사에 대한 부정적 인식은 졸지에 유엔사를 한반도 평화 조성에 걸림돌이 되는 천덕꾸러기 신세로 전락시켜 버렸다. 특히 문재인 전 대통령은 제76차 유엔총회 연설을 통해 한반도 종전선언을 재차 국제사회에 이슈화함으로써 유엔사를 비핵화와 평화협정 체결을 위한 첫번째 희생 제물로 내놓았다. 일반적으로 종전선언은 평화협정의 서두에 담아 동시에 다루는 것이 보편적이거늘 이를 별도로 분리 추진하려는 특이한 형태의 주장도 의아하거니와, "종전선언은 정치적 선언이므로 전혀 위험하지도 않고, 언제든지 취소할 수 있다"는 이상한 논리를 내세움으로써 유엔사의 향후 거취를 더욱 불안하게 만들어 버린것이다.

안타깝게도 72년 전 발발한 한국전쟁이 우리 뇌리에서 점차 잊혀가듯이 현재와 미래 한국방위에 있어 유엔사가 가지는 전략적인 가치와 순기능(順機能)이 우리 국민에게 충분히 전달되지 못하고 있다. 유엔사에 대해 잘 모르기는 비단 우리 국민뿐만 아니라 오랫동안 군 생활을 한 전·현직 군(軍) 간부들도 마찬가지이다. 심지어 국방부나 합참, 한미연합사 또는 유엔사에서 근무한 경력이 있는 고급장교들조차도 자신이 수행하는 직책에 한정하여 거시(巨視)적 관점에서 유엔사를 바라보았다면 유엔사가 가진 전략적 가치를 제대로 알기가 쉽지 않다.

필자는 2001년부터 2004년 말까지, 그리고 2011년도에 각각 합참에 근무하면서 한미연합사나 유엔사와 숱하게 많은 업무를 한 바가 있다. 또한 2015년도에는 한미연합사 부참모장 겸 유엔사 군사정전위원회 수석대표로 근무하면서 유엔사의 전반적인 실체와 그 중요성을 직접 눈으로 보고 체험하였다. 특히 군정위 수석대표로서 판문점 공동경비구역(JSA)을 관장하였고, 군사분계선(DMZ) 및 해상경계선(NLL)에서 빈번히 발생하는 정전협정 위반 사건들에 대한 현장조사를 통해 유엔사의 평시 역할과 기능을 세세히 들여다볼 수 있었다. 아울러 미국을 비롯한 17개 유엔사 회원국(전력 제공국, Sending States)들과, 스위스, 스웨덴 등 중립국 감독위원회 대표국들과의 다양한 교류를 통해 유엔사가 한반도 평화와 안정에 얼마나 긴요한 존재인지를 절감하였다. 무엇보다도 2015년 말 일곱 곳의 주일 유엔사 후방기지를 방문하여 세세히 둘러볼 기회가 있었는데, 이는 평시 또는 한반도 유사시 유엔사를 매개로 하여 한국에 제공될 수 있는 엄청나고도 막강한 전력과 자산의 보고(寶庫)임을 두 눈으로 직접 확인할 수 있었다. 만약 유엔사 후방기지들을 돌아볼 기회가 없었더라면 필자 역시 유엔사의 중요성에 대해 지금처럼 절감하지는 못했을 것이다.

38년의 군 생활을 마친 후 늦은 나이에 공부를 시작하면서 경험적인 요소들을 가미하여 유엔사를 집중적으로 연구했고, 유엔사에 관한 박사학위 논문을 썼다. 이후 유엔사의 유용한 가치를 널리 알려야겠다는 사명감 하나로 2020년 11월 "다시 유엔사(UNC)를 논하다"라는 책을 세상에 내놓았다. 그 책의 2쇄를 준비하던 중 몇 가지의 중요한 안보 변수가 생김에 따라 온전히 유엔사에 포커스(focus)를 맞추어 새로운 책을 내기로 마음을 고쳐먹었다. '다시 유엔사(UNC)를 논하다'란 책이 동맹이론과 전작권 전환 등 여러 가지 관련된 내용을 포괄적으로 담고 있다면, 이 책은 유엔사에만 집중하고 있는 것이 특징이다. 오로지 유엔사로만 내용을 한정하여 새로이 책을 내게 된 직접적인 동기는 문재인 정부의 편향적인 대 한반도 정책으로 인해 전·평시 중요한 국가안보전략자산인 유엔사의 향후 거취가 중대한 위협에 처하게 되었기 때문이다. 우선 외교안보 분야에서 일하는 정책 입안자들이나 연구기관 종사자, 군간부 거기에 더하여 우리 국민들을 대상으로 유엔사의 중요성과 전략적인 가치를 생생히 알리고 싶었다. 아울러 유엔사의 과거와 현재를 있는 그대로 재조명함으로써 향후 한반도 평화 시대에도 유엔사가 어떻게 우리와 공존할 수 있을 것인지에 대한 생각을 독자들과 공유하고 싶었다.

이 책은 "다시 유엔사(UNC)를 논하다"란 책과 비교하여 몇 가지 차별적인 특징이 있다. 먼저 제1부 '한국전쟁, 그리고 한미동맹'을 새로이 추가하였다. 이 장에서는 8.15 광복 이후 한국전쟁이 일어나게 된 배경과 이후 분단이 되기까지의 과정, 그리고 3년간 전쟁으로 인해 발생한 피해와 상흔(傷痕)들을 핵심 위주로 다루었으며, 특히 참전 유엔군들이 치른 값진 희생을 재조명하였다. 대부분의 사람들이 어느 정도 알고있는 한국전쟁 전후에 관한 역사적 사실을 굳이 서두에 포함한 것은 새삼스러운 내용이 있어서라기보다는 전쟁이 왜 발생했는지, 전쟁의 경과와 결과가 어떠했는지에 관한 역사적 진실들을 독자들의 기억 속에 먼저 확고히 각인시켜 드리고 싶었기 때문이다. 제4부에서 주일 유엔사 후방기지를 별도의 장(章)으로 독립시켜 내용을 대폭 보완한 것 역시 이 책의 중요한 특징 중의 하나이다. 필자가 2015년 말 일곱 곳의 유엔사 후방기지를 직접 둘러보면서 각각의 후방기지에 대해 세세히 기록해 두었던 비망록중에서 군사보안에 저촉되지 않는 선에서 비교적 소상하게 소개함으로써 유엔사 후방기지가 갖는 전략적 가치와 각각의 기지들이 유사시 한국방위에 얼마나 긴요한 역할을 감당하게 될 것인지를 독자들에게 알리고자 하였다. 이 외에도 유엔사의 미래에 중대한 영향을 미치게 될 종전선언의 허(虛)와 실(實) 등 많은 분야에 관한 내용을 대폭 보완하였다.

비록 이 책이 독자들에게 유엔사에 관한 모든 궁금증을 해소해 드릴 수는 없겠지만, 적어도 유엔사의 모습을 있는 그대로 알려드릴 수는 있을것으로 기대한다. 모쪼록 유엔사의 존재 자체가 평시 한반도 평화 및 안정을 위해 얼마나 유용한지, 특히 한반도 유사시 유엔사가 대한민국 방위에 얼마나 긴요한 역할을 감당하게 될 것인지에 대해 인식케 하는 귀중한 안보지침서가 되길 바란다.

2022년 10월

저자 장 광 현

제1부

6.25 전쟁, 그리고 유엔사

01. 전쟁의 그림자
02. 한국전쟁, 그 치열했던 3년
03. 전쟁의 아픔과 상처
04. 잊혀진 전쟁, 잊혀져 가는 유엔사

제2차 세계대전 말 소련의 기습적인 대일본 선전포고에 이은 참전,
38도선을 기준으로 한 미국과 소련의 분할 점령 및 군정(軍政)은
한반도를 남과 북으로 갈라지게 하는 주요 원인이 되었다.
이후 미국이 설정한 '애치슨라인(Acheson line)'은
북한이 '조선반도 공산화'를 목표로 전쟁을 일으키는 단초를 제공하였다.

소련 군사고문단의 지도하에 철저하게 공산주의 관념에 기초하여
남침계획을 수립한 북한 김일성은
스탈린의 승인과 모택동의 지원 약속에 힘입어
1950년 6월 25일 새벽에 기습남침을 감행하였다.

미국의 신속한 개입과 국제연합(UN)의 발 빠른 대응 덕분에
유엔안보리 결의 제82, 83, 84호가 연이어 채택되었다.
풍전등화(風前燈火)의 위기에 처한 대한민국을 돕기 위해
16개의 우방국 전력이 참여한 다국적 통합사령부가 구성되었는데,
이것이 오늘날 유엔군사령부의 전신(全身)이다.

3년 동안 치열한 전쟁을 치르면서 막대한 피해가 발생하였지만,
전쟁 종결이 아닌 정전협정 상태로 69년의 세월이 지나고 있다.
국내·외 참전용사들의 생존자 수가 점점 줄어드는 것과 비례하여
6.25 전쟁에 대한 기억과 역사적 진실이 잊혀져 가고
자유민주주의 회복을 위해 싸웠던 유엔사의 존재감 또한 약화되어
끊임없는 법적 지위 시비와 해체 주장에 시달리게 되었다.

01 전쟁의 그림자

제2차 세계대전이 막바지에 접어들던 무렵인 1945년 8월 8일 유라시아 대륙의 신흥 강국으로 떠오른 소련이 뒤늦게 일본제국에 대해 선전포고를 했다. 1945년 7월 포츠담에서 미·영·소 3국 수뇌가 모여 2차 세계대전에 관한 전후처리(戰後處理) 문제를 협의할 때만 해도 얄타 회담 때 밀약 되었던 대일(對日) 참전 문제를 놓고 이리저리 발을 빼기에 바빴던 소련이었다. 공교롭게도 소련이 대일 선전포고를 한 그날은 미국이 일본 히로시마에 원자폭탄을 투하한 지 이틀이 지난 시기로 전세는 이미 미국 쪽으로 완전히 기울어진 뒤였다. 히로시마와 나카사키에 원폭 공격을 받은 일본은 그야말로 '패닉(panic)' 상태에 빠지게 되면서 승기(勝機)를 잡은 미국은 대일전쟁(對日戰爭)을 독자적인 힘으로 마무리 할 수 있다고 자신하며 다른 나라들의 참전을 꺼리던 참이었다. 실제로 포츠담 회담이 열리기 하루 전인 7월 16일 영국의 처칠 수상이 일본 상륙작전에 협력하겠다는 뜻을 전해 왔을 때 트루먼 대통령은 이를 정중히 거절하였다. 영국 참전을 허용할 경우 미국의 대(對)일본 전쟁 종결 구상에 차질이 발생할 뿐 아니라, 이를 핑계로 소련까지 끼어들 경우 상황이 더욱 복잡해질 우려가 있었기 때문이었다. 이런 상황에서 제2차 세계대전이 종전된 이후 극동에서의 유리한 입장을 차지하기 위해 이리저리 저울질하던 소련이 일본이 패망 직전 상태에 놓이게 되자 얄타 회담을 명분으로 재빠르게 참전을 선언한 것이다. 예기치 않은 소련의 기습적인 선전포고와 빠른 진출속도로 말미암아 미국은 매우 당황할 수 밖에 없었다.

소련은 '8월의 폭풍 작전'을 개시하여 순식간에 만주국을 점령하고, 요동 반도에 이어서 러일전쟁 당시 일본에 빼앗겼던 뤼순을 점령하였다. 그리고는 마침내 일본제국의 지배 아래 있던 조선(朝鮮)으로 진격하기 시작했다. 미국은 소련의 빠른 진출속도를 심히 우려하였다. 당시 미군은 아직 오키나와에 머물고 있었던지라 이대로 놔두다간 자칫 한반도 전체를 소련에 내줄 수도 있겠다는 위기감을 느끼기에 충분하였다. 이에 미국은 항복을 앞둔 일본제국에 대한 무장해제 작전을 함에 있어 북위 38도선을 기준으로 분할 점령할 것을 소련에 긴급히 제의하였다. 놀랍게도 소련은 미국의 제의를 선뜻 받아들였다. 소련이 미국의 원자폭탄을 두려워하여 미국의 제의에 응할 수밖에 없었다는 설(說)이 지배적이지만, 어찌 되었건 미국으로서는 다행스러운 순간이 아닐 수 없었다. 미소 합의에 따라 국제사회가 그동안 일본제국의 위성국으로 인정하던 만주국에 더하여 한반도의 38도선 북쪽 지역을 소련군 관할구역으로 정하고, 38도선 이남 지역과 일본 열도를 미군 관할구역으로 나누게 된 것이다. 그러나 미국과 소련이 38도선을 기준으로 점령지역 분할을 합의한 것은 대한제국이 일본제국에 강제합병되기 전에 국제적으로 이미 한 차례 공인된 바 있는 한반도의 공간을 다시금 두 개로 나누는 결과를 초래하고 말았다.

　미국의 원자폭탄 투하로 완전히 전의(戰意)를 상실한 일본이 1945년 8월 15일 무조건 항복을 선언하면서 마침내 조선은 일제 식민지에서 해방되었다. 그러나 해방되기 이전인 1945년 2월 얄타 회담에서 이루어진 미소 간의 비공식적 합의에 근거하여 한반도 중앙으로 관통하는 북위 38도선을 경계로하여 남쪽에는 미국이, 북쪽에는 소련이 각각 군정을 맡게 됨에 따라 남과 북은 서로 다른 이념적 체제로 갈라지고 말았다. 비록 관할구역이 38도선 이남으로 한정되긴 했지만, 남측은 미 군정 하에서 '대한제국'에 이어 '대한민국 임시정부'의 혈통을 이어받은 '대한민국'으로 국호를 정하였고, 1948년 8월 15일 국제연합 제3차 총회에서 한반도의 유일한 합법적인 정부로 인정받아 국제사회의 일원이 되었다. 반면 38도선 이북에서는 일제 강점하에 있던 '조선'과 과거 이성계가 명나라 황제로부터 낙점받았던 '조선'이라는 명칭을 계승하여 '조선민주주의인민공화국'을 수립하였으며, 1948년 9월 9일 공산주의 종주국으로 부상한 소련을 비롯하여 중국 공산당, 그리고 동유럽 국가들까지 포함하는 유라시아 공산권 블럭 내에서 하나의 국가로 인정을 받았다. 당시 남과 북이 제각기 상대방의 정체성을 부정하는 가운데 1948년 9월부터 10월까지 불과 한 달 사이에 38도선을 기준으로 각각 자유 세계와 공산 세계로부터 인정을 받은 두 개의 다른 체제, 즉 '대한민국'과 '조선민주주의인민공화국'이 수립된 것이다.

　1948년 5월 대한민국 정부가 공식 수립됨에 따라 남한에 주둔하던 미군은 1948년 9월부터 1949년 6월까지 철수를 완료했다. 북한지역에 주둔하던 소련군 역시 1948년 12월에 모두 철수하였다. 미군과 소련군은 한반도를 떠나면서 각각 군사고문단을 남겨 국군과 인민군의 훈련을 계속 담당했다. 특히 소련군은 철수하면서 T-34 전차와 야크(Yak-3) 전투기, 어뢰정을 비롯한 중화기 일체와 관련 군수물자를 통째로 북한에 넘겨주었을 뿐만 아니라 군사고문단도 3,000명 이상을 남겨놓았다. 이들 소련 군사고문단들은 북한군 건설과 무장력 증강, 그리고 간부 양성을 포함한 조선인민군 훈련에 힘썼으며, 후일 김일성의 남침계획을 구체적으로 발전시키는 데 결정적인 공헌을 했다. 이에 비해 미군은 애초 약속했던 수준보다도 훨씬 못 미치는 정도의 소화기(小火器)와 약간의 물자만 한국군에게 넘겨주었으며, 군사고문단도 500명이 채 안 되는 495명만을 남긴 채 한국을 떠났다.

해방 직후 한반도가 이러한 지정학적인 구도와 서로 다른 체제로 진통을 겪고 있는 동안에 공산 진영의 종주국 소련은 1949년 8월 29일 카자흐스탄에서 핵폭탄 실험에 성공하였다. 또 중국에서는 한때 일본제국에 공동으로 대항하기 위해 서로 연합했던 국민당과 중국공산당 간의 제2차 국공합작이 일본 패망과 동시에 이내 결렬되면서 다시금 주도권을 다투는 내전(內戰)으로 치닫게 되었다. 그리고 그해 10월 1일 마오저뚱(毛澤東)이 이끄는 중국공산당은 장개석의 국민당을 몰아내고 '중화인민공화국' 수립을 선언하였다. 소련의 핵실험 성공과 마오저뚱을 수반으로 하는 중화인민공화국 수립은 동북아지역에서 공산권 진영의 세력이 커졌다는 것을 의미하는 중대한 사태였다. 게다가 1950년 1월 12일 "미국의 극동 방위선에서 한반도를 제외한다"는 애치슨 라인(Acheson line) 발표는 북한으로 하여금 '조선반도 공산화'를 위한 전쟁을 실행하는 결정적인 원인을 제공하였다.

북한은 소련군이 남기고 간 중장비를 토대로 군대를 창설하고 훈련을 시켰으며, 남한을 무력으로 통일하기 위한 전쟁 준비에 착수하였다. 소련 군사고문단의 전쟁 기획 하에 철저하게 공산주의적 관념에 기초하여 만들어진 남침계획이 완성되자 북한은 본격적으로 남침 준비에 돌입했다. 김일성과 박헌영은 세 차례에 걸친 소련과의 밀고 당기는 협상을 거친 끝에 1950년 4월 모스크바를 방문한 자리에서 마침내 스탈린으로부터 남침 전쟁에 대한 승인을 얻어낼 수 있었다. 미국과의 충돌을 원치 않았던 스탈린은 그동안 김일성의 제안을 여러 차례 거절했으나 핵실험 성공과 중국 공산당의 승리 등 주변환경의 변화 등에 자신감을 얻게 됨으로써 마침내 남침전쟁을 승인하게 된 것이다. 스탈린으로부터 전쟁계획을 승인받은 것에 고무된 김일성은 같은 해 5월 베이징으로 달려가 마오저뚱과 회담을 통해 전쟁계획을 논의하였는데, 스탈린의 의도를 파악한 마오저뚱 역시 미국이 참전할 경우 전쟁을 지원할 것을 약속하기에 이르렀다. 공산 진영의 '교황'과도 같았던 스탈린은 한국전쟁의 서막을 올리는 '신호자(starter)'이자 '연출자'였으면서 '감독'이었으며, 김일성과 마오저뚱은 스탈린의 사주에 따라 움직이는 '전쟁수행자'로 최종 확정된 순간이었다.

02 한국전쟁, 그 치열했던 3년

1950년 6월 25일 새벽 4시를 기하여 소련제 탱크를 앞세운 북한인민군 7개 사단이 38도선 군사분계선을 넘어 기습남침을 감행했다. 암호명 '폭풍'에 따라 김일성 휘하의 조선인민군 제1, 2, 3, 4, 5, 6, 12사단과 제105땅크(전차)연대 등이 '3주 안에 남한땅 전체를 점령한다'는 목표를 세우고 전 전선(戰線)의 11개 지점에서 일제히 전면 공격을 감행한 것이다. 당시 북한군의 상당수는 중국 국공내전(國共內戰, Chinese Civil War)에 참여한 전력이 있는 정예군이었다. 반면, 남한은 무장조차 제대로 갖추지 못한 상태인지라 북한의 기습남침에 속수무책으로 당할 수밖에 없었다. 북한이 남침을 개시하기 불과 6개월 전에 미국의 국방장관 딘 애치슨(Dean Acheson)이 미국의 아시아 방어선에서 한국을 제외하는 엄청난 오판을 저지른 것에 따른 혹독한 대가이기도 했다.

한국전쟁은 1948년도에 남과 북이 각각 자유민주체제와 공산체제로 갈라선 이후 북위 38도선 부근에서 흔히 발생하던 여느 때의 소소한 무장충돌과는 전혀 차원이 다른 명백한 전면전(all-out war)이었다. 개전 초기 상황만을 놓고 보면 한반도 내에서 발생한 동족 간의 내전(內戰)이라고 규정할 수도 있겠으나, 3년 동안 참전했던 국가의 숫자나 참가 규모, 그리고 피해 규모 면에서 볼 때 단순히 내전이라 부르기에는 어울리지 않는 표현이었다. 이 전쟁은 애초부터 북한의 김일성이 '조선민주주의인민공화국으로의 공산화 통일'을 목적으로 치밀하게 전쟁을 주도했고, 스탈린의 허가와 마오저뚱의 적극적인 후원과 파병이 뒷받침되었으며, 사면초가의 고립상태에 빠진 대한민국을 돕기 위해 미국을 비롯한 16개 우방 국가들이 국제연합군으로 참전했던 국제전쟁(國際戰爭)이기도 하였다.

　기습적으로 남침 공격을 감행한 북한은 개전 초기 대성공을 거두었다. 북한군은 공격을 개시한 지 불과 사흘만인 1950년 6월 28일 대한민국 수도 서울을 점령하였다. 이후 공격 기세를 계속 유지하여 7월에는 대전까지 진출하였다. 대전을 석권한 북한군은 진로를 세 방면(호남, 경북 왜관, 영천 및 포항)으로 나누어 계속 남쪽으로 진격하였다. 그중 일부는 호남평야를 휩쓸고서 남해안 연안으로 진격하는 한편, 경상북도 북부 전선 및 동해안 전선과 연계하여 세 방면으로 부산-대구의 미군 보급선을 절단함으로써 한미연합군을 바다로 몰아넣으려는 작전을 강행하였다. 북한군의 거침없는 공세에 밀려 대한민국 정부는 대전과 대구를 거쳐 부산으로 이전하기에 이르렀다. 부산을 점령하기 위해 공세를 멈추지 않는 북한군에 맞서 미 제1기병사단과 한국군 1사단 등으로 구성된 한미연합군은 미 8군사령관 워커(Walton Walker) 장군 지휘 하에 부산을 기점으로 남북으로 135km, 동서로 90km에 달하는 낙동강 방어선을 연결하는 소위 '워커 라인(Walker Line, 부산 교두보)'을 구축한 상태에서 치열한 전투를 거듭하였다. 낙동강을 마지노선으로 하는 아군의 방어는 비교적 큰 성공을 거두었다. 북한군은 1950년 8월 15일 대구를 점령하고자 6만여 명의 병력과 수십 대의 전차를 집중하였으나 미 공군 B-29 폭격기에 의한 대규모 전략폭격으로 말미암아 거의 궤멸되다시피 하였다.

낙동강 방어선에서 치열한 전투가 계속되는 동안 유엔안보리 결의에 따라 영국을 비롯한 15개의 나라가 제공하는 전투병력들이 국제연합군의 형태로 속속 한국에 도착하였다. 국제연합군은 한국군 5개 사단에 추가하여 미군 4개 사단, 영국군 2개 대대, 호주군 1개 대대, 그 밖에 10개국에서 파견된 전투병력을 포함하여 순식간에 수만 명으로 증편되었다. 유엔군은 맥아더 사령관의 총지휘 하에 9월 15일 인천상륙작전에 성공하였으며, 9월 28일에는 낙동강 방어선을 넘어 대대적인 반격을 개시한 끝에 마침내 수도 서울을 수복하였다. 이후 유엔 총회로부터 38선 돌파에 대한 기본적인 목표를 부여받은 유엔군은 본격적으로 북진을 개시하여 10월 19일에는 평양을 수복하였고, 10월 26일에는 국경지대인 초산까지 진출하기에 이르렀다.

그러나 뜻하지 않게 중국 인민해방군 28만여 명이 개입함으로써 전쟁은 새로운 국면으로 접어들게 되었다. 파죽지세로 몰려오는 중국 인민해방군의 공세에 밀려 유엔군은 전 전선에 걸쳐 후퇴를 거듭할 수밖에 없었으며, 그 과정에서 많은 희생을 입었다. 특히 1950년 11월 장진호 지구에서 미 제10군단 예하 1해병사단이 중공군 제9병단 예하 7개 사단으로부터 포위를 당하게 되었고, 이를 뚫고 '강요에 의한 철수'를 하는 과정에서 전사자 1,029명, 실종 4,894명을 포함하여 무려 17,843명의 희생자가 발생하였다. 이후 세 차례에 걸친 중공군의 추가적인 공세로 말미암아 1951년 1월에는 또다시 수도 서울을 탈취당하였다. 하지만 워커 장군의 뒤를 이어 미 제8군사령관으로 부임한 리지웨이(Matthew B. Ridgway) 장군은 중공군의 남진 공세를 물리치고 1951년 3월 15일 수도 서울을 재탈환하였다. 그리고 그해 4월부터 5월까지 두 차례에 걸친 중공군의 춘계공세를 성공적으로 막아낸 데 이어 6월 중순에는 마침내 현재의 군사분계선과 유사한 선까지 진출하는 데 성공하였다.

연합군의 막강한 화력에 눌려 전세가 점차 그들에게 불리해지고 있음을 알아차린 공산 측이 1951년 6월 23일 소련의 유엔 대사 말리크(Marik)를 내세워 느닷없이 정전(停戰)을 제의해 왔다. 한국 이승만 대통령은 정전협정에 강하게 반대하였다. 이승만 대통령은 유엔군의 힘을 빌려 북진을 계속함으로써 한반도를 통일하는 기회로 삼고자 하였다. 그러나 전쟁 장기화에 따른 인명 피해와 자국 여론 악화 등으로 극도의 피로감을 느낀 미국이 결국 이에 호응함으로써 7월 8일 개성에서 정전협정 체결을 위한 예비회담이 개최되었다. 양측은 북한의 점령지역 안에 있는 개성 래봉장에서 제1차 회담(1951. 7. 10)을 개최한 뒤, 약 2개월 만에 조·중측이 미군의 폭격위협을 문제삼음에 따라 동년 8월 30일 지금의 판문점(板門店)으로 장소를 옮겼으며, 10월 25일 제27차 회담을 시작으로 본격적인 협상이 이곳에서 계속 진행되었다.

판문점 휴전회담장지역 항공사진 (1951. 10)
* 출처 : JSA 경비대대 70년사

    11월 28일 양측 협상대표단이 당시의 전선(戰線)을 '임시 휴전선'으로 채택하면서 잠시 전투가 소강상태에 들어가는 듯하였으나 며칠이 채 되지도 않아 다시금 치열한 선전전(宣傳戰)과 함께 쌍방 간의 전투가 계속되었다. 특히 1951년 7월 휴전회담이 개시된 후부터는 38도선 상에서 전선(戰線)이 고정된 채 낮에는 빼앗고 밤에는 빼앗기기를 반복하는 '고지 쟁탈전'이 치열하게 전개되었다. 이러한 근거리 고지전은 세계전사 어디를 봐도 처음 보는 형태인 소위 '제한공격(制限攻擊)'이라는 전법이었다. 비록 공산 진영과 유엔군 측이 휴전 성립을 희망함으로써 겉보기에는 전선(戰線)이 평온을 찾아가는 듯 보였지만, 실제로는 진격을 감행하지 않을 뿐 한 능선(稜線), 한 고지에서 퇴각과 탈환을 수십 회 이상 거듭하였다. 당시 고지 쟁탈전이 치열했던 대표적인 격전지로는 '피의 능선 전투'를 비롯하여 '단장의 능선 전투', '백마고지 전투', 양구 북방의 '펀치볼 전투', '가칠봉 전투' 등을 꼽을 수 있을 것이다. 정전을 위한 협상이 진행되는 동안 반복된 고지 쟁탈전으로 인해 피아 공히 엄청난 수의 사상자가 발생했다. 통계에 의하면 미군이 한국전쟁 3년 동안 입은 사상자 전체의 약 45%가 정전 협상을 하는 이 시기에 발생했다고 한다.[1]

장기간 밀고 당기는 지루하게 진행되던 정전 협상은 1953년 3월 5일 스탈린이 사망하면서 갑자기 활기를 띠게 되었다. 휴전 협정이 결정적으로 성사될 단계에 이르자 북한군은 휴전이 되기 전 전략적인 요지(要地)들을 확보하기 위해 5월 초부터 전 전선(戰線)에 걸쳐 다시 공세를 취해 왔다. 북한군은 5월 12일 중동부 전선에 약 4만 5천의 병력을 집중 투입하여 12시간 동안 무려 11만 8천 발의 포격을 가해옴으로써 아군은 약 3km 정도 남쪽으로 후퇴를 허용할 수밖에 없었다. 동부전선의 '피의 능선'을 비롯하여 서부전선 연천(漣川) 지방 등이 특히 심한 공격을 받았다. 그러나 7월 16일부터 아군이 총공격을 개시하여 적의 공격을 재격퇴하는 데 성공했으며, 닷새가 지난 7월 20일에는 앞서 잃었던 지역 대부분을 탈환할 수 있었다.

그로부터 일주일이 지난 1953년 7월 27일 오전 10시, 한국 정부의 반대에도 불구하고 유엔군 측 대표와 조·중 측 대표 간에 정전협정이 정식으로 조인되었다. 전쟁을 치르는 도중에 시작한 정전협정 회담이 2년 1개월 만에 종지부를 찍은 것이다. 이로써 장장 3년 1개월 3일 동안 지속되면서 엄청난 희생과 피해를 입했던 한국전쟁은 결국 종전(終戰)이 아닌 휴전협정(休戰協定)으로 조인되었고, 한반도에는 '제2의 38도선'인 휴전선이 설정됨으로써 민족 분단의 비운을 계속 이어갈 수밖에 없게 되었다.

유엔군 수석대표 해리슨 중장과 공산군 측 대표 남일이 정전협정문에 서명하는 모습 (1953. 7. 27)

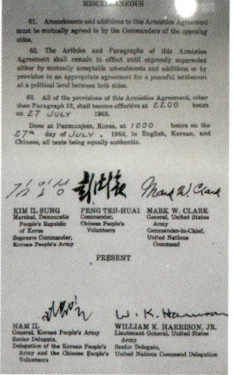

정전협정문의 마지막 부분
(1953. 7. 27)

서울 용산에 있는 전쟁기념관에는 유엔군 측 대표와 및 공산군 측 대표가 정전협정문에 서명하는 당시의 모습을 마네킹으로 재연하여 전시하고 있다.

03 전쟁의 아픔과 상처

앞서 언급한 바와 같이, 한국전쟁은 동족 간에 벌어진 내전(內戰)이면서 제2차 세계대전 이후 세계의 자유 진영과 공산 진영의 냉전적 갈등이 폭발한 최대의 국제전(國際戰)이었고, 냉전(冷戰)인 동시에 실전(實戰)이었으며, 국부전(局部戰)인 동시에 전면전(全面戰)이라는 복잡한 성격을 가졌다. 또 한편으로는 국제연합군과 의료진을 비롯한 자유민주주의 진영이 중화인민공화국과 소련까지 관여한 공산 진영을 상대로 싸웠던 '동서 이념 대결의 전쟁'이기도 하였다. 개전 초 "3주 만에 남한 전 지역을 석권하겠다"는 공산권의 야심은 미국을 비롯한 유엔군의 신속한 참전과 지원으로 인해 실패로 돌아갔으며, 결과적으로 만 3년이 넘는 기간 동안 치열한 전쟁으로 말미암아 많은 상처와 희생만을 남기게 되었다.

자료의 출처에 따라 다소의 차이는 있지만 한국전쟁 당시 전투 중 사망자 수는 민간인을 포함하여 적어도 125만 명 이상으로 집계하고 있다. 한국 국방부 군사편찬연구소에 따르면 한국군 전사자는 13만 7,899명에 달한다. 이 가운데 육군이 13만 5,858명이었으며, 해군이 1,903명, 공군은 138명이었다. 한국군 부상자는 45만 742명, 포로는 8,343명에 이르렀다. 북한군의 인명 피해 규모는 이보다 훨씬 더 컸다. 군사정전위원회 편람에서는 한국전쟁 기간 중 북한군 사망자는 52만 명에 달하며, 실종자와 포로는 12만 명으로 추정하고 있다. 민간인 피해도 적지 않았다. 남한에서 민간인 24만 4,663명이 사망했고, 북한에서는 28만 2,000명이 전쟁으로 죽었다. 이뿐만이 아니다. 북한의 남침으로 야기된 한국전쟁으로 말미암아 30여만 명의 전쟁미망인과 10만여 명에 달하는 전쟁고아, 그리고 무려 1,000만여 명의 이산가족이 생겨났다. 또 도로, 철도, 교량 등을 비롯한 국가기반시설과 공장 등 중요한 산업시설이 대부분 초토화되었고, 가옥의 60%와 학교 등이 파괴되는 등 국토의 80%가 폐허가 되었다. 여기에 더하여 수많은 문화재가 상당 부분 소실 또는 훼손되었다.

전쟁기념관 전경

유엔군의 피해 또한 심대하였다. 유엔안보리 결의에 따라 국제연합군의 일원으로 미국을 비롯한 모두 16개 나라가 3년 동안 연인원 194만 849명의 지상군 및 해공군 전력을 한국에 파견하였는데 그중 4만 669명이 전사하였다. 이외에도 10만 4,198명의 부상자와 5,732명의 실종자 등을 합치면 피해자는 모두 14만

8,979명에 달했다. 북한군을 도왔던 중공군 또한 14만 8,600명이 전사하였고, 19만 8,400명이 부상을 입었다고 전해진다.

1951년 6월 23일 공산 측의 제의에 따라 전쟁 중에 정전을 위한 협상이 시작되었을 때만 해도 당시 종군기자들은 길어야 6주 정도면 충분할 것으로 전망했다. 그러나 실제 양측 간의 밀고 당기는 팽팽한 협상은 1953년 7월 27일 마무리될 때까지 무려 2년 이상 소요되었고, 그로부터 지금까지 무려 69년이 지나도록 한반도는 전쟁이 종결되지 않은 채 지리한 정전상태를 이어가고 있다. 다행히 그 이후부터 지금까지 더이상 전쟁은 재발되지 않고 있지만, 그동안 변화무쌍한 국제정세와 끊이지 않는 북한의 크고 작은 도발로 인해 한반도는 잠시도 바람 잘 날이 없이 늘 긴장 상태가 유지되었다. '전쟁론'을 쓴 독일의 군사이론가 클라우제비츠(Carl von Clausewitz)가 전쟁을 "다른 수단에 의한 정치의 연속"으로 표현한 것에 비유하자면, 한국전쟁 이후 지금까지의 정전상태는 "다른 수단에 의한 전쟁의 연속"이라 표현해도 과언이 아닐 것이다.

전쟁기념관내 유엔군전사자 명비

04 잊혀진 전쟁, 잊혀져가는 유엔사

정전상태가 올해로 69년동안 지속되면서 당시 참전용사들 대부분이 이미 세상을 떠났으며, 생존자 수는 점점 줄어들고 있다. 풍전등화(風前燈火)의 위기에 처해있던 동방의 낯설고 작은 나라를 돕기 위해 이 땅에서 함께 싸웠던 16개 우방국의 참전용사(베테랑, vétéran)들도 마찬가지이다. 그나마 생존한 참전용사들의 나이는 어느덧 90~100세가 되었고, 그들의 2세들이 60~70세, 손자 세대들 또한 30~40세의 중년이 되었다. 필자의 경험으로는 유엔군으로 참전했던 대부분의 베테랑들은 자신이 지켜낸 한국이 경제 대국이자 자유민주주의 국가로 성장한 것에 큰 자부심을 가지고 있었다. 참전용사들은 귀국후에도 한국에 대한 애정(愛情)을 넘어 주요 이슈마다 대한민국을 지지하고 응원해주는 여론 조성 등 정치적 영향력을 발휘하곤 하였다. 그러나 세월이 지날수록 그 수가 줄어들면서 이와 비례하여 한국에 대한 각국의 긍정적 영향력도 점차 감소하고 있다. 게다가 전쟁 전후로 태어났던 세대들마저도 어느덧 연로하여 생존자가 얼마 남아 있지 않은 상태이다. 안타깝게도 세월이 흐를수록 전쟁이 일어난 원인과 과정들을 생생하게 증언해줄 수 있는 세대들이 점점 고인(故人)이 되어가면서 한국전쟁에 관한 역사적 진실들이 사람들

의 뇌리에서 조금씩 잊혀져 가고 있다. 반면에 한국전쟁에 관한 많은 부분들이 사실과 다르게 왜곡 날조되고 있다. 그러다 보니 오늘날 전후 세대들은 70여 년 전 한반도에서 도대체 무슨 일이 일어났는지, 누가 무슨 이유로 이 전쟁을 일으켰으며, 전쟁의 참상과 결과가 얼마나 잔인하고 혹독했는지를 잘 모른다. 3년이란 긴 전쟁 동안 이름도 모르는 동양의 작은 나라 대한민국의 자유민주주의를 위하여 세계 각국의 꽃다운 젊은이들이 얼마나 많이 희생하였는지를 아는 사람은 그리 많지가 않다.

유엔을 움직여 유엔군 전력을 창출한 후 한국을 실질적으로 도왔던 미국이나 유엔사 회원국들 내에서도 한국전쟁에 대한 기억이 잊혀져 가는 것은 마찬가지이다. 미국은 3년 동안 연인원 178만 9,000명의 전투병력을 파견하였는데, 이는 전체 유엔군 전력의 92%를 상회하는 규모였다. 이 중 전사 36,940명, 부상 9만 2,134명, 실종 3,737명 등 모두 13만 7,250명이 피해를 입었다. 이 역시 유엔군 전체가 입은 피해의 92%에 달하는 수치이다. 1950년 7월 최초로 한국에 도착한 미 24사단 예하 장병들은 그해 겨울이 오기 전에 북한군을 물리치고 연말 성탄절은 자신들의 고국으로 돌아가 가족들과 함께 보낼 것을 꿈꾸었다고 한다. 하지만 살을 에는 혹독한 추위와 거칠고 험준한 산악지형, 그리고 외모나 말투에서 도무지 한국군과 분별이 안 되는 북한군들과 싸우면서 많은 희생을 당하였다. 미국 젊은이들의 희생이 점점 더 늘어나자 미국 내부에서도 전쟁에 대한 회의적 시각과 반대 여론이 고조될 수밖에 없었다. 많은 희생을 치른데다가 자국민들의 부정적인 여론에 직면한 미국 정부는 6.25전쟁을 일컬어 '원치 않았던 전쟁(Unwanted War)', '불쾌한 전쟁(Unpleasant War)', 또는 '잊혀진 전쟁(Forgotten War)'으로 부를 정도였다.

미국 펜타곤(Pentagon) 내부에 전시된 한국전쟁 관련 자료들

무엇보다도 안타까운 것은 3년간의 전쟁 이후 무려 69년이라는 격동의 세월이 지나면서 함께 싸우면서 '피로 맺어진 혈맹(血盟, blood alliance)'이라 자부하던 한미동맹 역시 조금씩 약화되고 있다는 사실이다. 한국은 정전협정 체결 이후 지난 69년 동안 동북아의 대륙세력과 해양세력의 이해관계가 충돌되는 지리적 입지 속에서도 세계 유일의 초강대국 미국과의 동맹 관계에 힘입어 눈부신 경제성장과 발전을 거듭할 수 있었다. 전쟁의 포화가 멈춘 직후와는 비교조차 할 수 없을 만큼 급속도로 성장한 경제수준과 강화된 국방력을 바탕으로 한 자주국방에의 열망, 그리고 여러 차례 민주화 진통 과정을 겪으면서 얻어진 국민의 다양

성이 아이러니하게도 오늘날 한미관계를 약화시키는 요인이 되고 있다. 심지어 72년 전 공산화 직전의 위기에 처한 대한민국을 구하는 데 결정적인 공헌을 했던 유엔사마저 점차 존재감이 줄어든 채 홀대를 받고있으며, 그것도 모자라서 이제는 '하찮은 애물단지'처럼 외면을 당하기에 이르렀다. 2018년 봄 이후 세 차례에 걸친 남북정상회담과 두 차례의 북미정상회담에 임하는 와중에도 핵 능력 고도화와 이를 투발할 수 있는 중·장거리 전략무기 개발에 대한 집착을 버리지 않았던 북한의 위협이 어느 때보다 가일층 증대되었는데도, 동맹보다는 한반도 평화만을 외쳐대는 장미 빛 환상에 사로잡힌 대한민국의 현실은 여전히 칠흑같은 어둠 속에 정지해 버린듯하다.

미 워싱턴, 한국전쟁 참전 기념공원내 조형물

제2부

유엔군사령부 이해

05. 창설 배경 및 과정
06. 유엔사의 역사적 변천
07. 주한미군사와 한미연합사, 그리고 유엔사
08. 유엔사의 국제법적 지위

유엔군사령부는 유엔안보리 결의 제84호(S/1588)와
유엔사 일반명령 제1호에 근거하여 창설된 다국적 통합군 사령부이다.
1953년 7월 27일 전투병력을 파병했던 16개국 대표가
워싱턴에 모여 '한반도 유사시 재참전할 것임'을 결의한 이후
69년 동안 유엔사는 한국에 남아 한반도 평화와 안정에 기여 중이다.

1970년대 제3세계 국가들을 중심으로 한 유엔사 해체 움직임은
오늘날 북한, 중국을 비롯한 공산권 국가들 중심으로 계속되고 있으며,
국내에서도 그와 맥락을 같이 하는 세력과 주장들이 있다.
북한은 1990년대 초부터 유엔사 무용론(無用論)을 내세우며
조·중측 군정위(UNCMAC)를 해체하고 중감위 국가(NNSC)를 추방하였으며,
미북 간 평화협정 체결 및 유엔사 해체를 지속 요구하고 있다.

유엔사 해체 위기 속에 1978년 한미연합사가 창설됨에 따라
유엔사가 수행해 오던 '한국방위' 임무는 연합사에 이양되었고,
이후 유엔사는 '평시 정전협정 관리'와 '유사시 전력제공'에 매진하고 있다.

미국은 유엔으로부터 유엔사에 대한 일체의 권한을 위임받았다.
유엔사의 법적 지위를 둘러싼 여러 가지 논란에도 불구하고
엄연한 유엔(UN)의 보조기관이라는 견해가 일반적이며,
중국과 북한 또한 유엔사를 묵시적으로 인정해 왔다.

05 창설 배경 및 과정

1950년 6월 25일 새벽 4시를 기하여 북한군이 전 전선(戰線)에 걸쳐 기습남침을 감행하자, 미국은 유엔(UN)과의 발빠른 공조를 통해 애치슨 라인(Acheson Line) 밖에 있던 대한민국을 지원하기 위하여 매우 신속히 한국전쟁에 개입하였다. 당시 미국으로서는 제2차 세계대전이 종전(終戰)된 후 불과 5년밖에 지나지 않은 시기인지라 사실상 애치슨 라인으로부터 제외된 한반도 지역 분쟁에 군사적 개입을 할 만큼 준비가 충분하지는 않은 상황이었다. 그럼에도 불구하고 미국이 한반도 사태에 즉각적으로 개입을 하게 된 이유는 크게 '소련 진출 봉쇄' 및 '제3차 세계대전 방지'라는 두 가지를 동시에 고려한 전략적 차원의 결정이었다.[2)]

미국과 유엔이 한반도 문제에 즉각적인 개입을 하게 된 또 다른 요인을 꼽으라면 미국 정부와 외교 안보라인의 빠른 소통과 결심 덕분이기도 했다. 당시 무초(John J. Mucho) 주한 미국대사가 한국이 처한 위급한 상황을 애치슨(Dean G. Acheson) 미 국무장관을 경유하여 트루먼(Harry S. Truman) 대통령에 이르기까지 보고체계가 신속하고도 일사불란하게 이루어졌으며, 여기에 더하여 미국 행정부의 과단성 있는 결심, 그리고 미국 정부와 유엔 간의 적극적인 공조체제 등이 매우 잘 작동하였기 때문이었다.[3] 게다가 주(駐)유엔 소련대표였던 말리크(Yakov Malik) 대사가 유엔안보리 회의에 출석하지 않음으로써 '기권(Absent)'으로 처리된 것은 결과적으로 유엔안보리 결의안을 채택하는 데 있어 결정적인 행운으로 작용하였다.[4] 당시 소련은 유엔이 중국 대표로 국민당(대만)이 아닌 공산당 정부를 인정하지 않은 데 대해 항의하며 유엔안보리 참석을 보이콧하던 중이었다. 이를 두고 일각에서는 소련이 한국전쟁과 관련하여 북한에 대한 지원책임을 회피하기 위하여 고의로 안보리 결석을 하였다는 설(說)도 있다. 그 과정과 결말이 어찌 되었건 한국으로서는 불행 중 다행이었다.

미국의 요청을 받은 유엔(UN)은 북한이 남침한 당일인 6월 25일 즉각 안보리를 소집하였다. 유엔은 북한의 무력공격을 평화파괴 행위로 단정하고 북한 당국에 "전쟁행위를 당장 중지하고 북위 38도선 이북으로 군대를 철수시킬 것"을 요구하는 '전쟁행위 중지'에 관한 유엔안보리 결의안(UNSCR : United Nations Security Council Resolution) 제82호(S/1501)를 채택하였다. 또 유엔은 모든 회원국을 대상으로 동 결의를 이행하는 데 있어서 유엔 차원에서 모든 지원을 제공해 줄 것을 호소하였다. 북한이 S/1501에 응하지 않자 유엔은 이틀 뒤인 6월 27일 안보리를 재소집하여 '대한민국에 대한 군사원조'에 관한 유엔안보리 결의안 제83호(S/1511)를 채택하였다. S/1511호는 앞선 S/1501호의 내용에 추가하여 유엔 회원국을 향해 "대한민국 지역에서 북한의 무력공격을 격퇴하고 국제평화와 안전을 회복하는데 필요한 지원을 제공해 줄 것"을 권고하는 결의였다. 이 S/1511호는 유엔 회원국들이 한국을 돕는데 필요한 전투병력(戰鬪兵力) 및 물자를 제공하는 등 국제사회가 한국전쟁에 개입하게 되는 국제법적 근거가 되었다.

한국전쟁 발발에 따른 유엔 안전보장이사회 모습 (1950. 6)

유엔안보리 결의안 제83호(S/1511)에 따라 유엔 회원국들이 제공하는 다양한 전투부대와 각종 군사적 지원요소들을 효과적으로 운용하기 위해서는 지휘체제 일원화와 단일한 전략지침을 하달할 필요성이 절실히 요구되었다. 1950년 7월 7일 영국과 프랑스가 "유엔 회원국들이 제공하는 전투부대들을 하나의 군사기구로 통합하자"는 내용의 안건을 유엔안보리에 제출한 것도 이러한 취지에서였다. 이에 유엔은 "안보리 결의 이행 및 한국에서의 유엔군 활동을 지휘하는 국가로 미국을 지명한다"는 '국제연합군총사령부 설치'에 관한 유엔안보리 결의안 제84호(S/1588)를 채택하였다. 미국은 바로 이 S/1588호에 따라 모든 유엔 회원국이 제공하는 전투부대를 비롯한 기타 지원요소들에 대한 효율적인 운용을 위하여 통합군사령부(United Command) 창설과 사령관의 임명, 그리고 통합군사령부에 국제연합(UN) 기(旗)를 사용할 권한을 위임받아 행사할 수 있게 되었다. 아울러 유엔은 미국에 통합군사령부 지휘 하에 취해지는 활동과정에 관하여 적절한 시기에 안보리에 보고서를 제출할 것을 권고하였다.

유엔(UN)으로부터 유엔사에 관한 일체의 권한을 위임받은 미국은 자국을 비롯한 16개 참전국이 파견한 전투부대들을 통합 지휘하게 되었다. 또 미국은 유엔안보리 결의안 제84호(S/1588)에 근거하여 당시 극동군사령관이던 맥아더(Douglas. Macarthur) 장군으로 하여금 1950년 7월 8일 부로 유엔군사령관을 겸하도록 임명하였으며, 7월 14일 동경에서 맥아더 사령관에게 유엔군사령부 기(旗)를 수여하였다. 그로부터 열흘 후인 7월 24일 일본 동경에서 미 극동군사령부를 모체로 하여 '유엔군사령부(UNC : United Nations Command)'가 창설되었다. 그러나 창설 당시 인력이 부족한데다 이를 보충할 시간마저 충분치 못함으로써 미 극동군사령부의 참모들 대부분이 유엔사 참모를 겸직할 수밖에 없었다. 또한 '유엔사 일반명령 제1호'에 따라 미 극동군사령부를 구성하던 미 제8군사령부, 극동 해군사령부, 극동 공군사령부가 각각 유엔사 예하 지상군구성군사령부(이하 지구사), 해군구성군사령부(이하 해구사), 공군구성군사령부(이하 공구사)가 되어 한반도에서의 지상 및 해상, 공중작전, 그리고 합동작전을 통제하게 되었다.

유엔군사령관으로 임명된 극동군사령관 맥아더 장군이 美 육군참모총장 콜린즈 대장으로부터 유엔기를 수여받는 장면 (1950. 7. 14)

    만 3년에 걸친 한국전쟁에서 미국의 역할은 절대적이었다. 미국은 제2차 세계대전 직후 여러 가지 복잡한 국내 사정에도 불구하고 유엔과 발 빠른 공조를 통해 매우 짧은 기간 내에 유엔사를 창설하고 한국전쟁 개입에 필요한 국제사회의 지원을 끌어내는 데 주도적인 역할을 감당했다. 그리고 유엔으로부터 유엔사에 관한 권한 일체를 위임받아 회원국들이 제공하는 다국적군 전력을 효과적으로 통합지휘함으로써 북한군의 침략을 물리치는데 성공하였으며, 마침내 절체절명의 위기에 빠져있던 대한민국을 구하였다. 만약 미국이 제2차 세계대전 종료 이후 전후 수습 등 피로감에 빠져 한반도 문제에 소극적인 태도를 보였더라면 유엔사 역시 태동할 수 없었을 것이며, 대한민국의 운명 또한 장담할 수 없었을 것이다.

06 유엔사의 역사적 변천

1. 정전협정 체결 이전

개전 초기 파죽지세로 밀려오는 북한군을 상대로 한국군과 미군이 큰 피해를 입으며 지연전을 거듭하던 상황에서 유엔사 창설 과정을 지켜보던 이승만 대통령은 단일 지휘체계의 필요성을 절감하였다. 이승만 대통령은 1950년 7월 14일 유엔군사령관으로 내정된 맥아더 장군에게 "한국군의 '지휘권'을 유엔군사령관에게 이양한다"는 서한을 보냈다.[5] 이 서한에 담긴 주요 내용은 "현재의 전쟁상태가 계속되는 한, 한국의 육·해·공군에 대한 일체의 '지휘권(Command Authority)'을 유엔군사령관에게 이양한다"는 것이었다. 당시 한국군의 능력과 상태를 고려할 때 단독작전 또는 수십만 유엔군과 대등한 수준에서 연합작전을 수행한다는 것은 사실상 불가한 상태였다. 이미 7월 7일에 유엔사 구성에 대한 유엔 결의안이 통과된 그 당시의 상황을 고려할 때는 한국군과 유엔군의 공동작전을 위한 단일 지휘체계 구성은 '선택'이 아닌 '필수'였다. 맥아더 장군은 이승만 대통령으로부터 서한을 받은 지 이틀 후인 7월 16일 무초(Mucho) 주한 미국대사를 통해 "적대행위가 계속되는 동안 대한민국 육·해·공군의 '작전지휘권(Operational Command Authority)' 이양을 수용한다"는 답신을 보내왔다.

이승만 대통령의 결단과 맥아더 유엔군 사령관의 수용으로 한국군에 대한 '작전지휘권'은 완전히 유엔군사령관에게 위임되었으며, 이는 곧 현재의 한미 연합지휘관계를 이루는 근간(根幹)이 되었다. 즉 유엔군사령관이 미 극동군사령부의 구성군사령관인 미 제8군사령관과 미 극동해군사령관, 그리고 미 극동공군사령관을 통하여 유엔군의 지상군 및 해·공군을 지휘하는 단일 지휘체계가 확립된 것이다. 이후 맥아더 유엔군사령관은 7월 17일 워커(Walton H. Walker) 미 제8군 사령관에게 한국 지상군의 지휘권을 재차 이양하였고, 한국 해·공군에 대한 작전지휘권도 미 극동 해·공군사령관에게 각각 재이양 하였다. 이로써 한국전쟁 기간 중 한국군은 실질적으로 미군 지휘체계에 완전히 통합되었으며, 파병 16개국으로 구성된 유엔군은 병력이 가장 많았을 때를 기준으로 한국군 34만 명을 포함하여 모두 74만여 명에 달하였다.

한국군에 대한 작전지휘권 이양이 별도로 한국 국회의 동의 절차 없이 이승만 대통령과 맥아더 장군 사이에 '서한(書翰)'의 형태로 이루어졌던 것은 이미 다 알려진 사실이다. 비록 국회의 비준 없이 서한 형태로 작전지휘 권한을 이양한 것이긴 하지만 당시 급박한 전시 상황에서 국군통수권자인 대통령이 마땅히 취할 수 있는 일종의 통치행위이자 국제법적으로도 특별협정 성격을 지닌 엄연히 유효한 조약으로 보는 것이 일반적 시각이다.[6] 당시 이승만 대통령이 서한에서 '지휘권'으로 표현했던 것에 비해 맥아더 장군이 보내온 답신에서는 '작전지휘권'이란 용어를 사용하였는데, 엄밀한 의미에서 볼 때 양쪽 다 오늘날 한미 간에 통용되는 '작전통제권'과는 다소 거리가 먼 개념으로서 약간의 논란이 있었던 것이 사실이다. 일각에서는 '지휘'라는 전권을 부여함으로써 미국의 체면을 살려줌과 동시에 전쟁 수행을 위한 미국의 지원을 최대한 끌어들이고자 했던 이승만 대통령의 외교적 전략이었다는 평가도 있지만 이를 검증하기에는 제한이 있다. 비록 맥아더 장군이 답신에서 '작전지휘권'이라고 표현을 쓰긴 했지만, 한국군에 대해 실제 행사한 권한중에서 진급이나 부대 구성 변화 등이 포함되지 않았다는 점에서 사실상 '작전지휘권'이 아닌 '작전통제권'으로 해석하는 것이 적절할 것이다. 그러나 이런 일이 발생하게 된 이유는 어디까지나 당시 한미 양측이 '지휘'와 '작전지휘', '작전통제'에 관한 용어의 개념을 서로 명확하게 규정하지 않음으로 인해 생긴 혼선에 의한 것으로 이해해야 한다.

일반적인 의미에서 '지휘(指揮)'란 계급과 직책에 의해서 예하부대에 대하여 합법적으로 행사하는 권한을 말한다. '지휘'는 가용자원의 효율적인 사용은 물론, 부여된 임무를 완수하기 위하여 군대의 운용이나 편성, 지시, 협조 및 통제에 대한 권한 이외에도 부하 개개인의 건강이나 복지, 사기 및 군기에 대한 책임까지도 모두 포함되는 개념이다.

'작전지휘(作戰指揮)'는 지휘관이 작전적인 임무를 수행하기 위해 예하부대에 행사하는 권한으로서, 작전을 수행하는데 필요한 자원의 획득 및 비축, 사용 등을 골자로 하는 작전소요 통제, 전투편성, 임무 부여, 목표 지정 및 임무수행에 필요한 지시 등이 포함된다. '작전지휘'는 일반적으로 행정지휘에 대한 상대적인 개념의 용어로서, 여기에는 행정 및 군수에 대한 책임이나 권한은 포함되지 않는다.

반면, '작전통제(作戰統制)'란 '작전계획 또는 작전명령 상에 명시된 특정임무나 과업을 수행하기 위하여 지휘관에게 위임된 권한'으로서 지정된 부대에 대해 임무 및 과업 부여, 부대 전개 및 재할당 등의 권한을 부여하는 것을 의미하며, 여기에는 행정 및 군수, 군기, 내부 편성, 부대 훈련에 대한 권한은 포함되지 않는 개념이다. 美 합동교범에 의하면, '작전통제'란 예하부대에 대한 지휘 기능을 수행하는 권한으로서 사령부 및 부대의 편성 및 운용, 과업 할당, 목표 부여, 그리고 임무 달성에 필요한 권위 있는 지시 하달 등을 포함하고 있다. 즉, '작전통제'란 특정 임무나 과업을 수행하기 위해 설정된 지휘관계를 의미하며, '작전통제권'이라함은 해당부대에 임무를 부여하고 지시를 할 수 있는 작전지휘의 핵심적 권한을 뜻한다. 지금까지 설명한 '지휘'와 '작전지휘', '작전통제'의 개념의 차이를 그림으로 표현하면 다음과 같다.

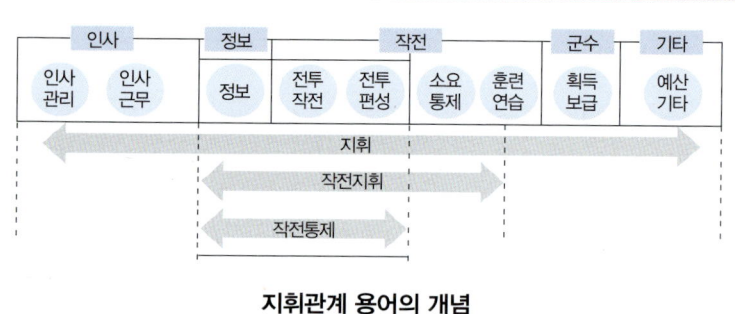

지휘관계 용어의 개념

이러한 작전지휘권은 정전협정 체결 이후인 1954년 11월 17일 '한미 합의 의사록'에는 인사·군수 기능이 제외된 '작전통제권'이란 의미로 제대로 명기되었다. 여러 가지 논란이 있긴 하지만 유엔사가 유엔 회원국들이 제공한 군대를 통합 지휘할 수 있도록 단일지휘부를 구성하게 된 이유는 어디까지나 중요한 전쟁원칙의 하나인 "단일 지휘의 원칙(Principal of Unity of Command)"을 구현하기 위한 노력으로 이해할 필요가 있다.

연합군이 인천상륙작전 성공과 9. 28 서울 수복 이후 38도선 인근까지 진출하게 되자, 유엔군이 38도선 이북지역에 대한 작전을 수행하기 위해서는 이를 위한 새로운 근거가 필요하게 되었다. 이에 따라 1950년 10월 7일, '유엔 총회 결의안 제376호'를 채택함으로써 유엔군이 38도선 이북지역으로까지 북진(北進)하여 작전을 수행할 수 있는 법적 근거를 마련하게 되었다. '유엔 총회 결의안 제376호'에는 "① 한국 전국에 걸쳐 안정 상태를 확보하기 위해 모든 적절한 조치를 취한다. ② 한국의 통일, 독립, 민주 정부 수립을 위해 유엔 후원 하에 총 선거를 실시하는 등 모든 합헌적 조치를 취한다. ③ 남북의 모든 파벌과 주민대표를 평화회복, 선거실시, 통일정부 수립을 위해 UN 기구와 협조 및 요청을 한다."는 내용이 수록되어 있다. 이 '유엔 총회 결의안 제376호'는 향후에도 한반도 유사시 유엔사 회원국이 제공한 전력이 군사분계선 너머 북쪽으로 진출할 때 유효한 근거로 사용할 수 있을 것이다.

미국은 1951년 9월 15일에는 '요시다-애치슨 교환공문'을 통해 유엔사의 활동을 지원하기 위해 일본 내에서 기지를 활용할 수 있는 근거를 마련하였다. 이 공문에는 "한국에서의 유엔군 활동을 지원하기 위해 일본 정부는 모든 시설과 역무를 지원한다"는 내용이 담겨 있다. 이에 따라 일본 동경을 비롯한 본토에는 요코다 기지를 비롯한 네 곳, 오키나와에는 가데나 기지를 비롯한 세 곳을 합쳐 모두 일곱 곳의 기지를 유엔사 후방기지로 지정하였다. 주일(駐日) 유엔사 후방기지에 대한 세부 내용은 본 책자의 제4부에서 구체적으로 다루기로 한다.

2. 정전협정 체결 이후

1953년 7월 27일 유엔군사령관 클라크(Mark W. Clark) 대장, 그리고 북한군 최고사령관 김일성과 중국 인민지원군사령원 팽덕회(彭德懷)가 정전협정에 각각 서명하였다. 정전협정이 체결되면서 유엔군 측 대표와 조·중 측 대표 간에 유엔사의 존속 정당성을 두고 시빗거리가 발생하였다. 당시 이승만 대통령이 맥아더 유엔군사령관에게 보낸 서한에는 '적대행위가 지속되는 기간에 한하여' 한국군에 대한 작전지휘권을 유엔군사령관이 행사하도록 명시하고 있기 때문에 정전협정 체결로 인해 사실상 그 명분이 상실될 위기에 처하게 된 것이다. 이에 한미 양국은 1954년 11월 7일, "유엔군사령부가 한국방어 임무를 수행하기 위해 한반도에 주둔하는 한 한국군에 대한 작전통제권을 계속 행사할 것"에 합의하고, 이를 한미 합의 의사록에 명기하였다. 의사록에는 "국제연합군사령부(UNC)가 대한민국의 방위를 위한 책임을 부담하는 동안 대한민국 국군을 국제연합군사령부 작전통제 하에 둔다. 그러나 양국의 상호적 및 개별적 이익 변경에 의하여 가장 잘 성취될 것이라고 협의 후 합의되는 경우에는 이를 변경할 수 있다"는 내용을 담고 있다.

한편, 유엔 참전국들은 북한의 침략으로부터 한국의 자유민주주의를 지켜내는 데는 성공하였지만 피해가 적지 않았다. 미국을 비롯한 16개 국가가 연인원 194만여 명의 전투병력을 한국에 파견하여 한국전쟁 3년 동안 전사자 4만여 명을 비롯하여 무려 15만여 명의 사상자가 발생하였다. 그들의 조건없는 희생이 뒷받침되지 못하였더라면 대한민국은 아마도 지구상에서 사라졌을지 모른다. 오늘날 우리가 누리고 있는 풍요와 자유가 거저 주어진 것이 아니라는 것(Freedom is not free)을 기억해야 할 것이다.

1953년 7월 27일 정전협정이 체결되자 전투병력을 파병했던 유엔 참전국 대표들은 워싱턴에 모여 "한국 휴전에 관한 16개국 공동정책 선언문(일명 워싱턴 선언)"을 채택했다. 이들은 만약 북한이 다시 남침하여 한반도에서 또다시 전쟁이 발발할 경우 신속히 재(再)참전할 것임을 결의하였다. 이러한 '워싱턴 선언'은 1953년 7월 27일 정전협정 체결 이후 오늘에 이르기까지 한반도 유사시 유엔사 회원국들이 한국에 다시 전력(戰力)을 제공할 수 있는 근거가 되고 있으며, 지금까지 한반도에서 전쟁을 억지하는데 직·간접적으로 기여하고 있다.

1953년 7월 27일 휴전협정이 조인된 판문점

*출처 : JSA경비대대 70년사

    정전협정 체결 이후 1953년 8월 28일 자 '유엔총회 결의 제711호 Ⅶ'에 따라 한국 문제의 평화적 해결을 위해 개최되었던 판문점 예비회담과 베를린 회의, 그리고 제네바 정치회담이 모두 결렬되자 문제 해결의 책임은 자연적으로 유엔에 돌아갈 수밖에 없었다. 그러다보니 한반도 문제를 놓고 유엔 내부적으로 자유 진영과 공산 진영이 서로 경쟁적으로 유엔사에 관한 제안들을 제기함에 따라 다수의 상반되는 결의안이 채택되기도 하였다. 제네바 회의에 참석한 한국전쟁 참전 16개국은 1954년 11월 11일 유엔사무총장 앞으로 제네바 회의에 관한 보고서를 제출하고 여기에 공동선언을 첨부하였다. 이 보고서를 접수한 유엔은 1954년 12월 11일 '유엔총회 결의안 제811호'를 채택함으로써 유엔사의 지속적 기능을 보장하게 되었다.[7] 또한 제811호를 통해 한반도의 평화적 통일과 민주 정부 유지와 평화를 위한 유엔의 지속적인 역할을 강조하고, 유엔의 목적이 이 지역에 국제평화와 안전을 완전히 회복하는 데 있음을 재확인하였다. 제네바 정치회담에서 참전 16개국 공동선언에 명시한 2개의 기본 원칙이 곧 한반도의 통일문제에 관한 UN의 원칙으로 받아들여진 것이다. 그리고 제네바 원칙이 곧 유엔의 원칙으로 인정됨에 따라 소련이 유엔에 제안하였던 '국제연합 한국통일부흥위원회 (UNCURK : United Nations Commission for the Unification and Rehabititation of Korea)의 해체'에 관한 안건은 자동 부결되었다.

1960년대에 접어들면서 한국군 중 일부 부대에 대한 작전통제권이 부분적으로 유엔군으로부터 해제되어 한국군으로 이양된 뒤에도 한반도 전쟁 억제 및 방어 기능은 여전히 유엔사가 갖고 있었다. 유엔사는 정전협정 체결 이후 약 4년 후인 1957년 7월 1일 사령부를 동경에서 서울로 이전하였으며, 그 대신 일본에는 '유엔사 후방지휘소'를 잔류시켜 오늘에 이르고 있다. 그 이후 지금까지 유엔사 후방지휘소는 평시 유엔사 부참모장이 통제하고 있다. 유엔사 지휘소가 한국으로 이동한 1957년을 기점으로 주한미군은 유엔사 작전통제에서 벗어나 미 태평양사령부의 작전지휘를 받도록 지휘체계가 변경되었다.

1970년대에 접어들면서 제3세계 국가들을 중심으로 한국에 잔류 중인 유엔사를 해체해야 한다는 주장이 본격적으로 거론되기 시작했다. 그에 따라 미국의 대(對)한반도 안보공약 유지에도 여러 가지 제약요인이 생길 수밖에 없었다. 1972년 알제리를 비롯한 제3세계 국가들이 "유엔사(UNC)의 존재에 관한 재검토"를 위한 토의를 요청하는 서한을 유엔 사무총장에게 발송하였다.

또 이듬해인 1973년 알제리에서 개최된 '제4차 비동맹 정상회의'에서는 유엔사 해체 문제를 처음으로 결의안에 포함시켰다. 북한은 이와 때를 같이 하여 비동맹 국가들을 상대로 한반도 문제를 유엔에 상정하기 위하여 적극적인 외교활동을 펼치기 시작했다. 북한은 유엔사 해체와 주한 외국군 철수, 전쟁 당사자 간의 협상을 통하여 휴전협정을 평화협정으로 대체할 것을 주장하며, 미국과 이 문제들을 해결하기 위한 협상에서 중국이 북한에 유리한 역할을 감당해 줄 것을 요구하였다. 북한의 요청을 받은 중국은 대외적인 공식 발언에서는 밝히지 않았지만 미국과 이면합의를 통해 오히려 한반도 문제 상정을 지연시켰으며, 제3국에도 한반도 문제 상정을 지연하는데 협력해 달라고 요청하기도 하였다.[8] 북한이 기대했던 것과는 달리 중국이 구상하여 만든 유엔 총회 절충안(1973)에는 유엔사의 미래나 주한미군에 관해서는 그 어떤 언급도 포함되지 않았다.

미중(美中) 간의 절충안에 대해 실망한 북한은 중국을 통한 한반도 현상을 변경하고자 했던 기대감을 버리고 독자적으로 행동하려는 움직임을 보였다.[9] 북한은 1973년 10월에만 서해 북방한계선(NLL)을 무려 43회에 걸쳐 침범하는 등 유엔사를 무력화시키기 위해 의도적으로 도발을 자행하기 시작했다. 이러한 북한의 의도된 도발과 긴장 조성 행위는 결과적으로 미국이 유엔사해체에 대비하여 새로운 안보체제로의 전환을 위한 대안을 모색케 함과 동시에 유엔사 해체 문제를 놓고 미국과 중국, 북한 간의 협상을 촉발하는 결정적인 계기가 되었다. 참고로 유엔사 군정위(UNC MAC)의 집계에 따르면 1953년 7월 정전협정 체결 이후 2010년 말까지 북한의 정전협정 위반 사례는 무려 42만여 건으로서, 이 중 중요한 정전협정 위반 및 침투 도발 건수는 총 262회로 산정하고 있다.

1968년 북한에 의해 피랍된 "푸에블로호".
북한은 납치한 푸에블로호를 대동강변에 전시, 대미 항쟁 선전용으로 사용 중이다.
*출처 : 2015년 주한 네덜란드 엠브레흐츠(Lody Embrechts) 대사가 2015년도 북한방문간 직접 촬영한 사진

유엔 총회에서 한국 문제를 다루는 데 있어서 미국에 결정적으로 도움을 주었던 중국은 불안정한 국내정치 상황을 타개하고 북한의 대(對)소련 접근을 차단하기 위해 다시금 북한의 강경한 정책 노선을 지지하기 시작했다. 중국은 1974년 9월 27일 유엔 연설을 통해 "유엔사를 해체할 것, 모든 주한 외국군의 철수, 그리고 정전협정 폐지 후 평화협정 체제로의 전환" 등 북한의 주장을 액면 그대로 대변하는 등 예전과 매우 다른 공격적인 양상

을 보였다.

　1975년 11월 18일 제30차 유엔 총회에서는 "유엔사를 해체해야 한다"는 취지를 담은 공산권의 안건과 "유엔사는 존속되어야 한다"는 취지가 담긴 서방측 안건이 동시에 포함된 '결의 제3390(XXX)호'가 통과되는 웃지 못할 일이 발생했다. 한국 문제와 관련한 이 두 가지의 상반된 안건이 이날 동시에 표결되었는데, 서방측 안은 찬성 59, 반대 51, 기권 29로 가결되었고, 공산 측 안 역시 찬성 54, 반대 43, 기권 42로 가결되었다. 정반대의 결론이 담긴 두개의 안건이 모두 통과되는 아이러니한 일이 일어난 것이다. 서방측의 안건은 "정전협정에 직접 관련된 모든 당사국들이 협의하여 정전협정 유지를 위한 대체방안을 마련한다는 전제 하에 1976년 1월 1일까지 유엔군사령부가 해체되기를 희망한다"는 내용이었다. 반면 공산 측은 미국이 제시한 유엔사 해체안과 주한미군의 지속적 주둔에 대해 맹렬히 비난하면서 "유엔사 해체와 유엔 깃발 하에 있는 남한 내 주둔하는 모든 외국 군대의 철수, 그리고 진정한 정전협정 당사자들 간의 협상으로 정전협정을 평화협정으로 대체하자"는 안을 유엔총회에 회부 하였다. 이러한 공산 측의 공세에 대해 미국의 키신저(Henry A. Kissinger)는 1973년 미국과 남북 베트남이 '파리평화협정'을 체결한 지 불과 2년 만인 1975년 남베트남이 공산화된 것을 상기하면서, 한반도에서 정전협정 대신 평화협정을 체결하더라도 유엔사가 해체될 경우 평화협정이 국제법적 구속력을 상실한 무용지물이 될지도 모른다고 우려하였다.[10] 결과적으로 공산 진영이 제기한 '유엔사 해체 및 평화협정 체결' 제안이 최종 부결됨으로써 유엔사는 계속 존속할 수 있게 되었지만, 한미 양국은 이러한 일련의 과정을 겪으면서 유엔사가 해체될 경우를 대비한 새로운 군사기구 설치를 고민하는 계기가 되었다.

대전 국립현충원 추모행사 (2022. 6)

07 주한미군사와 한미연합사, 그리고 유엔사

한국에는 한국군 이외에 주한미군사령부(USFK)와 한미연합사령부(CFC), 그리고 유엔군사령부(UNC)가 있다. 이들 세 개의 사령부 모두 오랜 역사를 지니고 있지만 의외로 대부분의 한국 국민들이 이에 대해 잘 모르고 있다. 심지어 한국군 간부들조차도 한미연합사나 유엔사에 근무해 보지 않은 사람들이라면 각 사령부의 실체는 물론 각각의 임무 및 기능에 대해 제대로 이해하지 못하는 편이다. 독자들의 이해를 돕기 위해 잠시 주한미군사령부와 한미연합군사령부를 소개하고자 한다.

왼쪽부터
❶ 성조기
❷ 유엔군사령부(UNC)
❸ 한미연합군사령부(CFC)
❹ 주한미군사령부(USFK)의 표식이다

1. 주한미군사령부(USFK)

주한미군사령부(USFK : United States Forces Korea, 이하 주한미군사)는 1953년 10월 1일 한미 양국이 상호방위조약을 체결함으로써 태동하였다. 정전협정을 체결한 직후부터 한국은 북한의 군사적 위협에 대한 대비가 절실하였고, 미국 또한 동북아지역의 세력 균형을 위해 한국 내 미군 주둔의 필요성을 느끼고 있던 참이었다. 정전협정 체결을 둘러싸고 이승만 정부와 이미 한 차례 심한 갈등을 겪은 적이 있는 미국으로서는 주한미군 주둔을 통해 한국 및 일본의 공산화를 방지하고자 하였다. 한편으로는 이에 추가하여 한국 정부가 단독으로 북진통일을 하고자 하는 군사적 모험을 하지 못하도록 통제하기 위한 속내도 들어있었다.

미국이 한국에 미군을 주둔시키고자 하는 구상에 따라 동북아 주둔 미군에도 불가피하게 몇 가지 중요한 변화가 초래될 수밖에 없었다. 1957년 6월 30일 미 극동군사령부가 해체된 다음 날인 1957년 7월 1일부로 하와이에서 미 태평양사령부가 창설되었으며, 극동군사령부의 책임지역 및 부대 일체는 태평양사령관에게 이양되었다. 이에 따라 일본 동경에 있던 유엔군사령부는 7월 1일 한국 서울로 이동하였으며, 그날 부로 한국 내 주한미군사령부가 창설되었다. 미국은 한국 내 미 육군 최고 선임자인 유엔군사령관을 주한미군사령관으로 겸직 임명하였다.

주한미군사는 한국에 주둔 중인 미군 28,500여 명과 산하 미군 부대를 총괄 지휘하는 본부 조직으로서, 미 육군, 공군, 해군, 해병대, 우주군이 합쳐진 합동군 형태이다. 주한미군사는 한미 전투준비태세와 억제능력을 향상하고 유사시 한반도에 증원되는 미군 전력의 수용 및 전개, 전방 이동 및 통합을 의미하는 연합전시증원(RSOI : Reception, Staging, Onward Movement, Integration)을 그 임무로 한다. 평시 유엔사 및 한미연합사와는 협조 및 지원 관계에 있다. 아울러 주한미군사는 주일미군사령부(USFJ)와 태평양특수전사령부와 함께 미 인도·태평양사령부 예하의 통합군사령부로서 기능을 가지며, 유사시 미 태평양사령관의 명(命)을 받아 한반도에 전개되는 미군전력을 작전통제하게 된다. 주한미군사의 편성은 아래에서 보는 바와 같이 5개 군종(軍種)이 합동으로 합쳐진 형태이긴 하지만, 실질적인 주력군은 미 제8군과 7공군으로 구성되어 있다. 미 해군 및 해병대, 우주군은 전투부대가 아닌 소규모 행정부대로 파견근무중이며, 주로 주일미군 및 본토와의 연락 업무를 담당한다.

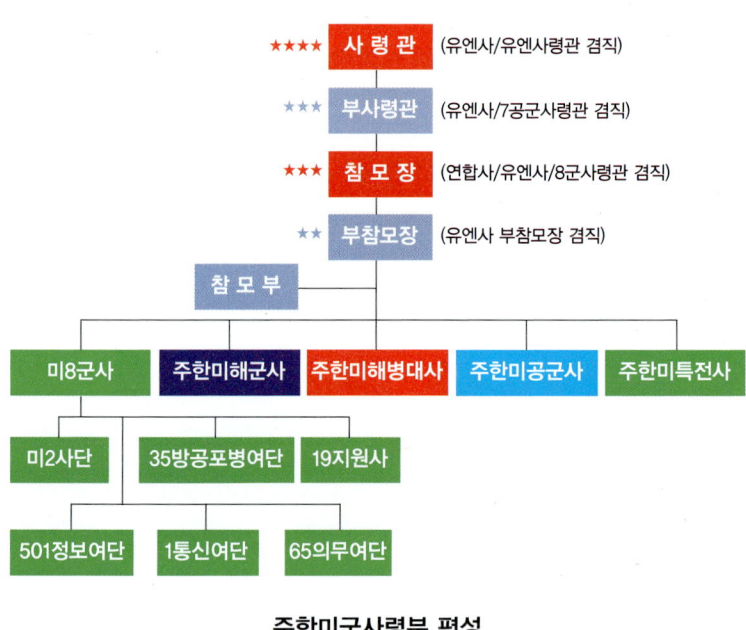

주한미군사령부 편성

2. 한미연합군사령부

카터(Jimmy Carter) 행정부가 들어서면서 미국은 정체된 미·중 관계의 개선과 더불어 '주한 미 지상군 완전 철수 정책'을 통해 북한의 변화를 유도하고, 남북 대화를 재개하며, 정전협정을 유지한 상태에서 유엔사를 해체하기 위한 강대국의 협력을 끌어내고자 하였다. 그러나 북한의 계속되는 비타협적 자세와 주한 미 지상군 철수에 따른 한국군의 작전통제권 반환 요구는 미국으로 하여금 정전기능으로서의 유엔사 존속과 작전통제권 확보를 위한 '한미연합군사령부(CFC : Combined Forces Command, 이하 한미연합사) 창설'이라는 전략적 선택을 하게 만들었다. 한미 양국은 1977년 제10차 한미안보협의회(ROK-US Security Consultative Meeting, 이하 SCM)를 통해 한미연합사 창설에 합의하였다.

이에 따라 양국 국방장관들은 1978년 7월 27일 제11차 SCM에서 한미연합사의 조직과 기능에 관한 '군사위원회 및 한미연합군사령부에 대한 권한위임사항'을 규정한 관련 약정(TOR : Terms of Reference)을 승인하였다. 또한 그 후속 조치로 1978년 10월 23일 처음으로 열린 제1차 한미군사위원회(Military Committee Meeting, 이하 MCM)에서 한미연합사를 대한민국 서울 용산에서 창설하기로 합의하고, "한국군과 주한미군에 대한 작전통제권을 유엔사에서 한미연합사로 위임"하도록 하는 '전략지시 제1호'를 하달하였다. 이후 양국 정부를 대표하는 한국 외교부장관과 주한 미국대사가 '한미연합군사령부 설치에 관한 각서'를 상호 교환하였으며, 1978년 11월 7일 자정(00시 01분)을 기하여 마침내 한미연합사가 창설되었다.

서울 용산구에 위치한 유엔군사령부(UNC) 겸 한미연합군사령부(CFC) 전경

한미연합사의 임무는 대한민국에 대한 외부의 적대행위를 억제하고, 억제에 실패했을 경우 외부의 무력공격을 격멸하는 데 있다. 이에 따라 한미연합사 창설과 동시에 '전략지시 제1호'에 따라 한국군에 대한 작전통제권은 유엔사에서 한미연합사로 위임되었다. 그리고 이와 동시에 '한반도에서의 전쟁 억제 및 방어(한국방위)' 임무 역시 유엔사에서 한미연합사로 이양되었다. 한미 연합방위와 관련한 기존의 권한 대부분이 유엔사에서 한미연합사로 순조롭게 이양될 수 있었던 것은 연합사령관이 주한미군사령관과 유엔군사령관을 겸직하도록 규정한 것이 결정적 요인으로 작용하였다. 참고로 한미연합사령관은 주한미군 선임장교를 포함하여 모두 네 개의 직책을 겸직하고 있는데, 이를 두고 흔히 "네 개의 모자를 쓰고 있다"고 표현하기도 한다. 한미연합

사령관이 다른 세 개의 모자를 더 쓰고 있는 만큼 각 직책 별로 수행하는 기능도 다음과 같이 제각기 다름을 알 수 있다.

연합사령관 겸직 기능

한미연합군사령관	✓ 한미군사위원회(MC)의 전략지시 수령 ✓ 한반도에서 전쟁 억제와 방어
유엔군사령관	✓ 美 합참으로부터 정전(停戰)과 관련된 전략지침 수령 ✓ 평시 정전협정 유지와 전시 회원국의 전력 제공
주한미군사령관	✓ 연합사 및 유엔사와 협조 및 지원 ✓ 증원되는 미군 전력에 대한 RSOI
주한미군선임장교	✓ 美 합참의장을 대신하여 상설군사위원회(MC)에서 韓 합참의장과 협조

한미연합사는 한미군사위원회(MC)로부터 전략지시와 작전지침을 수령하며, 군사 소요사항을 보고한다. 한미연합사는 전시가 되면 한미 양국의 국가통수기구 및 군사지휘기구(NCMA : National Command and Military Authority)가 지정한 한국군과 미국군 부대를 작전통제한다. 또한 연합사령관은 전시에 작전통제되는 한국군 부대들을 대상으로 정전 시(평시)에도 전쟁억제 기능을 수행하고 전쟁 수행능력을 보장받을 수 있도록 한국 합참으로부터 권한을 위임받은 '연합권한위임사항(CODA : Combined of Delegeted Authority)'에 명시된 사항에 대한 권한을 행사하게 된다. **CODA**에 명시된 범주는 모두 여섯 가지로 ① 전쟁 억제, 방어 및 정전

협정 준수를 위한 연합위기관리, ② 연합작전계획 수립, ③ 연합합동교리 발전, ④ 연합합동훈련 및 연습의 계획과 실시, ⑤ 연합정보관리, ⑥ 지휘통제 및 통신체계 발전을 위한 C4I 상호 운용성이 포함된다. 한미연합사는 유엔사와 미 태평양사, 주한미군사와는 상호 지원 및 협조 관계를 유지하는 복합적 지휘구조를 가지고 있다. 특히 정전협정 관리를 위해서는 연합사령관이 유엔군사령관의 지시에 응하도록 함으로써 한반도에서 정전체제가 유지되는 동안에는 유엔사가 정전협정 서명 당사자로서 정전관리에 대한 모든 책임을 지게 된다.[11]

3. 한미연합사와 유엔사

아울러 한미 양국은 제11차 한미안보협의회(SCM)에서 '관계 당사국들로 하여금 휴전체제를 유지하도록 마련한 유일한 현행법적 조치인 휴전협정을 시행하기 위한 효과적인 대안이 없는 한 유엔사는 평화유지 기구로서 그 기능을 계속 수행할 것임'을 재확인하였다. 이에 따라 유엔사의 역할은 기존의 한미동맹 및 연합방위의 주축에서 '평시 정전체제 관리' 및 '유사시 다국적군 전력 제공'이라는 억제력 위주 임무로 한정되었다. 한미연합사와 유엔사는 아래 표에서 보는 것과 같이 법적 창설 근거 및 임무, 그리고 지휘계통 면에서 근본적으로 차이가 있다.

1978년 한미연합사가 창설된 이후 1990년대 탈(脫)냉전 시대로 접어들면서 한미 연합작전지휘체제 면에서 약간의 변화가

유엔사와 한미연합사의 비교

구 분	유 엔 사 (UNC)	한미연합사 (CFC)
창설 근거	• 유엔안보리 결의 • 국제적 군사기구	• 관련약정 (TOR) • 한미 쌍무협정에 의한 연합 군사기구
임무	• 정전협정 준수 책임 및 권한 행사 • 유엔사 회원국 17개국과 제휴하여 국제 다국적군 편성, 지원전력과 물자 접수 및 제공 • 주일 유엔사 후방기지 운용 • 연합사에 전력 및 물자 제공	• 정전유지 위한 유엔사 지시 이행 및 지원 • 북한군의 정전협정 위반 대응 위한 전투부대 지원 • 전시 한국 방어 • 유엔사가 제공한 전력 운용 : 작전통제, 주도 – 지원관계 유지
지휘계통	• 미 합참 전략지시 → 유엔사 → 유엔사 산하기관	• 한미 국가통수군사지휘기구 → 한미 군사위원회 → 연합사

있었다. 즉, 유엔사 예하 조직인 군사정전위원회(UNC MAC : UNC Military Armistice Commission, 이하 군정위)의 수석대표와 한미연합사 예하 지상군구성군사령부(GCC : Ground Component Command, 이하 지구사)의 사령관을 한국군 장성으로 임명한 것이다. 1991년 3월 25일 부로 유엔사가 한국군 장성인 황원탁 육군 소장을 군정위 수석대표로 임명하게 되자, 북한은 이에 반발하여 정전협정의 양대 축(軸)이라고 할 수 있는 군정위와 중립국감독위원회(NNSC : Neutral Nations Supervisory Commission, 이하 중감위)의 기능을 의도적으로 약화시키려 하였다. 북한은 1992년 5월 29일 군정위 회담을 거부하였으며 1994년 12월 12일 조·중 측 군정위 대표부를 판문점에서 일방적으로 철수시켰다. 이듬해인 1995년 5월 24일에는 군

정위를 대체하여 '조선인민군 판문점 대표부'를 설치하였으며, 1996년 4월 4일에는 북한 외무성이 "정전협정 준수 임무 포기"를 공식 선언하였다. 이에 추가하여 북한은 1991년 4월 10일 중감위가 실질적으로 정전협정에 아무런 기여를 하지 못하고 있다면서 '중감위 무용론(無用論)'을 주장하기도 하였다. 이와 같은 북한의 무실화 책동으로 인해 유엔사의 기능은 수차례 위기를 맞기도 하였으나, 1998년 6월 "UNC-KPA 간 장성급 회담 절차"에 합의하고, 이후 총 18차례의 회의를 이어감으로써 유엔사의 일부 기능은 다소나마 회복될 수 있었다. 창설 이후부터 현재까지 유엔사의 변천과정을 정리하면 다음과 같다.

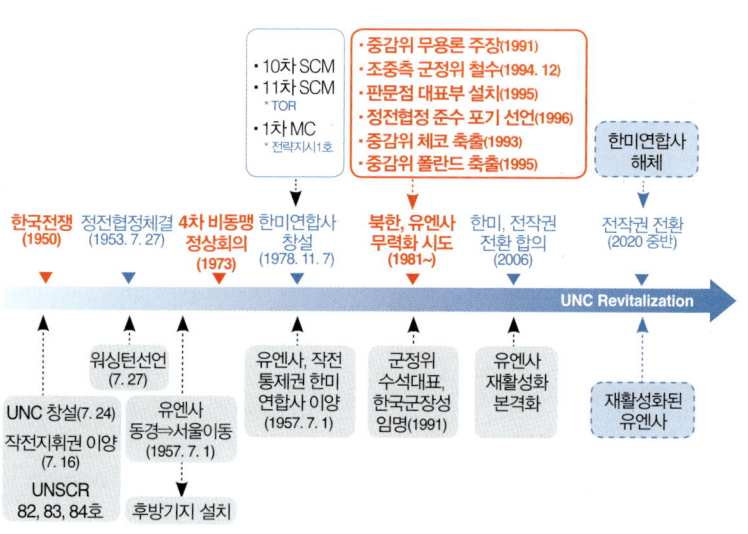

유엔사의 역사적 변천과정

08 유엔사의 국제법적 지위

제2차 세계대전 이후 창설된 국제연합(UN)은 제1차 세계대전 직후에 설립된 국제연맹(LN : League of Nations)의 실패를 교훈으로 삼아 한층 발전된 개념인 '집단안보체제'를 지향하였다. 유엔이 추구하는 집단안보 개념에 따라 '국제연합군 총사령부 설치'에 관한 유엔안보리 결의안 제84호(S/1588, 1950. 7. 7)와 유엔사 일반명령 제1호(1950. 7. 24)에 근거하여 일본 동경에서 창설된 미국 주도 통합군사령부이자, 세계 최초의 국제연합군이 바로 유엔군사령부(UNC)이다. 대한민국은 유엔이 창설된 이래 '집단안보' 개념을 적용한 첫 수혜국이자 현재까지 유일무이(唯一無二)한 나라이기도 하다.

유엔사는 '유엔헌장'에 근거하여 유엔안보리 결의 절차를 거쳐 창설된 기구로서, '6.25 전쟁 수행자'이면서, '정전협정 서명자이자 이행 및 준수자'로서의 법적 지위를 가지고 있다. 그러나 유엔사의 법적 지위와 관련하여 '유엔(UN)과 유엔사(UNC) 간의 관계' 측면에서 다양한 오해가 있는 것이 사실이다. 요점은 유엔안보리 결의에 의거 창설된 유엔사가 유엔의 보조 기관인지 아닌지에 관한 논란으로서, 이는 전작권 전환과 더불어 기정사실화되고 있는 한미연합사 해체와 연관을 지어 향후 유엔사의 존속 혹은 해체 문제와도 직결되는 중요한 논쟁거리가 되고 있다.

먼저 '유엔사가 유엔안보리 결의안 제84호(S/1588)에 따라 합법적인 절차를 거쳐 창설되었으므로 엄연한 유엔의 보조 기관'이라는 견해이다. 이 결의안은 유엔헌장 제7조의 제2항 "필요하다고 인정된 보조 기관은 이 헌장에 따라 설치할 수 있다"는 조항과 제29조 "안보리는 임무 수행에 필요하다고 인정되는 보조 기관을 설치할 수 있다"는 규정에 근거하고 있다.[12] 미국 트루먼 대통령은 이러한 내용을 담은 유엔안보리 결의안 제84호(S/1588)에 근거하여 미 합동참모본부를 자신의 대행기구로 지정하고, 콜린스(Lawton J. Collins) 대장을 '한국에서의 작전임무 수행을 위한 합동참모본부의 대표'로 임명하였다. 그러므로 유엔사는 유엔안보리가 유엔의 대행기관으로 지정한 미국 합참의 통제를 받는 것이라고 보는 시각이다.

이와는 다른 주장으로 '비록 유엔사가 유엔안보리 결의에 따라 창설되긴 했지만, 유엔의 보조 기관은 아니다'라는 견해가 있다. 이러한 주장은 주로 중국 및 북한 등 공산 진영이 내세우는 논리로서 유엔안보리 결의 제84호 채택 당시 상임이사국 가운데 하나인 소련이 불참한 상태에서 이루어진 것이므로 절차적 정당성 차원에서 볼 때 무효이며, 또한 중화인민공화국(中國)을 제쳐두고 중화민국(臺灣) 정부가 상임위를 대표한 것은 대표성에서 하자(瑕疵)가 있으므로 유엔안보리의 결의 자체가 원천적으로 무효라는 주장이다. 한국 내에서도 일부 세력들을 중심으로 '유엔사는 유엔의 기관이 아니라 단지 다국적군에 불과하다'며 공산 측의 논리에 편승하는 듯한 주장들이 이어지고 있다. 이들은 유엔사라는 명칭이 유엔에 의하여 공식적으로 부여된 것이 아니라 미국이 임의로 '유엔사'라 칭한 미군 지휘 하의 '통합사령부'일 뿐이며, 유엔안보리 결의 역시 '구속력이 있는 결정'이 아닌 '권고'에 불과하다는 점, 유엔사가 1950년 이래「유엔 연감」에 유엔의 보조 기관으로 정식으로 등재되어 있거나 유엔의 예산으로 운용되고 있지도 않다는 점 등을 들어 '유엔사는 유엔의 보조 기관이 아니라 본질적으로 유엔 지지 하에 미군의 지휘를 받는 다국적군'이라고 주장한다. 1994년 정전협정 대체와 유엔사 해체를 요구하는 북한의 요청에 대해 당시 유엔사무총장이었던 부트로스 갈리(Boutros Ghali)가 "주한 유엔군사령부는 유엔안보리 산하의 기관이 아니며, 어떠한 유엔기구도 주한 유엔군사령부의 해체에 대한 책임을 갖고 있지 않다. 따라서 통합사령부의 해체는 유엔의 어떠한 기구의 책임 범위 안에 있는 것이 아니라 미국 정부의 권한에 속하는 문제이다"라고 회신했던 것도 유엔의 법적 지위를 부정하는 근거로 사용되고 있다.

이처럼 유엔사의 법적 성격 또는 지위를 둘러싼 찬반 주장이 난무하고 있음에도 불구하고, 미국을 비롯한 유엔사 회원국들과 한국 정부의 공식 입장은 유엔사를 '유엔 회원국들이 제공하는 다양한 부대들을 효과적으로 통제하기 위한 목적으로 유엔안보리 결의에 따라 창설이 허용된 통합사령부'로 인정하고 있다.[13] 유엔사의 구성 조건에 어떠한 근거 또는 형식을 충족해야 한다는 명확한 규정이 존재하는 것은 아니지만 유엔사가 유엔안보리의 유효한 결의에 따라 창설되었으며, 유엔에서 기(旗)를 사용하도록 허가하였다는 점, 그리고 공산권 국가들의 주장과 달리 당시에는 중화민국(대만)이 사실상 중국을 대표하고 있었고, 소련의 유엔안보리 불참은 거부권 행사가 아닌 기권에 해당한다는 점을 들어 유엔사가 마땅히 유엔안보리 결의를 거친 통합군사령부로서 국제법적인 정당성과 지위를 가진다는 것이다.[14] 또 정전협정 체결 이후 지금까지 중국과 북한이 유엔사 존재를 묵시적으로 인정해 왔으며, 공식적으로든 비공식적으로든 그동안 북한이 유엔사를 유일한 대화창구로 활용하고 있다는 점이 이러한 주장에 더욱 힘을 실어주고 있다.

유엔군사령부 창설행사 (1950. 7. 24)

제3부

유엔사의
역할·편성·조직

09. 유엔사의 임무 및 기능
10. 편성 및 조직
11. 군사정전위원회(UNCMAC)
12. 중립국감독위원회(NNSC)

유엔사의 임무는 ① 북한의 무력공격 격퇴 및 한국 방어,
② 한반도 통일 지원, ③ 정전협정 이행 및 준수,
④ 한반도 유사시 전력 제공자(Force Provider) 기능이다.
현재 유엔사는 ①번을 제외한 ②, ③, ④번 기능을 수행 중이다.

유엔사는 크게 지휘부와 참모부, 군사정전위원회,
그리고 주일 유엔사 후방기지로 구성되어 있다.
유엔사 지휘부와 참모부는 대부분 미군 장성으로 편성되지만
최근 유엔사 회원국 장성들 다수가 참여하고 있다.
유엔사 내 한국군 장성은 군사정전위원회 수석대표가 유일하다.

군정위(UNCMAC) 임무는 정전협정 이행을 감독하고,
정전협정 위반 시 이를 조사하고 처리 및 시정시키는 것이다.
예하에는 비서처와 고문단, 공동경비구역(JSA) 경비대대가 있으며,
수석대표는 한미연합사 부참모장인 한국군 소장이 겸직하고 있다.

중감위(NNSC)는 군정위와 함께 한반도 정전협정 관리 양대 축으로서,
유엔사 산하 기구가 아닌 별도의 독립적인 조직이다.
중감위 역할은 중립적인 입장에서 비무장지대 이외 지역에서 발생한
정전협정 위반행위를 특별감시하고 조사하는 것이다.
현재는 유엔사 측 중감위만 남아 제한된 활동을 이어가고 있다.

09 유엔사의 임무 및 기능

유엔사가 수행하는 임무와 기능은 유엔안보리 및 유엔 총회의 결의와 정전협정 등에 그 근거를 두고 있다. 창설 초기 유엔사에게 부여된 역할과 기능은 크게 네 가지였다. 즉, 북한의 무력공격 격퇴 및 한국 방어, 한반도 통일 지원, 정전협정 이행 및 준수, 그리고 한반도 유사시 전력제공이 바로 그것이다.

1. 북한의 무력공격 격퇴 및 한국 방어

창설 당시 유엔사가 부여받은 가장 중요한 임무는 '북한의 무력공격 격퇴 및 한국 방어'였다. 유엔사는 유엔안보리 결의안(UNSCR) 제82호(S/1511)와 제83호(S/1511), 그리고 제84호(S/1588)에 의하여 기본적으로 북한의 무력공격을 격퇴하는 것에 추가하여 1954년 11월 7일에 체결된 한미 합의의사록에 기초하여 한반도의 평화와 안정을 회복하고 유지하는 임무를 부여받았다. 유엔안보리 결의안 제83호에서는 "유엔 회원국이 무력공격을 격퇴하고 (to repel the armed attack), 이 지역에서 국제평화와 안전을 회복하는 데 필요한 원조를 대한민국에 제공할 것을 권고"하였다.[15] 또 유엔안보리 결의안 제84호에서도 제83호 결의안을 재확인하면서, "무력공격에 대하여 자기 방위를 하는 대한민국을 원조하며 (to assist the Republic of Korea in defending itself against armed attack), 그 지역

에서의 국제평화와 안전을 회복하는 것"을 임무로 명기하고 있다.[16]

이 뿐만이 아니다. 1950년 10월 7일 유엔 한국통일부흥위원단(UNCURK)을 설치하기 위해 소집된 유엔 총회의 의결에서도 "유엔군은... 1950년 6월 27일 안전보장이사회의 제 권고에 따라서 현재 한국에서 활동하고 있으며, 유엔 가맹국은 무력적 공격을 격퇴시키고 동지역에 국제평화와 안전을 회복시키기 위하여 필요한 원조를 대한민국에 제공한다는 것에 유의하고..." 라면서 유엔군의 임무가 무력적 공격을 격퇴시키는데 있다고 선언하고 있다. 그리고 1953년 8월 28일 유엔 총회의 결의 제3항에서도 "단적 군사조치에 의하여 무력침략을 격퇴시키기 위한 유엔의 요청에 의한 모든 노력이 성공적이었던 것에 만족을 표하며, 유엔헌장에 의한 집단적 안전보장이 유효하다는 이 입증이 국제평화와 안전에 기여할 것이라는 굳은 신념을 표하는 바이다"라면서 한국에 주둔하는 유엔군의 임무가 무력적 공격을 격퇴하는데 있음을 분명히 하였다. 이처럼 유엔군의 임무는 국제경찰군으로서 평화의 파괴자인 북한에게 강제조치를 취하는 것이다.

이러한 일련의 유엔안보리 결의에 근거하여 미국 주도하에 통합사령부 형태로 창설된 유엔사는 3년간의 한국전쟁에서 16개 참전국이 제공한 전력을 통합지휘하여 북한의 무력공격을 격퇴하는 데 성공하였다. 1953년 7월 27일 정전협정이 체결되었지만 '한국에 대한 군사 및 경제 원조에 관한 한미 합의의사록(1954. 11. 17)'에 따라 유엔사는 한국 방위 책임을 계속 부담하게 되었다. 이후 유엔사는 한국방위에 대한 계획 발전과 함께 한반도 유사시를 대비하는 기능을 줄곧 수행해 왔다. 그러던 중 1978년 한미연합사가 창설되면서 유엔사가 수행하던 '한국방위에 대한 임무'는 자연스럽게 한미연합사로 이양되었다.[17]

2. 한반도 통일 지원

유엔사의 두 번째 임무는 '한반도 통일 지원'이다. 전쟁이 진행되면서 "한국에서 통일·독립·민주정부를 수립"하는 것도 유엔군의 또 다른 임무가 되었다. 1950년 9월 15일 유엔군이 인천상륙작전에 성공한 후 반격을 감행한 유엔군은 곧 남한 영토의 대부분을 회복할 수 있었다. 그러나 유엔군의 38도선 이북으로의 작전은 북한의 무력적 공격을 격퇴시키는 유엔군의 기능을 벗어난 것이었다. 따라서 38도선 이북으로 퇴각하는 북한군을 추격하게 되면서 유엔사의 임무 지역 확대가 불가피해짐에 따라 유엔에서는 이를 추인하는 절차를 진행하였다.[18] 1950년 10월 7일 유엔 총회 결의 제376호(V)를 채택함으로써 북한군이 무력으로 공격해올 경우 유엔군이 38도선 이북으로 북진하여 작전을 수행할 수 있는 법적근거를 마련하게 되었다. 유엔 총회 결의 제376호(V)에서는 "한반도 전체(throughout Korea)에 걸쳐서 안정의 조건을 보장하기 위한 적절한 조치를 취할 것, 유엔 관리하에서 주권국 한국(the sovereign State of Korea)에 대한 독립적이고 민주적인 단일정부 수립과 같은 선거 조치를 강구할 것, 그리고 평화의 회복, 선거 실시 및 단일정부 설치에 한국의 남과 북(Korea, South and North)에 주민들의 모든 분파와 대표를 초청할 것" 등을 권고하고 있다.[19] 유엔군은 이에 근거하여 북한지역에서의 작전을 통해 한반도 전체의 통일 및 독립, 그리고 민주정부 수립을 지원하는 역할을 수행할 수 있었다. 비록 정전협정 체결로 인해 한반도 전체를 통일하는 데는 실패했지만, 이 결의는 앞으로도 북한군 무력공격으로 한반도가 다시금 위급해질 경우 유엔사가 제공하는 다국적군이 별도의 승인절차 없이 38도선 이북으로 진격하여 작전을 수행할 수 있는 중요한 근거가 될 수 있을 것이다.

3. 한반도 정전협정 관리 및 유지

유엔사가 부여받은 세 번째 임무는 '정전협정 이행 및 준수' 기능이다. 유엔사는 1953년 7월 27일 유엔군사령관, 그리고 조선인민군총사령관과 중국인민지원군사령원 간에 조인된 정전협정에 따라 휴전선 이남 지역에 대한 정전협정 관련 제반 조항(후속 합의사항 포함)의 이행 및 준수를 감독하고, 위반행위가 발생할 경우 이를 시정조치하는 책임과 권한을 이행하게 되었다. 즉 유엔사는 정전협정에 명시된 대로 '정전협정 서명자 및 당사자'로서 정전협정을 관리하고 유지하는 책임과 권한을 행사하게 된 것이다. 정전협정 제2조 17항은 "본 정전협정의 조항과 규정을 준수하며 집행하는 책임은 본 정전협정에 조인한 자와 그의 후임 사령관에게 있다"라고 명시하고 있으며, "적대의 쌍방 사령관들은 각각 그들 지휘 하에 있는 군대 내에서 일체의 필요한 조치와 방법을 취함으로써 그 모든 소속부대와 인원이 본 정전협정의 전체 규정을 철저히 준수하는 것을 보장할 것"을 명시하고 있다. 또 정전협정 제1조 10항에는 "비무장지대 내 군사분계선 이남의 민사행정 및 구제 사업은 국제연합군사령관이 책임을 진다"라고 명시되어 있다. 유엔사는 상기 협정과 규정에 따라 한반도에서 쌍방의 군대가 정전을 유지하고 정전협정을 준수할 수 있도록 수단과 방법을 강구하는 한편, 군정위 등을 통하여 상호 분쟁을 예방하고 긴장을 완화하기 위한 대화 및 접촉 채널을 유지하고 있다. 유엔사는 정전협정 관리와 유지를 위하여 정전협정 조항의 이행 준수 및 수정·보완·추가를 할 수 있으며, 이를 위해 군정위 또는 장성급 회담을 통해 북측과의 대화 및 접촉을 유지한다. 1978년 한국군에 대한 작전통제권이 연합사로 이양된 후부터는 필요에 따라 유엔군사령관은 연합사령관에게 정전협정 유지 및 준수와 관련한 지시를 할 수 있도록 권한을 부여하였으며, 전투력이 필요할 경우 유엔사 요청에 따라 연합사에서 전투부대를 지원할 것을 명문화하였다. 이와 병행하여 유엔사가 정전협정 임무 수행과 관련하여 정기적으로 유엔(UN)에 보고 및 건의를 할 책임도 부여하였다.

4. 한반도 유사시 전력 제공

유엔사의 네 번째 임무는 전시임무로서, '한반도 유사시 전력 제공자(Force Provider)' 기능을 수행하는 것이다. 유엔사의 전력 제공 기능은 정전협정 체결 당일인 1953년 7월 27일 한국전쟁 당시 전투병력을 파병한 16개의 참전국 대표들이 워싱턴에서 "만약 한반도에서 전쟁이 발발할 경우 전력을 재(再)파병할 것"을 결의한 '워싱턴 선언'에 근거하고 있다.

전시 유엔사가 수행하게 될 중요한 역할은 주일 유엔사 후방기지를 활용하여 유엔사 회원국이 주축이 되는 미군 및 다국적군의 전력과 장비, 물자를 일시 수용하고, 소정의 필요한 전투근무지원 절차를 거쳐 이들 전력을 한반도까지 전개시킨 후 한미연합사(전작권이 전환된 후에는 미래연합사)에 적기에 제공하는 것이다. 유엔사는 이를 위하여 주일 유엔사 후방기지를 유지 및 운용하고 있다. 유엔사 후방기지는 한반도에서 전쟁 재발 시 유엔사 회원국들이 제공하는 전력을 일시 수용하여 필요한 전투근무지원을 하며, 한반도 전개 이후에도 이들에 대한 작전 지속능력을 계속 보장하는 역할을 하게 된다. 이를 위하여 미국은 1951년 9월 일본과 "한국에서의 유엔군 활동을 지원하기 위해 일본 정부는 모든 시설과 역무를 지원한다"는 내용을 담은 '애치슨-요시다 교환공문'을 체결하였다. 또 1954년 2월 19일에는 미일 평화협정(1951. 9. 8)이 유지되고 있는 동안 유엔사 회원국 군대가 분쟁에 휘말리게 되면 일본 내 유엔의 조치와 연관된 군에 대한 지원을 허가하고 지원하기 위해 유엔사와 일본 간 '유엔군 지위협정(SOFA : Status of Forces Agreement)'을 체결하였다. 유엔사와 일본이 맺은 '유엔군 지위협정'에는 "일본 정부는 유엔 회원국의 군대가 극동지역에 대해 제반 조치를 위해 일본에 진입할 경우 이를 승인 및 지원하고, 유엔안보리의 결의에 따라 한국에서 유엔의 활동에 참여하고 있는 회원국의 군대에 대해 중요시설 및 제반 편의 등 지원을 할 것"과, 그 시기는 "유엔군이 일본 영토에서 철수할 때까지"로 명시하였다. 당시 일본 패망직후 맺은 협정이어서 지금의 일본으로서는 매우 굴욕적인 내용이 아닐 수 없다. 어쨌든 이 협정에 따라 한국 내에서 유엔사 활동에 참여하는 외국군대들이 일본 정부로부터 시설과 역무를 지원받을 수 있을 뿐만 아니라, 일본정부에 출입사항을 통보하는 것만으로 전·평시 일곱 곳의 주일 유엔사 후방기지를 자유롭게 활용할 수 있게 되었다. 당시 유엔사와 일본 정부간에 체결된 SOFA는 현재까지도 여전히 유효하다.

유엔사-일본 정부 SOFA 체결 (1954. 2. 19)

유엔사는 한반도 유사시 17개에 달하는 유엔사 회원국들이 제공하는 전투병력, 그리고 장비 및 물자를 효율적으로 한반도에 제공하기 위하여 작전참모부 예하에 '다국적 협조본부(MNCC : Multi-National Coordination Center)'를 두고 있다. 다국적 협조본부는 회원국 전력의 전개 및 연합전시증원(RSOI : Reception, Staging, Onward Movement, Integration)과 관련한 자문 및 협조 외에도 유엔사 회원국의 전력 수준을 최신화(最新化, update)하여 주기적으로 유엔사에 보고하며, 유사시 각 회원국의 연락반과 제공하게 될 전력의 규모 및 능력, 부대 운용기준 등 관련 업무를 협조하는 것 등을 그 임무로 하고 있다. 이를 위하여 평시부터 각 회원국의 대표단 및 유엔사 후방기지와 긴밀한 협조 관계를 유지함은 물론 한국 합참을 비롯하여 한미연합사, 주한미군사와도 긴밀한 공조체제를 유지하고 있다. 또 유엔사는 '다국적 협조본부' 외에 회원국 개별국가의 국가지휘계통 대표로 구성된 국가지휘반(NCE : National Command Element)을 두고 있다. 국가지휘반은 연합사 주(主) 지휘소에 위치하여 전력통합절차 6단계 시행 간 관련 기관과 협조하여 해당국 전력에 대한 관리와 지원, 피지원 국가와의 통신 협조, 그리고 유엔사 예하에 배속 또는 재배속 관계 설정을 협조하는 기능을 수행한다.

만약 한반도에 전쟁이 재발될 경우 유엔사는 회원국을 비롯한 우방국들에 한미연합사(미래연합사)가 필요로 하는 긴요한 전력을 제공해 줄 것을 요청하고 필요한 협조를 하게 된다. 그리고 한미연합사(미래연합사)와 협조하여 각국이 제공하는 지원전력의 전술적 운용방법과 지휘관계 설정 등에 관해 사전 협조한 후 이들 지원전력을 신속히 한반도로 전개함으로써 한미연합사(미래연합사)가 수행하는 전구작전이 원활히 이루어질 수 있도록 견인(牽引)하게 된다. 유엔사는 전시 원활한 임무 수행을 위해 평시 유엔사 후방기지의 체계적인 운용 및 관리에 만전을 기하고 있다. 이와 병행하여 매년 정례적인 한미연합연습 간 전력을 제공하게 될 회원국들이 참가한 가운데 실질적인 전력제공 및 통합을 위한 절차훈련을 반복하여 숙달하고 있다. 이 중 유엔사 후방기지는 유엔사의 전시 임무를 보장하는 핵심적인 시설이다. 유사시 유엔사 회원국들을 포함한 다국적군 전력들이 한반도에 투사하기 전에 최종적인 점검과 필요한 제반 전투근무지원을 하는 필수 중간 경유지이기도 하다. 이들 후방기지는 미국이 평시 동아시아 지역 전체에 대한 지역 질서를 주도하는 데 있어서도 매우 긴요한 전략적 거점으로 평가되고 있다.

유엔사가 수행해 오던 네 가지 임무 중 '북한의 무력공격 격퇴 및 한국 방어'는 1978년 11월 한미연합사가 창설되면서 자연스럽게 위임하였으며, 나머지 세 가지 기능과 역할은 지금도 변함없이 유엔사가 수행하고 있다. 특히 그중에서도 '평시 정전협정 관리와 유지', 그리고 '한반도 유사시 전력제공' 임무는 오늘날까지 유엔사에 부여된 실질적이고도 대표적인 역할과 기능으로 간주하고 있다. 아울러 '한반도 통일 지원' 임무 또한 향후 언젠가는 다가올 한반도 평화체제 논의와 연계하여 유엔사를 존속시켜야 하는 중요한 근거로 사용할 수도 있을 것이다.

10 편성 및 조직

유엔사는 유엔안보리가 창설한 유엔의 보조기관이면서 한국전쟁 수행자, 그리고 정전협정 체결권자로서의 법적 지위를 가지고 있다. 아울러 정전협정 준수와 집행을 책임지는 유엔의 행정기관이기도 하다.

유엔사가 다국적·다기능 통합사령부로 변모하기 이전인 2018년 5월 말을 기준으로 하였을때만 하더라도 유엔사의 조직은 크게 지휘부와 참모부, 군사정전위원회, 그리고 유엔사 후방지휘소로 편성되어 있었다. 유엔사의 기본적인 조직도는 아래 그림에서 보는 바와 같다.

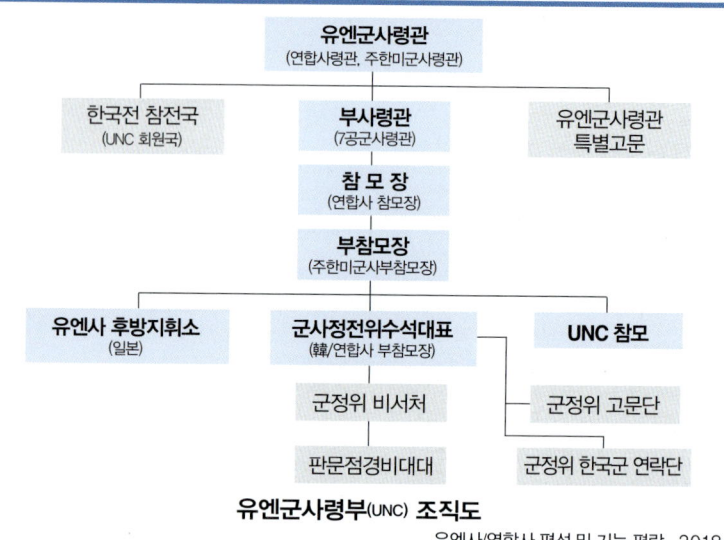

유엔군사령부(UNC) 조직도

유엔사/연합사 편성 및 기능 편람, 2018.

그림에서 보듯이 유엔사 지휘부는 사령관을 필두로 하여 부사령관, 참모장, 그리고 부참모장이 있다. 앞에서 이미 언급한 바와같이 유엔군사령관은 한미연합사령관 및 주한미군사령관, 주한미군 선임장교 직책을 겸하고 있다. 유엔사 부사령관은 미 제7공군 사령관인 미 공군 중장이 겸직하였으며, 참모장은 미 제8군 사령관이자 연합사 참모장인 미 육군 중장이, 부참모장은 주한미군사 부참모장인 미 공군 소장이 각각 겸직하였다. 유엔사의 예하 조직으로는 주일 유엔사 후방지휘소와 군정위, 그리고 참모부가 있다.

유엔군사령관의 임무는 크게 세가지로서 ① 대한민국의 안전과 평화유지를 위해 정전협정을 준수하고, ② 전시(유사시) 회원국들이 제공하는 전력 또는 자산들에 대한 작전통제를 하며, ③ 미 국가통수기구가 미 합참을 통해 지시하는 기타 임무를 수행하는 것이다. 이를 정전시(평시)와 유사시(전시)로 구분하여 정리하면 다음과 같다.

구 분	주요 임무
정전시 (평시)	• 연합사령관에게 정전체제 유지 관련 업무 조언 및 정전협정 이행 감독 • 정전협정 위반사항 조사 및 보고 • 북한군과 접촉 유지 • 대한민국 정부, 대한민국 합참 및 군과 접촉유지 및 업무 협조 • 유엔사 회권국 및 유엔사 후방기지와 접촉 및 관계 유지 • 유엔사 회원국들의 자산을 통합하여 활용할 수 있는 계획 수립 및 통합훈련 실시 • 유엔사와 일본 간 SOFA 유지 및 일본 내 기지 이용 협조 • 전시지원합의서(WHNS) 유지

유사시 (전시)	• 한국에 유엔사 주 지휘소, 일본에 후방지휘소 유지 • 한미 동맹군에 병력과 장비를 지원하는 유엔사 회원국들과 협조 및 연락 유지 • 한국과 일본에 위치한 유엔사 기지를 통해 지원되는 회원국들의 병력과 자산을 통합하여 운용

현재 유엔사를 구성하는 국가, 일명 '전력제공국(Sending States)'으로 불리우기도 하는 '유엔사 회원국'의 수는 미국을 비롯하여 모두 17개 국가이다. 여기서 '유엔사 회원국'이란 한국전쟁 당시 전투병력 파병 및 의료물자 등을 지원했던 나라들을 주축으로 하되, 현재 유엔사 군정위에 연락단을 운영하고 있으면서 향후 한반도에 전쟁이 발발할 경우 다시 전투병력을 제공하기로 약속한 국가들을 지칭한다. 최초에는 한국전쟁에서 국제연합군의 형태로 전투병력을 파병하고 유사시 재파병을 결의했던 16개 국가로 구성되었으나, 그중 에티오피아와 룩셈부르크가 자국 사정으로 빠지고 의료지원국인 덴마크와 노르웨이, 이탈리아가 새로 가입하여 현재는 17개 국가로 이루어져 있다. 여러 가지 주장이 있지만, 한국은 공식적으로 유엔사 회원국이 아니다. 한국은 유사시 유엔사가 제공하는 전력을 사용하는 국가(Host Nation)이므로 전력을 제공하는 국가(Sending States)들과는 구별되어야 한다는 것이 한국 정부의 공식적인 입장이다. 다음 그림은 유엔사 회원국들을 표식하고 있다.

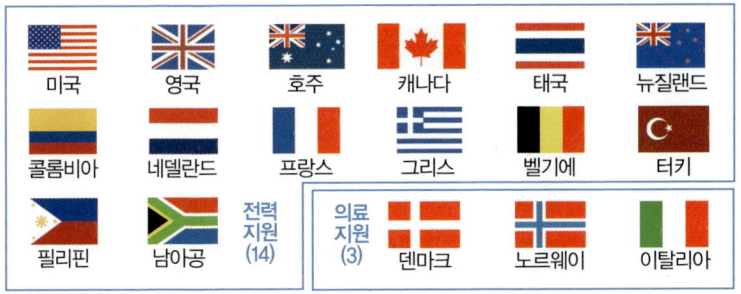

現 유엔사 17개 회원국 (Sending States)

여기서 주목할 점은 정작 주요 의사결정을 하는 유엔사 지휘부는 대부분 미군 장성에 일부 유엔사 회원국 장성으로 편성되어 있으며, 한국군 장성은 단 한 명도 포함되어 있지 않다는 사실이다. 편성표 상 유엔사 부참모장 아래에 있는 군정위 수석대표가 유엔사 내 유일한 한국군 장성이지만 한미연합사 부참모장을 겸직하고 있으면서 위임된 범위 내에서 권한을 행사할 뿐 유엔사 내에서 이루어지는 주요 의사결정 과정에는 참여하지 않고 있다. 참고로 군정위 수석대표가 수행하는 임무는 군정위 비서처를 통한 정전협정 관련 업무와 유엔사와 한국 국방부 간 정전업무 관련 협조 및 조정, 군정위 고문단 및 중감위 대표단과의 관계 유지, 각종 군사외교 및 교류활동 등이다. 한국군 4성 장군인 연합사 부사령관 겸 유사시 지구사령관 역시 유엔사 지휘부 편성에는 아예 빠져있어 유엔사에 관한 한 아무런 권한을 행사하지 못하고 있다. 이처럼 유엔사 내 한국군 장성급 참모의 부재(不在)로 말미암아 한미 간 의사소통 채널이 매우 제한되는 실정이다.

11 군사정전위원회 (UNC MAC)

군사정전위원회(MAC : Military Armistice Commission, 이하 군정위)는 유엔사 산하 기구로서 원래 유엔군 측과 공산군 측 대표로 공동 구성되어 정전협정의 이행 및 준수 문제를 상호 협의 및 해결하는 의사소통기구이다. 군정위는 위원장이 없는 공동조직체로서 정전협정 제2조에 의거 유엔군 측과 조·중 측이 각 5명씩 총 10명의 고급장교로 구성되어 있다. 그중 남측 대표 5명은 유엔군사령관이, 북측 대표 5명은 조선인민군 최고사령관과 중국인민지원군사령원이 공동으로 임명하되, 양측의 각 3명은 장(將星, General)급에 속하여야 하며 나머지 2명은 소장, 준장, 대령 혹은 그와 동급인 자로 임명하도록 규정하고 있다.

합참 정보본부에서 발간한 '군사정전위원회 편람' 제5장에 의하면, 군정위의 구체적인 임무와 기능은 ① 정전협정 이행을 감독하고, ② 정전협정 위반 사건을 협의 및 처리하며, ③ 군정위 본회의를 비롯한 각종 회의를 주관하는 것 등이다. 그 밖에도 군정위는 정전협정의 수정 또는 증보에 관한 보고, 필요한 절차 및 규정의 채택, 포로 및 유해 송환업무 처리, 공동감시소조 운영, 쌍방 사령관들 간의 대화 통로 유지 등의 임무를 수행한다. 군정위는 그림에서 보는 바와 같이 수석대표실을 중심으로 비서처와 군정위 고문단, 한국군 연락단, 그리고 공동경비구역(JSA)을 담당하는 유엔사 경비대대로 편성되어 있다.

1. 군사정전위원회 수석대표

유엔군 측 군정위 대표단은 아래 그림에서 보는 것처럼 한국군 수석대표를 비롯하여 미국 대표, 한국 대표, 영(英) 연방 대표, 순환대표로 구성된다. 그중 '순환대표'는 유엔사 회원국 중에서 대령급 연락단장(국방무관)을 파견하는 9개의 나라가 6개월 단위로 순환하면서 임무를 수행하게 된다. 군정위 수석대표는 1991년 3월 25일 황원탁 소장이 한국군 최초로 제58대 수석대표에 임명된 이래 지금까지 한국군 장성인 한미연합사 부참모장이 겸직하고 있으며, 필자는 2015년도에 제76대(한국군 장성으로는 제18대) 군정위 수석대표를 역임한 바가 있다. 군정위가 유엔사 조직도상으로는 유엔사 부참모장의 하위에 있지만, 반면에 미군 장성인 유엔사 부참모장은 군정위의 미국 대표를 겸하고 있어서

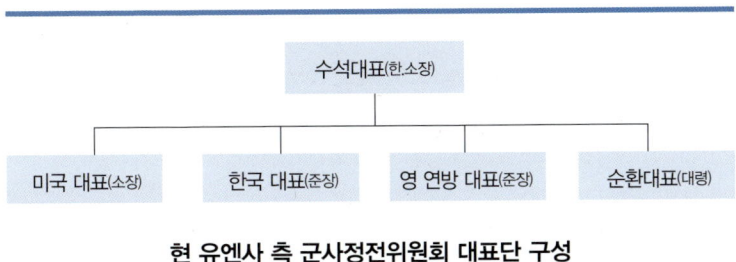

현 유엔사 측 군사정전위원회 대표단 구성

실제 업무계선 상으로 볼 때는 상하 관계라기보다는 상호 협조 관계로 보는 것이 타당할 것이다.

군정위 수석대표는 한국 국방부 장관이 추천한 인원을 유엔군 사령관이 인준하는 절차를 거쳐 임명된다. 즉, 한국 국방부 장관이 특정 인물을 군정위 수석대표로 임명하기 위해서는 유엔군사령관에게 아그레망(agrément)을 보내어 사전 동의를 구하게 된다. 필자 역시 한미연합사 작전참모차장으로 근무하던 중 2015년 2월 당시 한민구 국방장관으로부터 임명 요청을 받은 스카파로티(Curtis M. Scaparrotti) 유엔군사령관이 내부 검토를 거쳐 이를 수용함으로써 2015년 3월초에 군정위 수석대표로 임명될 수 있었다. 군정위 수석대표는 정전협정 관리 업무 외에도 유엔사 회원국의 대사 및 고문단들, 그리고 중립국감독위원회 대표국의 관계관들과도 빈번히 접촉하고 교류해야 하므로 국가 대 국가 간 외교사절과 동일한 위상을 가지게 된다.

필자가 유엔사 군정위 수석대표로 임명될 당시 한민구 국장장관의 추천 서신(좌)과 스카파로티 유엔군사령관의 임명 명령(우)

HEADQUARTERS, UNITED NATIONS COMMAND
UNIT #15259
APO AP 96205-5259

MAR 06 2015

Honorable Han, Min Koo
Minister of National Defense
Republic of Korea

Dear Minister Han:

    It is with great pleasure that I receive the nomination of Major General Chang, Kwang Hyun to be the UNCMAC Senior Member. The Republic of Korea has made an excellent choice. I have complete confidence in Major General Chang's abilities and I know his impressive contributions to our Joint/Combined Team will continue as the UNCMAC Senior Member.

    장광현 장군이 유엔사령부 군사정전위원회 수석대표로 임명됨을 진심으로 기쁘게 생각합니다. 대한민국이 매우 훌륭한 결정을 내렸다고 봅니다. 저는 장광현 장군의 역량과 능력에 대한 완벽한 신뢰를 갖고 있으며 유엔사 군정위 수석대표로서 우리 합동/연합 팀을 위해 큰 기여를 할 것이라 믿어 의심치 않습니다.

    Major General Chang's contributions to the mission execution and readiness at Combined Forces Command as the Deputy C-3 have been outstanding! His leadership, vision and dedication to the Alliance greatly assisted in transforming the ROK-US Combined Force into a versatile, agile and operational combat ready Force that is prepared to meet any challenge.

    장광현 장군은 연합사 작참차장으로 근무하면서 연합사의 임무수행능력을 향상시키고 대비태세를 확고히 구축해 나가는데 크게 일조하였습니다. 그의 리더십과 비전, 그리고 한미 동맹에 대한 헌신은 한미 연합전력을 더욱 다재다능하고, 민첩하며, 그 어떠한 도전도 이겨낼 수 있는 작전적으로 준비된 전력으로 변화시켰습니다.

    The nomination of Major General Chang as UNCMAC Senior Member is a testament to the Republic of Korea's unrelenting commitment to maintaining the mission readiness of the ROK-US Alliance. Thank you for your stalwart leadership and all that you do to strengthen our great friendship.

    장광현 장군의 유엔사 군정위 수석대표로의 임명은 한미 동맹의 임무수행 준비태세를 확고히 유지해 나가기 위한 대한민국의 지속적인 의지와 공약을 잘 나타낸다고 봅니다. 장관님의 훌륭한 리더십에 감사드리며 우리의 우정을 더욱 강화시키기 위한 장관님의 모든 노력에 감사드립니다.

Respectfully,

CURTIS M. SCAPARROTTI
General, U.S. Army
Commander

한국 국방장관에게 보낸 스카파로티 유엔군사령관의 답신

    군정위 수석대표는 정전협정과 관련하여 유엔사 회원국들뿐만 아니라 중감위 국가들과도 정기 및 수시 접촉을 통해 한반도 평화와 안정 유지를 위해 다각적으로 활동하고 있다. 수석대표는 비무장지대 및 북방한계선 일대에서의 도발이나 군사적 충돌 상황 등 크고 작은 정전협정 위반행위가 발생하면 군정위 비서장 건의에 따라 이에 대한 조사 권한을 발령하고, 군정위 조사결과를 보고받은 후 이를 가장 먼저 검토하게 된다. 군정위 비서장인 미군 대령이 정전협정 위반사항에 대해 현장조사를 하기 위해서는 합동조사계획을 수립 후 수석대표에게 사전 보고 및 승인을 득해야 하며, 조사 결과 역시 수석대표에게 보고 및 결재를 득해야만 공식문서로서 효력을 가지게 된다. 이에 추가하여 군정위 수석대표는 한국 국방부·합참과 유엔사 간에 정전업무와 관련된 긴급현안에 대한 조율 등 가교역할을 수행한다. 또한 유엔사 회원국 및 중감위 대표국가들이 참석하는 다양한 군사외교 및 친선활동에도 적극 참여하여 국가이익과 직결되는 매우 중요하고도 의미있는 임무들을 수행하고 있다. 이를 위해 수석대표는 군정위 고문단 및 중감위 대표단과도 긴밀히 소통해야 한다.

2. 군사정전위원회 비서처

군정위 비서처는 미군 대령인 군정위 비서장을 비롯하여 모두 65명으로 구성되어 있으며, 군정위 업무 전반에 관해 유엔군사령관을 보좌하는 실질적인 참모부 역할을 한다. 군정위 비서처의 편성은 다음과 같다.

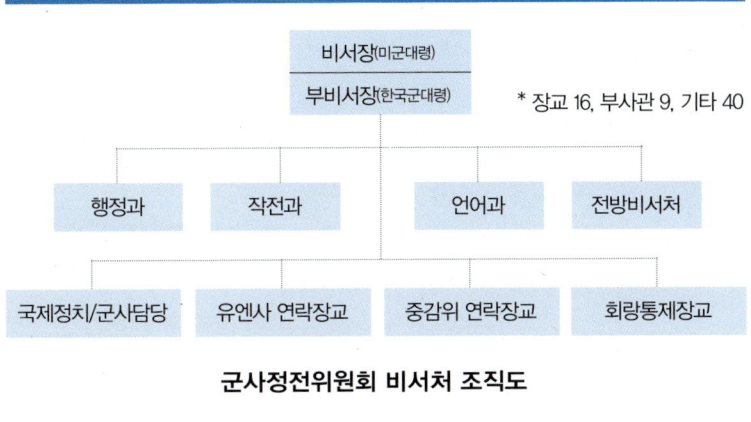

군사정전위원회 비서처 조직도

    군정위 비서처에 대한 명시적인 통제기능은 군정위 미국 대표를 겸하는 유엔사 부참모장이 행사하고 있다. 군정위 비서장은 유엔군사령관으로부터 위임받은 권한 범위 내에서 수석대표를 보좌한다. 군정위 비서처는 수석대표의 지침을 받아 정전협정 위반사항에 대한 특별조사를 시행하고 결과를 보고하는 등 군정위와 관련된 작전을 수행한다. 아울러 군정위 고문단 활동을 협조하며 수석대표를 대신하여 중감위 대표들과 접촉하기도 한다. 그리고 민통선 북방 대성동 마을에 대한 민사행정과 공동경비구역(JSA)의 유엔사 경비대대를 참모 감독한다.

군정위 비서처 비무장지대 현장점검 활동 (출처 : UNC)

군정위 및 중감위 정전협정 준수 현장 확인 (출처 : UNC)

3. 군사정전위원회 고문단 및 연락단

군정위 고문단은 17개 유엔사 회원국의 연락장교단으로서, 각국의 국방무관들이 겸직하고 있다. 이들은 매월 군정위 자문단 회의에 참석하여 정전업무에 관해 수석대표에게 조언하거나, 수석대표의 지시에 따라 특별조사 활동에 참여하는 기능을 수행한다. 수석대표는 필요한 경우 비서장을 통해 고문단의 업무를 통제하며, 비서처와 고문단은 상호 협조 관계에 있다. 한국군 연락단은 한국 합참 정보본부 소속으로 유엔사 및 중감위, 그리고 한국 국방부와 합참 간 업무를 협조하는 역할을 한다.

수석대표 주관 군정위자문단 회의

4. 공동경비구역 경비대대

공동경비구역(JSA) 내 배치된 유엔사 경비대대는 유엔군사령관의 작전통제 하에 임무를 수행하는 유엔사 소속부대로서 한미 공동으로 편성되어 있다. 6.25전쟁 중에 시작된 유엔군 측과 조·중측간의 정전협정 협상이 진행되는 동안 유엔군 측 군사정전위원회를 지원하기 위해 1952년 5월 5일 지원단을 설치하였는데, 그것이 오늘날 공동경비구역(JSA) 경비대대의 모체가 되었다. 그 이후 1972년도부터 1979년까지는 미 육군지원단 형태로 운용되다가 1979년 6월 유엔사 지원단으로, 1985년 12월에 유엔사 경비대로 명칭이 변경되었다. 유엔사 경비대는 1994년 10월에 유엔사 경비대대로 편성이 보강되었으며 JSA 경비관련 임무를 전담하게 되었다. 한국군 경비대대는 2004년 7월 1일에 창설되었다. 한미간에 'JSA 경비 및 지원임무 일체를 한국군이 인수하기로 합의한' 결과에 따른 조치였다. 이후부터 지금까지 JSA 경비 및 모든 지원임무는 한국군 경비대대가 전담하고 있다. JSA내에 함께 근무중인 미군들은 유사시 또는 상황 발생시 한국군 경비대대와 연합전투 부대로서 임무를 수행하게 된다.

자유의 집 옥상에서 바라본 판문점 공동경비구역 및 북측 통일각

유엔사 편제상 대대장은 미군 중령이, 부대대장은 한국군 중령이 맡고 있다. 그러나 평시에는 미군 중령은 미군 경비대대장으로서, 한국군 중령은 한국군 경비대대장으로서 각각 자국군 부대를 지휘한다. 전체 인원은 700여 명으로서 그중 한국군이

630여 명으로 주력을 차지하고 있으며 미군은 60여 명 정도이다. 비록 미군 병력이 60여명 규모로 축소 편성되어 있지만, JSA가 유엔사 관할지역이라는 점과 전시 한·미군을 통합 지휘한다는 점에서 미군 중령이 통합대대장 직책을 수행하고 있다. 경비대대의 임무 수행에 대한 전반적인 지시 및 감독 책임은 군정위 수석대표와 비서처에 있으며, 한국군 대대장에 대한 근무평정 권한은 군정위 수석대표가 행사한다.

공동경비구역(JSA) 경비대대 전경

* 판문점도끼만행사건(1976. 8. 18) 당시 희생한 미 보니파스 중위를 기리는 의미에서 캠프 보니파스(Camp Bonifas)라고 불리우기도 한다.

5. 유엔사 군정위의 한계

앞서 언급하였듯이, 군정위는 북한의 무실화 행동으로 인하여 유엔사 위주로 명맥이 유지되고 있을 뿐 사실상 그 기능은 상당 부분 훼손되어 있는 상태이다. 북한이 1994년 12월 15일부로 조·중 측 군정위를 완전 철수시킴에 따라 유엔사 측 군정위 비서장과 조선인민군 판문점 대표부 연락관 간의 접촉만 겨우 유지될 뿐이다. 이에 한국 국방부와 유엔사는 정전협정의 이행과 위기관리를 위한 협의 채널을 재가동하기 위해 1998년 2월에 '유엔사와 북한군 간 장성급 회담'을 북한 측에 제의하여 동년 6월에 그 절차에 합의하였다. 이러한 '유엔사-조선인민군 장성급 회담'은 양쪽 모두 똑같이 최대 4명의 대표를 두고 있다. 비록 조선인민군 판문점 대표부가 정전협정에는 명시되어 있지 않은 기구이긴 하지만, 사실상 군정위의 역할을 대체하는 조직으로서 1998년 이후 정전협정 이행 및 준수, 그리고 쌍방 간의 충돌 방지를 위한 통로 역할을 하고 있다는 점에 주목할 필요가 있다.

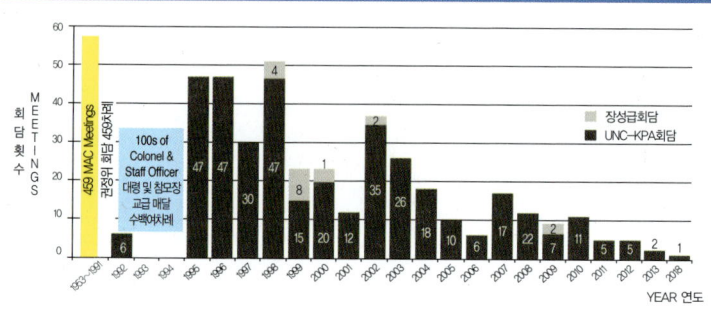

연도별 유엔사(UNC)-북한군(KPA) 간 대화 횟수

유엔사 군정위 역대 수석대표 포럼 발표자료 (2017. 12), p. 5

앞의 도표는 정전협정을 체결한 이후부터 최근까지 연도별 유엔사와 북한군(KPA : Korean People's Army) 간의 대화 횟수를 나타낸 것으로 북한의 태도 변화에 따라 연도별로 크게 차이가 있음을 보여준다. 정전협정 체결 직후인 1953년도부터 1990년도까지만 하더라도 상호 대령급 대화와 참모장교급 대화가 수백여 차례나 이루어졌었다. 그러나 1991년부터 1994년까지는 북한이 한국군 장성을 군정위 수석대표로 임명한 것을 트집 삼아 본격적으로 군정위 무력화를 시도함으로써 양자 간의 접촉이 전무(全無)하다시피 하였고, 1995년 이후부터는 대화가 현격히 줄어드는 추세를 보였다. 그나마 유엔사와 북한군 간의 실질적인 대화는 1998년 이후부터 2009년까지 12차례의 장성급 회담으로 대체되었으며, 나머지 유엔사와 북한군 간의 대화는 유해 송환 또는 해상으로 표류한 북한 주민 북송 귀환 등 사소한 대화에 불과하였다. 장성급 회담 역시 2009년도 이후 전혀 없다시피 하다가 2018년 7월 15일 만 9년 만에 일시 재개되었는데, 이는 북한에서 수습된 미군 유해 송환문제를 논의하기 위한 목적이었다. 이러한 논의가 재개된 것만으로 북한의 태도 변화를 이끌어 냈다고 단정하기에는 이른 감이 있다. 이것은 어디까지나 제1차 북미정상회담 이후 북한 비핵화로 가는 과정에서 북한이 미국의 양보를 이끌어내기 위한 화해 제스처 성격으로 이루어진 일시적 현상이었을 뿐이다.

12 중립국감독위원회(NNSC)

중립국감독위원회(NNSC: Neutral Nations Supervisory Commission, 이하 중감위)는 군정위와 더불어 한반도 정전협정을 유지하는 양대 기구 중 하나이다. 중감위는 정전협정 제2조 36~50항에 근거하여 한국전쟁의 정전체제를 유지하기 위한 조직이다. 중감위의 역할은 정전협정 체결 이후 국외로부터 남북한 지역에 병력, 장비, 물자의 반입과 교체를 감독하는 데 있다. 이를 위하여 한국전쟁에 참여하지 않았던 나라들 중에서 네 개의 국가를 중감위 대표국으로 지정하고 각각 5명의 고급장교로 대표를 구성하였다. 유엔군 측은 스위스와 스웨덴을, 조·중 측은 폴란드 및 체코슬로바키아를 각각 중감위 대표국으로 지명하였으며, 1953년 8월 1일부로 위원회를 구성하고 정식으로 활동을 개시하였다. 당시 유엔군 측 대표국인 스위스와 스웨덴은 판문점 남쪽에 있는 현재의 중감위 캠프에, 조·중 측 대표국인 폴란드 및 체코슬로바키아는 판문점 인근 북측 3초소 후방지역에 각각 메인 캠프를 설치 및 운용하였다.

1. 중감위의 임무와 기능

중감위는 유엔사의 산하 조직이 아닌 별도의 독립적인 조직

유엔사측 중립국감독위원회 메인캠프 및 대표단 초청행사 (2018. 7)

으로서 유엔사 군정위와는 상호 협조 관계에 있다. 즉 유엔군사령관 또는 군정위 수석대표가 정전체제 유지를 위해 필요한 과업을 중감위에 요청하면, 중감위는 이를 독자적으로 판단 후 과업 추진 여부를 결정하고 수행하게 된다. 중감위의 공식 활동에 필요한 모든 경비와 지원 사항은 미 제8군사령부에서 전액 부담하고 있으나, 소속 인원들의 봉급 등 비공식 활동 경비는 각각 자국에서 부담한다.

중감위는 군정위의 요청에 따라 비무장지대 이외 지역에서 발생한 정전협정 위반사항에 대해 특별감시 및 조사를 시행하고, 조사결과를 군정위에 통보하는 것을 그 임무로 하였다. 이를 위해 중감위는 정전협정 체결 초기부터 중립의 입장에서 쌍방의 정전협정 이행 및 준수 여부를 감시 감독하기 위해 양측의 중감위 대표국이 각 10개씩 모두 20개의 중립국 시찰소조를 구성하여 남북한 지역에 산재한 10개 항구와 공항에 파견하여 한반도 외부로부터 증원되는 군사 인원, 작전 항공기와 장갑차량 등의 전투 장비, 무기 또는 탄약 교체 및 반입에 대해 감시 및 감독, 시찰, 조사 활동을 하게 되었다. 당시 중감위 시찰소조는 남북이 각각 10개의 조를 운영하되, 그 중에서 5개 조는 상주하고 5개 조는 예비로 운용하였으며, 각 조는 4명의 영관급 장교(쌍방 각 2명)로 편성하였다. 시찰 소조가 상주하는 10개 공·항만은 유엔사 측이 관할하는 남측 지역에는 인천, 대구, 부산, 강릉, 군산을, 조·중 측이 관할하는 북측 지역에는 신의주, 청진, 흥남, 만포, 신안주로 지정하였다. 그러나 남한지역에서 활동하던 조·중 측의 폴란드 및 체코슬로바키아 소속 인원들이 간첩 활동을 하는가 하면, 북한이 스위스와 스웨덴 소속 인원들이 북한지역 시찰 활동을 못하도록 조직적으로 방해하는 일이 빈번하게 발생하였다. 이에 유엔군 측이 급기야 시찰소조 운영을 중단할 것을 요청하기에 이르렀으며, 결국 남북한 항구 및 공항에서 활동하던 모든 시찰소조의 활동을 중지하고, 쌍방의 중감위 인원들은 1956년 6월 9일부로 각자의 메인 캠프로 철수하게 되었다.

2. 북한, 조 · 중 측 중감위 강제 축출

한편 북한은 1991년 한국군 장성을 군정위 수석대표로 임명한 것에 반발하여 같은 해 4월 10일 처음으로 '중감위 무용론(無用論)'을 제기하였다. 북한은 1993년 4월 3일 체코슬로바키아 붕괴를 이유로 체코 대표단을 먼저 북한으로부터 강제로 철수 조치하였다. 약 2년 뒤인 1995년 2월 28일에는 폴란드 대표단마저 강제 축출함으로써 북한 내 모든 중감위 활동은 사실상 중단되었다. 이로 인해 중감위의 기능은 크게 위축될 수밖에 없었다. 지금은 유엔군 측 중감위 대표단만 그 명맥을 유지한 채 주로 휴전선 이남 지역의 한국군에 대한 정전협정 이행 감독 및 위반사항에 대한 조사 위주로 활동하고 있으며, 북한군의 크고 작은 정전위반 행위에 대해서는 사실상 어떠한 통제력도 발휘하지 못하는 '반쪽짜리 중감위' 상태로 현재에 이르고 있다. 다음 그림은 중감위 국가의 현재 조직도이다.

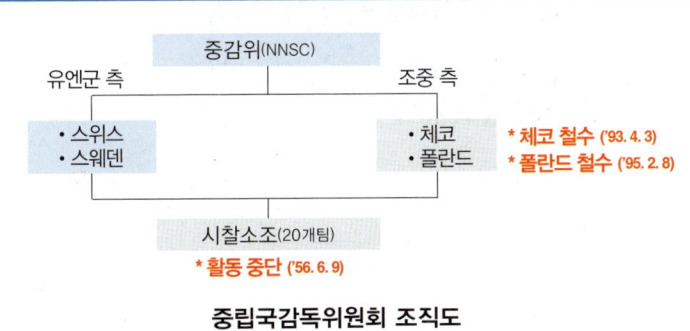

중립국감독위원회 조직도

유엔사/연합사 편성 및 기능 편람 (2005. 12)

비록 중감위가 북한의 일방적인 무실화 책동으로 조·중 측 중감위가 폐쇄되는 등 그 실체와 기능이 크게 훼손되긴 했지만, 유엔군 측의 중감위 대표국인 스위스와 스웨덴 대표단은 정전협정 체결 이후 지금까지 근 70년동안 유엔사와 협력하면서 정전협정 이행 및 준수여부를 점검하고, 위반사항에 대한 조사 활동 등 본연의 활동을 성실히 수행해 오고 있다. 실제로 유엔군 측 중감위 대표단은 정전협정 체결 이후 매주 1회 판문점 T-1 회의실에서 정례적으로 시행해 오던 '주간 중립국회의'도 지금까지 꾸준히 이어 오고 있다. 필자가 2015년 수석대표로 근무하던 당시 유엔사 측 중감위 국가 대표들과 가진 인터뷰에 의하면, 단 한 주도 거르지 않고 매주 목요일 오후 자체적으로 '중립국 주간회의'를 개최하고 있다.

중감위의 중립국 주간회의 모습. 맨 좌측이 스웨덴 대표 잉그만 소장, 우측 2번째가 스위스 대표 거버 소장이다.

유엔사 측 중감위는 주간 중립국 회의 결과를 매번 북측에 꾸준히 통보하고 있으나 북측은 시종 무응답으로 일관하고 있다고 토로하였다. 당시 유엔사 측 중감위 대표인 스위스의 거버(Urs Gerber) 장군과 스웨덴의 잉그먼(Mats Engman) 장군은 "중립국 주간회의는 2017년 12월 31일 현재 총 3,050여 회를 기록 중이며, 매 회의가 종료되면 판문점 내 T-1 회의실 북측 출입문에 있는 우편함에 회의 관련 문서를 꽂아두는 방식으로 북측에 결과를 통보하고 있지만, 실제로는 북측이 단 한번도 접수를 하지 않고있어 일주일 정도 경과되면 다시 회수하고 있다"면서 아쉬움을 내비친 바 있다.

3. 조·중 측 중감위 국가의 간접 활동

한편 북한으로부터 추방당한 조·중 측 폴란드와 체코는 지금도 중감위 국가로서 다시금 활동을 재개할 수 있기를 희망하고 있다. 폴란드 대표단은 1995년 2월 북한 당국으로부터 강제추방된 지 두 달 만인 그해 4월 25일에 '한반도에서 중감위 활동 재개'를 선언하였다. 그리고 2013년도에 처음으로 한국을 방문하여 현 판문점 남쪽 지역에 있는 유엔사 측 중감위 캠프 내에서라도 상주하면서 활동하게 해 줄것을 유엔사에 요청하여 왔다. 그러나 중감위 활동과 관련된 모든 경비를 부담하는 미 8군사령부가 조·중 측 중감위 국가였던 폴란드 대표단에 대해 운영비를 지원하는 것에 난색을 표명하였다. 이에 폴란드 대표단은 판문점 상주를 포기하는 대신 자국에 중감위 본부를 둔 상태에서 매년 2~3회 한국을 방문하여 유엔사 측 중감위 회의에 참석하는 방식으로나마 제한된 활동을 하고 있다. 비록 폴란드가 조·중 측의 대표국가이긴 하지만 중감위의 기본정신을 살린다는 취지에서 유엔사 측에서도 폴란드 대표단의 활동을 묵시적으로 인정하고 있으며, 가용한 범위 내에서 필요한 지원을 해주고 있다. 유엔사가 지금까지 판문점 남측 유엔사 측 중감위 캠프에서 폴란드 대표단의 임시 활동을 보장해 준 것은 정전협정 체결 당시의 기본 취지를 되살릴 수 있는 여지를 남겨두고 있다는 점에서 매우 바람직한 조치로 여겨진다.

2015년 필자가 군정위 수석대표 자격으로 중감위 국가 순방 일정으로 폴란드를 방문하였을 때 폴란드 정부는 자국 대표단이 한국에 머무는 동안 고정적으로 사용할 캠프 설치 등 제반 근무 여건을 개선하여 줄것을 요청한 적이 있었다. 폴란드 대표단이 한국에서 머무는 동안 거처가 별도로 없을 뿐더러 공동경비구역 인근에 있는 중감위 캠프로 출퇴근하는 동안 매번 유엔사로부터 차량을 신청하여 조치받음으로써 활동하는데 있어 여간 불편하지 않다는 것이다. 폴란드 정부의 요청 사항을 접수한 필자는 귀국 즉시 군정위 비서처와 이 문제를 협의하였다. 이후 유엔사는 약 2개월 정도 내부 검토를 거쳐 마침내 판문점 중감위 캠프 내

중감위 캠프 내 폴란드 사무실 개소 (2015. 10) 당시 마이카(Majka) 주한 폴란드대사와 함께

창고시설을 개보수하여 폴란드 대표부 고정사무실로 사용하도록 조치해 준 바 있다. 2015년 가을, 폴란드 대표단 방한과 때를 맞추어 사무실 현판식을 하면서 감격해 하던 마이카(Majka) 주한 폴란드 대사 내외의 밝은 모습을 잊을 수가 없다. 그 후로 폴란드 대사관에서는 중요한 행사나 공관 만찬등이 있을때마다 빠짐없이 우리 부부를 초청하곤 하였다. 당시 폴란드 중감위 대표인 '미트렝가(Krzysztof Mitrega)' 장군은 그 후에도 몇 차례 더 한국을 방문한 적이 있는데 그때마다 필자를 찾아 교제를 이어갔던 기억이 지금도 새롭다.

폴란드 방문 시 중감위 대표 미트렝가 장군 환담

폴란드뿐만 아니라, 북측의 중감위 대표국이었던 체코 역시 중감위 복귀 의사를 강력히 표명하기는 마찬가지였다. 2014년 3월 체코의 "루보미르 자오랄렉" 외교부장관은 한국의 윤병세 외교부장관과의 전화 통화에서 한반도 정세와 양국 간 협력 방안

등에 대한 의견을 교환하고, "한반도 평화에 기여하고 싶다"면서 판문점 중립국감독위원회 복귀 등 구체적인 기여 방안을 검토하고 있다고 설명한 바 있다. 그러나 그 이후 현재까지 별 진전은 없는 상태이다.

폴란드와 체코가 중감위 대표국가로 복귀하고자 원하는 의사 표명은 그동안 크게 훼손된 정전협정을 조금이나마 회복할 수 있다는 희망을 주었다는 점에서 매우 고무적이다. 비록 북한이 여전히 자신들의 중감위를 인정하지 않고 강제 축출한 상태이지만, 판문점 남쪽 유엔사 측 중감위 캠프에서나마 폴란드와 체코가 중감위 활동을 이어간다면 향후 남북한 간의 긴장 완화 내지는 평화협정으로 가기 위한 신뢰 구축 차원에서 매우 긍정적 요소로 작용할 수도 있을 것이다. 그러나 이들 두 나라 대표단이 무한정 유엔사 측 캠프에서 머물며 활동하는 것은 상징적 효과 외엔 큰 의미가 없다. 중감위가 정상적인 기능을 회복하려면 무엇보다 북한이 동의한 상태에서 판문점 북쪽 원래 그들의 자리로 복귀하는 것이 가장 바람직하다. 그러나 현실적으로 이러한 바람은 아직까지는 실현 가능성이 매우 낮은 상태이다. 그럼에도 불구하고 이들 두 나라가 유엔사 측 중감위 캠프에 계속 머물면서 활동하길 원한다면 한국 정부와 유엔사 차원의 법적·정치적·군사적 검토와 함께 전향적인 지원대책이 선행될 필요가 있다. 장기적으로 볼 때, 이 문제는 북한 비핵화와 연계하여 한반도 평화협정 등을 논의할 경우 향후 북한과 진지하게 논의를 해야 할 부분이다.

제4부

주일 유엔사 후방기지

13. 주일 유엔사 후방기지 방문 프로그램
14. 후방지휘소의 임무 및 기능
15. 후방기지별 현황 및 능력

미국은 한미정부가 전작권 전환에 합의(2007)한 직후부터
한국군 및 주요 관계관들을 대상으로
'유엔사 후방기지 방문 프로그램'을 시행하고 있다.
전작권 전환 시 예상되는 유엔사 해체 논란을 불식하고
전시 유엔사 회원국 전력의 전개 및 제공 과정을 이해시킴으로써
유엔사의 역할 및 기능을 강화하기 위한 공감대 형성에 목적이 있다.

필자는 2015년 11월 초 유엔사 군정위 수석대표 자격으로
일본 본토 및 오키나와에 산재한 일곱 곳의 후방기지를 방문하였으며,
유엔사가 가진 '강력한 힘'과 '전략적 가치'를 실감하였다.

주일 유엔사 후방기지는 89개의 주일 미군기지 중에서
잠재적 분쟁지역인 한반도에 비교적 근접하면서
한반도 유사시 신속대응에 유리한 전략적 요충지 위주로 지정되었다.
각각의 기지마다 엄청난 전력(戰力)과 자산을 배치 및 저장하고 있어
한반도 유사시 신속한 전개와 작전 지속성 유지에 유리하다.
유사시 한반도로 전개하는 대부분 전력은
이곳 후방기지에서 필요한 전투근무지원을 받게 된다.

13
주일 유엔사 후방기지 방문 프로그램

1. 프로그램 시행 배경

유엔사가 한국의 주요 관계관들을 대상으로 주일 후방기지 방문 프로그램을 시행하기 시작한 것은 2006년으로 거슬러 올라간다. 미국이 한측 관계자들을 대상으로 유엔사 후방기지 방문 프로그램을 시작하게 된 계기는 2006년 한미가 전작권 전환에 합의하면서 였다. 미국이 한국의 국방부와 연합사, 각군 본부에 근무하는 장성급 이상 주요 직위자들과 국회 국방위원회 소속 의원들, 그리고 주요 언론매체 기자들을 대상으로 유엔사 후방기지 방문 프로그램을 시행하게 된 취지는 유엔사의 전시 임무를 복원하기 위한 하나의 방편으로 간주된다.

전작권 전환이 되면 한동안 잠재되었던 유엔사 해체 논란이 재점화될 가능성이 있어 미국으로서는 향후 유엔사를 존속시키기 위해 적지 않게 고민했을 것이며, 유엔사를 존속시키기 위해서는 현재의 평시 정전협정 관리자 위주의 역할에서 탈피하여 점진적으로 유엔사의 전시 임무를 복원해야 할 필요성을 인식했을 것이다. 그런 차원에서 본다면 유엔사가 한국 관계관들을 대상으로 주일 유엔사 후방기지 방문 프로그램을 시행하게 된 것은 단순히 한국군들에게 견문을 넓힐 기회를 제공한다는 차원은 아니었다. 미국의 숨은 의도는 전작권 전환을 앞두고 있는 시점에서 한국 정부 및 한국군 주요직위자들에게 유엔사 후방기지가 유사시 한반도 전구작전을 견인하는 힘의 원천임을 인지시키고, 나아가서는 유엔사의 전시 역할을 강화하기 위한 공감대 형성 및 확산을 염두에 둔 장기적인 포석으로 이해할 필요가 있다. 이를 통하여 유엔사 후방기지의 전략적 가치를 인식시키고, 한반도 및 동북아 위협에 대비하는 미국의 전투지원태세 현장과 유엔사 회원국 전력의 전개 절차 등에 관한 이해를 증진하고자 한 것이다.

2007년 4월 김관진 합참의장이 당시 유엔군사령관이던 벨 장군의 초청으로 유엔사 후방기지를 방문한 것이 첫 시작이었다. 그후부터 유엔사 군수참모부 주관으로 국회 국방위 소속 의원들을 비롯하여 국방부 및 합참, 한미연합사와 유엔사, 그리고 육해공군 본부 및 야전군사령부에 근무하는 주요 지휘관 및 참모들이 유엔사 후방기지를 둘러보고 현장토의를 하는 프로그램을 매년 4~5차례 정기적으로 시행하게 된 것이다. 배경이나 취지가 어쨌든 간에 한국군 장교들이 유엔사 후방기지 답사를 통해 유사시 유엔사 회원국들이 제공하는 전력(戰力)들이 후방기지를 거쳐 한반도에 전개되는 과정과 이들 전력의 통합 절차를 이해하는 것은 유사시를 대비하는 차원에서 볼 때 매우 유익한 프로그램임은 분명하다. 그리고 유엔사 후방기지를 방문했던 한국의 주요 인사들은 유엔사의 전략적인 가치와 보이지 않는 힘의 원천을 실감하는 귀중한 경험을 얻을 수 있었다.

그러나 2018년도에 새로이 주한미군사령관으로 부임한 에

이브람스(Robert Bruce "Abe" Abrams) 미 육군대장이 유엔사 후방기지 방문 프로그램을 돌연 폐지한 것은 매우 유감스런 일이 아닐 수 없다. 다행히도 폴 라 캐머러(Paul Joseph La Camera) 미 육군대장이 후임 주한미군사령관이 부임한 이후 가장 최근인 2022년도 5월에 유엔사 후방기지 방문프로그램을 재개하였다고 하니 그나마 반가운 일이다.

2. 휴엔사 후방기지 답사

필자는 유엔사 군정위 수석대표 자격으로 한미 양국 장성들과 함께 2015년 11월 초에 4박 5일 동안 일본 본토 및 오키나와에 산재한 일곱 곳의 유엔사 후방기지를 방문한 적이 있다. 당시 동행한 인원은 한국군 장성 다섯 명과 통역장교, 그리고 미측의 전시 주한미군 참모장인 로버츠(Kenneth Roberts) 육군 소장과 그 외 유엔사 후방기지 요원 등 모두 13명이었다. 출발일부터 복귀할 때까지 유엔사 후방기지 사령관인 호주 출신 코트니(여(女), Barbara Courtney) 공군 대령이 우리 일행과 전 일정을 함께 하며 직접 안내를 해주었으며, 그 덕분에 큰 불편없이 모든 기지들을 세세히 둘러볼 수 있었다.

사실 4박 5일간의 짧은 일정으로는 일본 본토와 오키나와에 분산 배치되어 있는 일곱 곳의 후방기지들을 제대로 둘러보기에 물리적으로 매우 벅찬 감이 있었다. 그러나 우리 일행을 위한 유엔사의 세심한 배려로 인해 이러한 우려는 말끔히 해소되었

유엔사 후방기지 방문 일정

일 자	오 전	오 후
1일차	• 용산기지 출발 → 오산 → 요코다 공군기지(2C-12) • 주일미군 계획 브리핑	• 미 5공군 현황 브리핑 • UNC 후방지휘소 브리핑 • 미·일동맹/일본 주변사태법 브리핑
2일차	• 요코스카 해군기지 이동 • 요코스카 함대지원단 견학 • 이지스 구축함 견학 • 주일 미 해군사 브리핑	• 요코스카 → 자마(2UH-60) • 주일미육군사령부 브리핑
3일차	• 요코다 AB → 나가사키 • 사세보 함대지원단 이동, 중식 겸 토의	• 사세보 함대지원단 견학 • 아카사키 유류저장시설 견학 • 매바타 탄약시설 견학
4일차	• 나가사키 → 오키나와 이동 (가데나 공군기지 / 2C-12) • 가데나 공군기지 견학	• 오키나와 현황 브리핑(美 영사관) • 18비행단 임무 브리핑 • 가데나 → 후텐마 이동 • 후텐마 해병 항공기지 및 제3해병원정군(III-MEF) 브리핑
5일차	• 가데나 → 화이트비치 NB • CTF-76 / 오키나와 함대지원단 브리핑	• 가데나AB(오키나와) → 오산(2C-12) • 용산헬기장 도착(2UH-60)

주일유엔사 후방기지 방문단 출발기념촬영 (가운데가 필자, 뒷편에 C-12 수송기가 보인다)

다. 유엔사 측은 오산기지에서 유엔사 후방사령부가 있는 요코다 공군기지까지, 요코다에서 오키나와까지, 오키나와에서 한국으로 복귀하는 장거리 이동 간에는 C-12 수송기 2대를 제공하였다. 그리고 일본 내 기지 간 이동할 때에도 근거리 구간 외에는 대부분 UH-60 헬기를 이용함으로써 해당 기지에서 최대한 많은 곳을 둘러보고 가능한 충분한 시간 동안 현장에서 토의를 할 수 있도록 배려해 주었다. 만약 유엔사 측이 수송기와 헬기 등 제반 편의를 충분히 제공해주지 않았더라면 일곱 곳의 유엔사 후방기지들을 꼼꼼이 둘러보는 것은 매우 제한되었을 것이다.

지금 기억으로 미 C-12 수송기로 오산기지에서 일본 본토 요코다 공군기지까지는 대략 두 시간 반정도 비행을 한 것 같다. 탑승 정원이 겨우 8~10명인 경비행기인지라 기내가 비좁아 여간 불편하지 않았다. 게다가 고도 변경 시 기압 영향으로 기체가 많이 흔들려서 솔직히 불안한 감도 있었다. 그러나 미군 조종사들의 기량은 정말 베테랑급이었다. 특히 동경에서 오키나와로 비행하는 도중에 강한 돌풍과 함께 폭우까지 만났지만 침착하면서도 여유에 넘치는 그들의 모습을 보고는 어느 정도 안도감을 느낄 수가 있었다.

방문 첫날 정오 무렵 요코다 공군기지에 도착하자마자 공식적인 일정이 시작되었다. 요코다 공군기지에 도착한 우리 일행은 곧장 입국에 필요한 수속절차를 마쳤다. 특이한 것은 일본 출입국사무소를 거치지 않고 후방지휘소가 있는 요코다 기지 군 공항에서 매우 간단히 입국 절차를 마쳤다는 것이다. 1950년 9

월 15일 미·일 간에 협정한 '요시다-애치슨 교환공문'과 1954년 2월 19일 일본 정부와 유엔사가 체결한 '주일미군 지위협정(SOFA)'에 따라 회원국의 군대는 일본으로부터 사전 허가를 받지 않고도 일본 내 유엔사 후방기지를 마음대로 사용할 수 있기 때문이다. 이 SOFA에는 미국을 비롯하여 뉴질랜드, 호주, 캐나다, 프랑스, 필리핀, 태국, 터키, 영국을 포함한 모두 아홉 개 나라가 서명함으로써 이 국가들은 유엔사 후방지휘소에서 직접 출입국 관리를 하며 유엔사 후방기지 사령관이 출입국을 승인한 후 일본 정부에 사후 통보만 하고 있다.

본홈 리처드 함상 기념촬영 (오른쪽 세번째가 필자)

필자가 평소 유엔사 근무를 하면서 느꼈던 '그저 그렇고 그랬던' 유엔사에 대한 인식을 완전히 바꾸게 된 직접적인 동기 역시 바로 후방기지 답사를 통해서였다. 유엔사 후방기지를 한 곳씩 둘러볼 때마다 유엔사가 가지고 있는 강력한 '힘(Military

Power)'과 '전략적인 가치'를 직접 두 눈으로 확인하고 마음으로 절감할 수 있었기 때문이다. 각각의 기지가 가지고 있는 엄청난 전력과 자산들, 그리고 지금 당장 전쟁이 나도 즉각 전투에 돌입할 수 있는 '파이트 투나잇(Fight Tonight)'의 상시 전투준비태세를 유지하고 있는 미군 장병들의 모습은 한 마디로 인상적이었다. 미군들의 준비태세에 비해 당시 우리 대한민국 정부와 군(軍)의 모습은 어떠한가? 문재인 정부는 지난 5년 동안 감성적 평화무드를 조장하기에 바빴다. 게다가 불과 70년전에 한차례 혹독한 전쟁을 겪었으며, 여차지면 고강도 도발과 대남 공세 수위를 높이는 북한의 행태를 보면서도 "설마 전쟁이 나겠나?"라면서 일종의 안보 불감증에 빠진 국민들의 의식도 심각하게 여겨졌다. 그러나 무엇보다 아쉬운 것은 지척에 적과 대치하고 있으면서도 한때 정치논리에 젖어 주적(主敵) 개념을 상실해버린 일부 한국군 수뇌부의 무사안일한 태도였다.

한미 연합연습 장면

14 후방지휘소의 임무 및 기능

극동지역의 미군 지휘체제가 변화됨에 따라 1957년 7월 1일 유엔사 지휘소가 일본 동경에서 서울로 이전하게 되었다. 이에 따라 미국은 일본과의 유엔사 관련 SOFA 유지와 전·평시 유엔사에 대한 효과적 지원을 위해 일본에 유엔사 후방지휘소를 설치하였다. 창설 당시에는 주일 유엔사 후방기지 본부를 자마 기지에 두었으나, 2007년 11월 2일 요코다 공군기지로 이전하여 오늘에 이르고 있다.

유엔사 후방기지는 89개의 주일 미군기지 중에서도 가장 규모가 크면서도 전략적으로 중요한 요충지(要衝地) 위주로 지정되어 있다. 주일미군 육·해·공군사령부가 모두 유엔사 후방기지로 지정된 곳에 자리하고 있는 것만 보아도 충분히 알 수 있는 부분이다. 주일 유엔사 후방기지가 주목받는 이유는 유엔사를 매개로 하여 한반도 유사시 유엔안보리 결의 채택 등 별다른 국제법적 절차 없이도 미 인도-태평양사령부 예하 미군 전력들이 즉각 군사적으로 한반도에 개입할 수 있는 전략적 이점 때문이다. 유사시 유엔사 회원국들이 제공하는 전력 대부분이 이곳 유엔사 후방기지를 경유하게 된다. 이에 대비하여 유엔사 회원국 전력에 대한 일본 출입국 절차를 유엔사 후방지휘소가 직접 관장하도록 함으로써 유사시 전력 전개에 필요한 제반 절차를 간소화시킨 것도 주목할 부분이다.

후방지휘소의 임무는 평시에는 일본 내 유엔군의 지위와 관련된 SOFA를 유지하고, 우발사태 발생 시 또는 전시에 유엔사에 대한 작전 지원과 함께 일본을 경유하는 유엔사 회원국 전력의 일본 내에 있는 기지의 사용과 이들 전력의 한반도 전개를 지원하는 것이다. 한반도에 전개하게 되는 주일미군과 미 본토에서 전개하는 미군 증원전력, 그리고 유엔사 회원국들이 제공하는 모든 전력 및 물자는 대부분 일본에 있는 유엔사 후방기지를 경유하게 된다. 따라서 사실상 유엔사 후방기지는 전시 일본 내 유엔군사령부 작전을 지원함과 동시에 유엔사 회원국의 기지 사용 및 한반도 전개를 지원하는 역할을 담당하는 전략적 허브이기도 하다. 아울러 이들 후방기지는 한반도에 투입된 유엔사 회원국 전력의 작전 지속성을 보장하기 위한 전투근무지원 임무도 병행한다. 다시 말하여 한반도에 투입하기 위해 전개되는 모든 미군과 유엔사 회원국들이 제공하는 전력들 대다수가 한반도 투입 이전에 일시적으로 유엔사 후방지휘소 예하 기지에 수용 및 대기시킨 상태에서 이들에 대한 통제와 필요한 군수지원을 할 뿐만 아니라, 전개된 이후에도 전투근무지원 임무를 계속하는 병참 지원기지 역할을 하게 되는 것이다.

유엔사 후방지휘소가 수행하는 세부 기능은 크게 다섯 가지로 분류할 수 있다. 첫째, 유엔사 후방기지 사령관은 일본 내에서 권한 위임 범위 내에서 유엔군사령관을 대표한다. 이는 마치 주한미군사령관이 미 합참의장을 대리하여 한국 합참의장과

MCM을 하는 것과 같은 개념으로 이해하면 된다. 둘째는 유엔 군사령관 지시에 따라 일본 내에서 각종 유엔군 관련 문제에 대한 조치와 함께, 일본 내 유엔군 임무 수행과 관련하여 유엔군사령관에게 조언을 하는 것이다. 셋째는 일본에서의 주둔 협정 조항의 이행 및 행정을 처리하고, 협정 관련 공식문서 관리자로서 역할을 수행하는 것이며, 넷째는 유엔사와 주일 미군사령부에 필요한 첩보를 수집하여 보고하는 것이다. 마지막으로 후방지휘소는 일본에서 유엔군 주둔 협정에 따라 외국 선박과 항공기의 일본 내 유엔군 기지 방문 요청을 승인하고 이를 유엔군사령관 및 주일 미국대사에게 통보하는 기능을 수행한다. 유엔사 통제하에 있는 인원이나 함정, 항공기가 일본에 도착 시 입국 승인, 세관 및 출입국 관리, 그리고 인원 및 전력의 출입국 관련 일체의 업무를 독자적으로 하게 되며, 일본 외무성에는 사후 통보만 하면 된다. 이들이 일본을 떠날 때에도 똑같은 절차를 적용한다.

　유엔사 후방지휘소는 이러한 기능을 수행하기 위하여 몇 가지 원칙을 고수하고 있다. 첫째, 후방지휘소 참모부는 반드시 다국적 인원으로 편성한다는 것이다. 이는 SOFA에 서명한 다수의 회원국을 배려하는 측면과 입출국과 관련한 상황의 공유 및 통제 등 원활한 업무 수행을 보장하기 위한 조치이다. 둘째, 유엔사 회원국과 공동으로 사용할 미군기지는 반드시 미국과 일본이 논의 하에 공동으로 지정해야 한다는 것이다. 원칙적으로 유엔사 후방기지는 미·일합동위원회의 승인이 있을 경우 추가 지정이 가능하도록 되어 있다. 유사시 이미 지정된 일곱 곳의 후방기지 외에도 새로운 곳을 후방기지로 추가로 지정할 수 있다는 여지를 열어두고 있는 조항이다. 셋째, 모든 유엔사 후방기지는 반드시 유엔기를 게양하도록 규정하고 있는데, 이는 대내외적으로 유엔사의 국제법적 지위를 정당화하면서 소속감을 고취하려는 의도로 해석된다.

다음 그림에서 보듯이 유엔사 후방지휘소는 후방기지사령관 예하에 행정부사관 등 3명의 참모와 8개국에서 파견한 유엔사 연락반으로 편성되어 있다. 참고로 유엔사 연락반은 한국전쟁에 참전하였던 나라 중 1954년 2월 일본 정부와 유엔사가 체결한 '주일미군 지위협정(SOFA)'에 서명한 호주, 캐나다, 프랑스, 뉴질랜드, 필리핀, 태국, 영국, 터키의 국방무관이 겸직하고 있다.

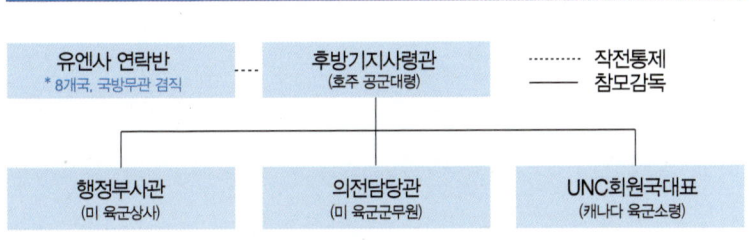

유엔사 후방지휘소 조직도

유엔사 후방지휘소 브리핑 (2017. 11. 2)

1954년 2월 유엔사와 일본 정부 간에 체결한 '주일미군 지위협정(SOFA)'은 일본 내 모든 유엔사 작전에 대한 근거를 제공하고 있다. 이 SOFA에는 "미일 평화협정(1951. 9. 8)이 유지되고 있는 동안 유엔 회원국 또는 회원국의 군대가 극동지역에서 분쟁에 개입할 경우 일본은 일본 내 또는 일본 주변에서 유엔의 조치에 참여하는 군대에 대한 지원을 허가하고 지원이 용이하도록 지원할 것임"을 규정하고 있다. 이에 근거하여 일본은 유엔사 회원국들에 대한 지원을 허용 내지 촉진하게 되며, 또한 극동지역에서 작전을 수행하는 유엔사 병력을 일본 내 또는 주변에서 지원하게 된다. 후방기지사령관은 SOFA에 따라 7개 후방기지에 출입하는 회원국의 인원과 장비, 함정과 항공기에 대한 세관 및 출입국 관리에 대한 일체의 승인권을 행사하고 있으며, 그 결과를 일본 정부에 단순 통보만 해주고 있다. 이처럼 후방기지 출입절차를 기지사령관 승인 사항으로 간소화한 조치는 SOFA에 서명한 나라들에 대해 주어지는 특별한 혜택이자, 유사시 신속한 전력 수용 및 대기, 전개를 보장하기 위한 필요불가결한 조치이기도 하다.

유엔사 후방지휘소는 상시 준비된 다국적 연합으로서 유사시에 대비하여 평시에도 '원팀(One Team)'을 강조한다. 그리고 평시 유엔사 회원국 전력의 일본 방문은 SOFA를 행사하고 우발상황에 대비하는데 실질적인 도움을 주는 필수적인 요소로 간주한다. 그러므로 유엔사 후방기지는 한국에 지휘소를 둔 유엔사와 일본 간 관계를 유지하는 필수요소이다. 유엔사 후방지휘소는 이런 점에 착안하여 정례적인 한미연합연습에도 빠짐없이 참여하면서 유엔사 회원국의 전력통합과 비전투원 후송 절차를 반복하여 점검 및 숙달하고 있다.

15 후방기지별 현황 및 능력

미국은 한반도를 세계에서 잠재적 분쟁 가능성이 가장 큰 곳 중의 하나로 인식하고 있으며, 유사시를 가정하였을 때 주일 유엔사 후방기지가 갖는 전략적인 위치를 매우 높게 평가하고 있다. 그럴 수밖에 없는 이유로 미국 본토는 한반도까지 무려 5,805해리(6,680마일, 10,751km)나 떨어져 있다. 또한 하와이가 3,950해리(1해리는 1.852km, 환산 시 7,315km), 괌은 1,700해리(3,148km) 정도 떨어져 있어 한반도 유사시 신속대응하는데 물리적으로 한계가 있기 때문이다. 더욱이 한국이 공산권 국가들의 종주국이면서 가공할만한 수준의 핵과 군사력을 보유하고 있는 러시아와 중국과는 지척(咫尺)에 있으며, 핵과 미사일로 끊임없이 도발과 위협을 반복하는 북한과 마주하고 있는 점을 고려할 때 미국으로서는 유사시 한반도에 대한 신속한 대응태세와 능력을 갖추는 것을 매우 긴요한 요소로 보고 있다. 이런 차원에서 볼 때 주일 유엔사 후방기지는 잠재적 분쟁지역인 한반도와 가장 근접하고 있어 신속대응을 위한 전략적 거점으로서 더할 나위 없이 중요한 전략적 가치를 지니고 있다.

유엔사 후방기지는 모두 일곱 곳으로 일본 본토에 4개의 기지, 오키나와에 3개의 기지가 있다. 이 기지들은 각각 유사시에 미군과 유엔사 회원국의 전력 및 자산을 한반도로 전개하는데 필요한 능력과 시설을 완벽하게 갖추고 있다.

주일 유엔사 후방기지 현황

1. 요코다(Yokota) 공군기지

요코다 공군기지는 일본 동경에 있으며, 기지 총면적이 713만 6,400㎡로서 일본 본토에 있는 최대 규모의 미 공군기지이다. 이 기지는 1940년 구 일본제국이 육군 비행장 부속시설로 건설하였으며, 태평양전쟁 중에는 육군의 항공기 시험장으로 이용하기도 하였다. 1945년 9월 초에 미군이 이를 접수한 이후 조금씩 기지를 확장하기 시작하여 1960년경에 현재와 비슷한 모습을 갖추게 되었다.[20]

요코다 공군기지 전경 (출처 : 나무위키)

요코다 공군기지에는 주일미군사령부(USFJ)와 유엔사 후방지휘소(UNCR), 태평양사령부 예하 미 제5공군사령부가 함께 주둔하고 있다. 한국전쟁 당시엔 그 유명한 B-29 폭격기의 출격 기지였으며, 베트남 전쟁 때에는 보급거점 기지이기도 하였다. 요코다 기지에 있는 주일미군사령부는 한반도 유사시 미 인도-태평양사령부의 원활한 임무 수행을 위해 일본으로부터 주둔국 지원 협조를 받게 되며, 한국 내 거주하는 미국인 비전투원을 후송시켜 대피 장소로 이동하는 것을 지원한다. 이곳 요코다 기지에는 일본 항공자위대 소속 항공총대사령부가 같이 주둔하고 있다. 여기서 항공총대사령부는 일본 항공자위대의 전투작전부대를 총괄하는 사령부로서 우리의 '공군작전사령부'에 해당한다. 따라서 요코다 기지 내에 미·일 '공동통합운용조정소'를 두고 있으며, 이 조정소의 공동사용을 통해 항공자위대와 주일미군 간의 연계성과 C4I 상호운용성 확보에 노력하고 있다. 상호운용성은 지휘통제와 방공망, 연합합동화력 운용, 공중작전 등을 비롯하여 공통작전상황도(COP : Common Operational Picture) 유지에도 매우 긴요한 수단이다. 특히 공동통합운용조정소가 미사일 방어를 위한 통합지휘통제시스템인 만큼 미·일 간 상호운용성은 작전의 성공을 위한 대단히 중요한 요소로 간주되고 있다.

요코다 기지는 태평양지역 미 공군전력의 작전적 중심지로서 제5공군사령부가 위치한 곳이기도 하다. 5공군사령부의 임무는 일본 방위를 지원하면서 각종 위기에 신속히 대응하는 데 있으며, 이를 위해 미·일 간 신중한 파트너십(Partner ship), 민첩성과 유연성, 작전적 사고(思考)와 노력의 통합을 중요시한다. 현재 요코다 기지에는 5공군 소속 제374 공수항공단만 주둔하고 있으며 전투부대가 없는 것이 특징이다. 참고로 예하 제35전투비행단은 아오모리현에 위치한 미사와 기지에 있으며, 제18전투비행단은 1971년 태평양사령부 예하 최대 규모의 공군기지인 오키나와의 가데나 기지로 부대 이동을 하여 현재에 이르고 있다. 요코다 공군기지는 현재 전 극동지역에 대한 수송중계기지 및 병참기지로서 역할을 하고 있다. 북미대륙의 일리노이주에 위치해 있으면서 전 지구 차원의 수송 작전을 수행하는 항공기동사령부와 아시아·태평양지역을 연결하는 최대 규모의 중계터미널이기도 하다.[21] 따라서 요코다 기지는 만약 본토에 있는 미군이 아시아·태평양 지역에 개입할 경우 전진기지 역할을 감당하게 된다.

요코다 기지의 제374공수항공단은 전차를 비롯한 대형 군용

차량이나 헬리콥터까지 탑재가 가능한 C-5 수송기(전 장비 중량 380톤)와 최신예 C-17 수송기(265톤), C-141B 수송기(155톤) 등 대형 수송기를 보유하고 있으며, 그 외에도 KC-135 공중급유기, KC-10 공중급유수송기, C-130 수송기, C-21 수송연락기, 그리고 UH-1N 헬기 등을 보유하고 있다. 요코다 공군기지는 한반도에 위기가 발생할 경우 이러한 자산들을 이용하여 신속대응을 위한 병력과 장비, 물자를 제공하는 군수기지로 중요한 역할을 하게 된다. 한반도 유사시 일본 본토 및 오키나와에서 한반도까지 전술공수는 주로 C-130 수송기를 이용하게 된다. 전략수송의 경우 주일 미 공군은 1일 평균으로는 140대 내외, 최대 능력으로는 하루에 330여 대의 항공기를 한반도에 전개시킬 수 있는 능력을 보유하고 있다.

요코다 공군기지 전경 (출처 : 비겐의 이글루)

미 공군은 요코다 기지가 가지는 전략적 이점으로 무엇보다 극동지역 및 한반도 유사시 신속 대응할 수 있는 작전적 효율성과 함께 주둔국인 일본으로부터 충분한 노동력과 공공서비스를 제공받을 수 있다는 점을 빼놓을 수 없다. 또한 괌 기지나 오키나와에서 전개하는 전략항공기의 중간 기착지이자, 유류와 탄약을 공급할 수 있는 전투근무지원기지로서의 효용성도 간과할 수 없는 부분이다. 참고적으로 주일미군사령부는 한반도로 전개하는 모든 항공자산들의 급유(給油)는 일본 내에서만 허용하고 있으며, 원칙적으로 한국에서는 일체 급유를 금하고 있다. 즉 괌이나 오키나와 등에서 한국으로 향하는 모든 전략항공자산의 70퍼센트는 일본에서 급유하고, 한국에서 출발하는 모든 전략항공자산은 100% 일본 내에서 급유하도록 철저히 통제하고 있다. 미 관계관들은 모든 항공자산들의 한국 내 급유를 금하는 이유로 한국 내 저장 중인 유류는 작전적 차원에서 사용할 수 있도록 융통성을 부여함으로써 유사시 원활한 전쟁 수행을 보장하기 위한 것이라고 설명한다. 그들의 설명을 들으니 일리가 있는 말이긴 하지만 한편으로는 미군이 유사시 한반도를 얼마나 위험지역으로 보는지를 짐작할 수 있다. 이유를 캐묻는 필자에게 그들이 에둘러 설명을 하긴 했지만, 미 전략항공자산의 안전문제를 우선적으로 고려했을 것이다. 얼핏 보기에도 전시에 미 전략자산이 한국내에 있는 기지에서 급유할 경우 자칫 북한 미사일 등에 의해 피해를 입을 가능성을 염두에 두었을 것이다. 참고로 2015년 말 기준으로 당시 미 인도태평양사령부의 유류 저장 분포를 보면, 일본 내 사세보 기지 등 15개소에 전체의 43%, 태평양 중

서부지역에 40%, 한국에 12%, 그리고 알래스카에 5% 정도로 각각 분산 저장되어 있다. 인도-태평양지역에 대한 미국의 전략을 어느정도 가늠하고도 남음이 있는 부분이다.

2. 자마(Zama) 육군기지

'자마(座間) 육군기지' 또한 일본 동경 인근에 위치하고 있다. 이곳에는 주일 미 육군사령부, 육군 제17지역 지원군사령부 및 예하 부대, 그리고 미 태평양 육군사령부 예하 부대이자 유사시 한반도로 전개하게 될 미 제1군단의 전방사령부 등이 주둔하고 있다. 주일 미 육군사령부는 주일미군의 지상구성군사령부 역할을 하며 일본 육상자위대와 긴밀히 협조하여 작전과 우발상황에 대한 계획 수립 등을 그 임무로 하고 있다. 또 해외 파견과 테러대처에 관한 사령탑 역할을 담당하는 일본 육상자위대 소속 '중앙즉응집단사령부'도 이곳 자마 기지에 함께 있다.

자마 기지의 모습

자마 기지는 한반도 유사시 전략적으로 매우 중요한 역할을 하게 된다. 자마 기지의 첫 번째 중요한 기능은 유사시 한반도로 전개하게 될 제1군단의 '전방지휘소' 역할이다. 미군의 경우, 현재 군단급 제대의 지휘·통제·통신 능력면에서 예하 부대가 세계 전역 어디에 투입되더라도 미 본토 내에 위치한 현재의 주둔지 지휘소에서도 충분히 지휘가 가능한 수준을 갖추고 있다. 실제로 가장 최근 미군이 수행한 이라크전이나 아프간전을 보더라도 최전방에 전개한 부대가 무인정찰기를 통해 제공되는 각종 정보 및 영상들을 미 본토 플로리다에 있는 중앙군사령부 또는 워싱턴에 있는 미 국방부가 실시간으로 공유하고 지휘할 수 있는 시스템을 구비하고 있을 정도이다. 그러나 전쟁을 지휘할 때 지휘관 또는 지휘소의 위치는 전선(戰線)에 투입된 예하부대와 장병들의 사기와 직결되는 만큼, 필요하다면 지휘관이 작전지휘소 전체를 전선(戰線) 가까운 곳으로 이동시키거나, 아니면 지휘 및 통제, 통신에 필수 간편 조직만을 이끌고 전방지역에 전술지휘소를 운영하게 된다. 이러한 적극적인 지휘 노력을 통해 지휘관은 전선(戰線) 지역에 대한 보다 정확한 상황 파악과 적시적인 지휘 조치를 할 수 있는 이점을 가지게 되는 것이다. 이러한 의미에서 미 제1군단 예하 사단들이 한반도에 투입하게 되면 주 지휘소는 현 위치인 플로리다에 그대로 두더라도 한반도와 가까운 자마 기지에 전방지휘소를 두어 1군단장의 근접지휘를 보장할 수 있다.

자마 기지의 모습

　자마 기지의 두 번째 기능은 유사시 병참보급기지로서의 역할이다. 부대의 작전지역이 태평양을 가로지르는 경우 전투부대에 대한 안정된 전투근무지원은 매우 중요한 요소이다. 그러나 한반도에서 전쟁을 수행하는 동안 미 본토를 비롯한 해외의 비축시설로부터 태평양을 횡단하여 간단없이 원활하게 조달 및 보급을 함으로써 중단없이 작전지속능력을 유지하기란 결코 쉽지 않다. 이 때문에 미국은 일본 내 공수 및 해상 수송의 중계지역인 요코다 기지, 요코하마의 노스 도크(north dock), 그리고 이들 기지와 근접하여 위치한 사가미 종합보급창 등에 필요한 군수물자를 비축해 놓고 있으며, 한반도 유사시 사용 가능한 상태로 즉각 전선에 투입할 수 있도록 준비태세를 유지하고 있다. 자마 기지는 사가미 종합보급창 뿐만 아니라 요코다 기지, 요코하마, 사가미하라 등 주변의 주요 병참 보급 시설들과도 가까운 곳에 자리 잡고 있어 유사시 제1군단의 전진 거점으로서 최적의 입지조건을 갖추고 있다. 아울러 자마 기지는 미 태평양사령부와 주일미군사령부에 기여하고, 사전예비물자 및 유류, 방공 등에 관한 전반적인 지원과, 회전익 및 고정익 항공 지원 등 매우 다양한 역할을 하고 있다.

세 번째, 자마 기지는 한반도 유사시 원활하고 신속한 전시증원을 위한 후방지원기지 역할을 수행한다. 65만여 명에 이르는 미 증원전력에 더하여 나머지 16개 유엔사 회원국과 기타 우방국들이 제공하는 전투병력이나 장비, 물자들을 한꺼번에 한반도로 전개하는 것은 현실적으로 불가능하다. 따라서 주일 유엔사 후방기지에서 일정 기간 수용 및 대기하면서 필요한 전투근무지원을 하게 되고, 이동간 지휘관계 설정이나 제대 편성 등 한반도 지역으로 전개하기 위한 최종적인 준비를 하는 후방지원기지는 필수이다. 자마 기지는 한반도 유사시 최초로 투입되는 부대를 지휘하여 전시 증원전략을 수행할 미 제1군단사령부의 전방지휘소이자 후방지원기지로서 이러한 역할을 담당하게 된다.[22]

그런데 자마 기지에 주둔 중인 주일 미 육군사령부의 지휘구조를 자세히 보면 다소 기형적인 모습을 띠고 있다. 일본 내 미 육군은 군무원과 일본인 직원들을 포함하여 약 1만 명 수준이지만 정작 순수 육군병력은 2,400여 명에 불과하기 때문이다. 이는 전체 주일미군의 겨우 5퍼센트에 해당하는 수준이다. 이러한 이상한 구조로 인해 미군들마저도 "미 육군에서 가장 괴상한 조직"으로 부를 정도이다. 그러나 주일 미 육군사령부는 이처럼 규모가 작은 조직임에도 일본 육상자위대와 전략적 협력관계를 비교적 잘 유지하고 있다. 참고로 일본 육상자위대 병력은 2015년도 말 기준 151,000여 명으로 전체 일본 자위대 병력 247,100여 명의 61%에 해당하며, 해상자위대가 45,500여 명으로 18%, 공중자위대는 40,700여 명으로 16% 수준이며. 기타 병력이 9,900여 명으로 5% 정도를 차지하고 있다.

3. 요코스카(Yokosuka) 해군기지

'요코스카 해군기지'는 일본 가나가와현 요코스카항에 있는 미국 해군의 해외 시설이다. 원래는 1870년 프랑스인이 건설한 제철소와 조선소가 있던 곳이었는데 일본군이 군항(軍港)으로 개발하였다. 이곳에는 일본군이 건설한 150여 개의 지하벙커가 있으며, 그중 부두에 근접한 대규모 벙커 중 한 곳은 1945년 9월 2일 미 해군이 접수한 이후 현재까지 작전지휘소로 사용 중에 있다. 참고로 1968년 1월 북한의 원산 앞 공해상에서 대북 정보 수집을 하다가 북한 해군 어뢰정에 의해 나포된 푸에블로호의 모항(母港)이 바로 요코스카 기지였다.

헬기에서 내려다 본 요코스카 기지

요코스카 기지에는 주일 미 해군사령부와 제7함대사령부가 주둔하고 있다. 미 본토 밖에서 미군이 사용하는 세계 최대 규모의 미 해군시설이자 주일 미 해군 서태평양지역에 위치한 가장 중요한 해군 보급기지이기도 하다. 요코스카 기지의 또 다른 특징은 일본 해상자위대와 같은 시설을 공유하고 있다는 점이다. 미 해군이 동맹국의 해군과 기지를 같이 운용하는 곳은 전 세계에서 요코스카가 유일하다. 요코스카 기지가 가지고 있는 가장 큰 이점 중 하나는 태평양 연안 지역에서 유일하게 미 해군의 대형 함정을 수리할 수 있는 여섯 개의 '드라이 도크(Dry dock)'를 보유하고 있다는 것이다. 그중 제6번 드라이 도크는 태평양 연안 지역에서 유일하게 대형항모까지 수리할 수 있는 인프라를 갖추고 있어 미 해군 항모가 본토 밖에 배치될 수 있는 최적의 조건을 구비한 전진 거점이기도 하다. 그래서 태평양지역에서 미 해군과 연합훈련을 하기 위해 출동한 타국의 항모급 함정들도 대부분 이곳 요코스카 기지를 활용하고 있다.

요코스카 기지 내 제6번 드라이도크(Dry Dock)

요코스카 기지는 평시에는 '아시아-태평양지역 해상교통로의 안전 확보'를 주 임무로 하고 있으나, 한반도 유사시에는 미 인도태평양함대의 전방 배치와 해상구성군사령부 임무를 수행하게 된다. 요코스카 기지는 한반도 유사시 최우선적으로 투입되는 미국 인도태평양사령부 산하 미 제7함대의 모항(母港)이기도 하다. 이 기지에는 상륙작전의 지휘함인 블루릿지(Blue Ridge, LCC-19)함(艦)을 비롯하여 미국 해군의 핵심전력인 니미츠급 최신예 핵추진 항공모함(航空母艦)인 14만 2,000톤급 '로널드 레이건(USS Ronald Reagan, CVN-76)'함 등 실로 가공할만한 해군전력이 배치되어 있다. 그리고 탄도미사일 방어(BMD : Ballistic Missile Defense) 기능을 갖춘 최신예 이지스 순양함과 이지스 구축함 10여 척도 이곳에 상시 배치되어 있다. 이곳에 있는 해상전력들은 한반도에 위기상황이 발생할 경우 의명 48시간 이내에 긴급 출동할 수 있을 정도로 상시 만반의 준비태세를 갖추고 있다.

상륙작전 지휘함인 '블루릿지'함은 일본 요코스카 해군시설에 영구적으로 전진 배치된 제7함대 사령관의 기함(旗艦, flagship)으로서 1970년 11월 14일 필라델피아 해군 조선소에서 취역했다. 여기서 기함이란 편대, 전대, 함대 등 여러 척의 군함이 모여 있는 집단의 지휘관이 타고 있는 함정을 말한다. 블루릿지함은 핵 추진 항공모함 로널드 레이건호를 비롯해 핵잠수함 10여 척, 이지스 구축함과 순양함 20여 척, 항공기 300여 대의 작전을 총괄 지휘한다. 1970년 취역한 블루릿지함은 배수량이 1만 9,600톤이며 길이가 194m, 폭은 33m에 달한다. 대략적으로 우리의 독도함과 비슷한 규모라고 볼 수 있으며, 기함인 만큼 7함대 사령관을 비롯한 지휘부와 승조원 등 1,200여 명이 승선한다. 함정 내부에는 전술기함 지휘본부, 합동작전본부, 합동정보본부, 상륙군 작전지휘소 등 4개의 작전지휘소가 운영되고 있어 일명 '바다의 사령관'이라고도 부른다.

제어함대 지휘함 블루릿지(LCC-19) 함 (출처 : 위키백과)

핵추진 항공모함 '로널드 레이건'함은 가공할만한 크기와 항공전력을 탑재하고 있어 막대한 공격력을 자랑하는 일명 '슈퍼캐리어(Super Carrier)'급 대형항공모함이다. 여기서 슈퍼캐리어는 항공모함 중에서도 일반 이착륙함재기(CTOL : Conventional Take-Off and Landing)를 사용하는 거대한 항공모함을 의미한다. 통상적으로 대형항모인 슈퍼캐리어는 배수량 7만톤 이상이며, 중형항공모함은 4만톤, 경항공모함은 2만톤 정도로 분류한다. 현재 미국만이 100,000톤급 이상의 슈퍼캐리어를 13~15척 정도 운용하고 있으며, 절대 다수가 원자력 추진방식이다. 미국 외에 영국, 프랑스, 중국, 인도 등이 일부 미국 최초의 재래식 슈퍼캐리어인 포레스탈(Forrestal)급 항공모함과 비슷한 크기인 60,000~75,000 톤급의 대형항공모함을 일부 보유하고 있다.

핵추진 항모 로널드 레이건 함 (출처 : 연합뉴스)

'로널드 레이건'함은 2015년 10월 2일 키티호크급 항모를 대체하여 일본 요코스카항에 정식으로 배치되었다. 길이 332.8m(1,092ft), 높이 62.97m이며, 비행갑판의 면적은 축구장 3배 크기에 해당하는 1만 8,210㎡ 규모이다. 또한 열(熱) 출력 550MWt A4W 원자로 2기를 갖추고 있어 한 번 연료를 채우면 무려 20년 동안 재공급하지 않고도 운항할 수 있다. 승조원은 함 승조원 3,532명, 항공대 인원 2,480명을 합쳐 모두 6,012명이다. 항모 함재기로는 대공/대지/대함 임무를 수행하는 F/A-18E/F 슈퍼호넷과 F-35C 라이트닝 스텔스 전투기, 전자전 수행기인 E-2

호크아이와 EA-18G 그라울러, 대잠(對潛) 임무용 헬기인 MH-53 페이브로와 SH-60 시호크 등 100여기 정도를 탑재할 수 있다. 이 함재기들은 평소에는 인근에 위치한 이와쿠니 비행장에 배치하다가 출항할 때 항공모함에 탑재하게 된다. 로널드 레이건함이 출동하면 자체 방호를 위해 기본적으로 이지스 순양함과 구축함 2~3척이 호위를 하며, 최소 1척 이상의 핵 추진 공격잠수함(SSN)이 은밀히 수중호위를 하게 된다.

4. 사세보(Sasebo) 해군기지

구 일본제국 시대에 아시아지역 침략을 위한 출항 기지였던 '사세보 해군기지'는 일본 나가사키현에 있다. 일본이 패전한 직후인 1945년 9월에 미 제5해병사단이 사세보에 상륙하였고, 이듬해인 1946년 6월에 미 해군이 이 곳에 기지를 건설하였다. 그로부터 3년 후인 1950년 한국전쟁이 발발하자 사세보 기지는 국제연합군과 미군의 주요 발진기지로서 각종 탄약과 연료, 탱크, 트럭 및 보급물자 등을 한반도에 지원하는 기지로 활용되었다. 이후 한국전쟁이 정전체제로 전환되면서 사세보 기지는 일본 해상자위대의 모항이 되었으며, 동시에 미 제7함대 지원기지이자 보급함 및 소해정의 전방 전개 기지 역할을 담당하게 된다. 1970년대 중반에 잠시 미 해군의 탄약창으로 활용되다가 1980년 7월 초 다시 미 해군기지로 전환되어 현재까지 미 제7함대를 직접 지원하는 미 해군의 최전방기지 역할을 하고 있다.

사세보 해군기지는 일본 본토에 있는 네 곳의 유엔사 후방기지 중 한반도에 가장 근접하고 있다. 유사시 최단 시간 내 한반도 전역에 대한 상시 군수지원이 가능한 기지로서 전략적 가치가 매우 높은 곳 중의 하나이다. 또 사세보 기지는 미국의 세계전략을 보장하는데 매우 긴요한 거점으로서, 오키나와에 주둔 중인 해병대의 신속 전개를 위한 출격 기지이자 요코스카 함정 수리창 출장소이기도 하다. 이런 전략적 입지 때문에 사세보 기지는 서태평양지역 최대 규모의 유류 및 탄약 저장시설과 대규모 정비지원시설을 갖춘 중요한 보급중계거점으로 평가받고 있다. 사세보 기지에는 필자가 방문한 당시인 2015년 말 기준으로 유류 2억 1,100만 갤런, 탄약 1,300만 파운드가 저장되어 있었다. 이 정도의 유류와 탄약이면 미 제7함대 소속 함정 70여 척이 3개월간 운용하고도 남을 만큼의 엄청난 양이다. 참고로 미군의 전략 유류와 탄약은 사세보 기지 외에도 디에고 가르시아, 화이트 비치, 요코스카 기지 등에 분산 보관 중이다. 필자는 사세보 기지를 답사하는 중에 그 곳 관계관의 안내를 받아 탄약고 내부를 들여다볼 기회가 있었다. 해안선 도로를 따라 갱도 형태로 구축되어 있는 각각의 탄약고들은 하나같이 울창한 숲 안쪽에 자리 잡고 있어 공중에서는 전혀 식별되지 않는 천혜의 조건을 지니고 있다. 탄약고 내부 지하 공간은 15톤 이상 대형트럭도 쉽게 회전할 수 있는 충분한 넓이와 높이의 공간에 신속히 탄약을 적재할 수 있도록 대형 지게차 등이 준비되어 있다. 그리고 실내는 장기간 탄약을 보관해도 관리에 전혀 문제가 없도록 온도 및 습도 조절 기능뿐만 아니라 환기조절 장치까지 완벽히 설비를 갖춘 상태였다. 또 사세보에는 항공모함을 비롯한 각종 함정에 유류 보급을 위한 대형 지하 유류저장소가 최소 두 군데 이상 설비되어 있다. 대형 송유관을 이용하여 강력한 압력 분사 방식으로 주유를 하게 되므로 대형 함정일지라도 불과 몇 시간 만에 급유를 마칠 수 있다고 한다.

사세보 기지 대형 유류저장고

사세보 기지에는 핵 공격 능력을 갖춘 원자력 잠수함 외에도 상륙전 지원부대로서 지금은 화재로 소실되어 버린 LHD-6급 미니 항공모함인 '본험 리처드' 함(艦)을 비롯하여 수척의 상륙함과 소해함(掃海艦) 등 30여 개 부대의 정박지이기도 하다. 본험 리처드 함은 미 해군의 와스프급 강습상륙함으로서 전쟁 시에 미 해병대와 수륙양용 전투차량 등을 상륙시키는 역할을 했다. 아울러 배수량 4만 1,000톤에 길이는 257m에 달하는 준 항공모함 격인 본험 리처드 함은 미 해군과 해병으로 이뤄진 제3원정 타격단을 이끄는 기함이었다. 필자가 사세보 기지에 도착했을때는 날이 어둑어둑한 저녁무렵이어서 그곳에 있는 해군숙소에서 하루를 묵어야 했다. 그러다보니 때마침 건너편에 정박해 있던 본험 리처드 함의 웅장한 모습을 멀리서나마 지켜볼 수가 있었다. 그리고 다음날 오전 본험 리처드 함에 직접 올라 강습상륙함의 진면목을 생생하게 확인하였다. 그날 따라 짙은 안개가 끼어 아침에 눈을 뜨자마자 카메라로 담아둔 본험 리처드 함 사진 한 장이 마지막 모습이 되고 말았다.

본험 리처드 함의 위용 (2015. 11 필자 촬영)

본험 리처드 함은 2020년 7월 12일, 캘리포니아주 샌디에이고 항에 정박하여 새로 투입되는 스텔스 전폭기 F-35B 적재를 위한 개량 및 개선 작업을 하던 중 수리가 불가한 수준의 심각한 대형 화재가 발생하여 퇴역으로 결정되었으며, 미 해군은 본험 리처드 함을 대신하여 2세대 아메리카급 상륙강습함인 트리폴리호를 대체 투입할 계획에 있다. 본험 리처드 함이 F-35B 전투기를 13~20대까지 탑재할 수 있도록 개조 작업을 거의 마쳐가던 중 수리 불가 수준으로 완전 소실됨으로써 미국의 인도·태평양 전략에도 당분간 차질이 불가피해졌다. 미 해군 입장에서는 정말 안타까운 일이 아닐 수 없다.

사세보 기지의 주요 기능은 크게 네 가지를 들 수 있다. 첫째, 사세보는 미국이 군사행동을 전개할 때 필요한 탄약과 연료, 물자 등을 보급하게 된다. 둘째, 예측 불가능한 사태가 발생 시 미군 전력의 전방 전개 및 투입을 위한 중계기지 역할을 담당한다. 핵 공격 능력을 갖춘 수 척의 원자력 잠수함과 전투함 등이 사세보 기지를 준(準) 모항으로 이용하면서 휴식 및 상시 전개할 수 있는 태세를 갖추는 것이다. 셋째, 미사일 방어구상의 거점 역할이다. 미국은 본토와 해외기지 방어를 위해 지상 배치형 요격미사일과 해상 배치형 요격미사일(SM-3) 탑재 이지스함, 개량형 패트리엇(PAC-3) 등을 배치하고 있으며, 일본 해상자위대 또한 동일한 시스템 방식의 탄도미사일 감시·추적 및 요격 능력을 자국의 이지스함에 갖추고 있다. 마지막으로, 사세보 기지의 역할은 한반도 유사시에 즉각 대응할 수 있는 태세를 갖추는 것이며, 미 해군의 최전방 군수기지로서 한반도 유사시에 대비하여 상시 지원태세를 유지하고 있다.

5. 가데나(Kadena) 공군기지

가데나 공군기지에 대해 설명하기 이전에 독자들의 이해를 돕기 위해 오키나와에 대해 먼저 소개하고자 한다. 오키나와섬(沖繩島) 또는 오키나와 본도(沖繩本島)는 동중국해와 태평양의 사이에 위치하는 난세이 제도 최대의 섬이자, 오키나와현의 정치·경제 중심지이다. 90여 개의 크고 작은 섬으로 구성되어 있는데, 그중 오키나와 본도(本島)의 면적은 제주도의 1.2배 정도로서 일본의 주요 4개 섬을 제외하고는 가장 면적이 넓은 섬이다. 오키나와는 지리적·전략적으로 볼 때 미국의 인도-태평양전략에 중요한 의미를 주는 전략적 거점이다. 오키나와는 중국 본토와는 약 500마일, 일본 동경 및 필리핀 마닐라로부터는 약 800마일 이상 떨어진 곳에 있어 미 전략공군 및 긴급사태에 우선적으로 투입하는 해병대 전력의 전진기지로서 최적의 입지조건을 갖추고 있다. 과거 냉전기에는 구소련의 태평양에로의 진출을 봉쇄하는 '목(Choke Point)'에 해당하였다면, 지금은 한반도 유사시를 대비하면서 중국의 태평양 진출을 원천 봉쇄하고 차단할 수 있는 전략적 거점으로서 그 가치가 매우 높은 곳이다.

오키나와는 한반도 유사시에도 전략적으로 특별한 의미를 가진다. 과거 한국전쟁 당시 오키나와는 후방지원 및 항공작전을 위한 거점이자 지상 작전부대가 한반도로 전개하기 위한 출동 준비 지역이었다. 일본 영토의 불과 0.6%에 해당할 만큼 작은 크기의 오키나와에는 전체 주일 미군기지의 75%가 들어서 있다. 오키나와에 주둔하는 미군들이 사용하는 부지 면적만으로 볼 때 본도 전체 면적의 약 20%에 달한다. 오키나와에는 세 곳의 유엔사 후방기지가 있는데, 바로 동북아 최대 미 공군기지인 '가데나 공군기지(Kadena Air Base)'를 비롯하여 '후텐마 미 해병대 기지(MCAS Futenma)', '화이트비치(White Beach) 해군기지'이다. 만약 한반도에 전쟁이 발발할 경우 오키나와에 있는 이들 후방기지 전력이 가장 먼저 한반도에 출동하게 될 것이다. 어떻게 보면 오키나와에 주둔하고 있는 막강한 해·공군 전력 그 자체가 평시 한반도에서 전쟁을 억지하는데 적지않게 기여하고 있다고 표현을 해도 무리는 아닐 것이다.

그 중 '가데나 공군기지'는 공군전력의 수용 및 전개를 보장하는 태평양지역 최대 규모의 전진 배치 공군기지로서, 시설 면적은 주일 미군이 오키나와 본도에서 사용하는 전체 토지의 75%에 해당하는 199만 5,000㎡이다. 미군이 가데나 기지를 사용하게 된 것은 제2차 세계대전 말 오키나와 중부해안에 상륙하면서 부터이다. 정확하게 표현하자면 당시 일본군이 건설하여 사용 중이던 비행장을 미군이 1945년 4월 1일부로 접수하였고, 이후 몇 번에 걸쳐 기지를 이전한 끝에 1975년부터 이곳 가데나 기지를 본격적으로 사용하기 시작하였다. 가데나 기지에 대한 전체 관리는 미 공군의 몫이긴 하지만 해군과 해병대도 일부 시설을 가지고 있다. 그중 가데나 공군기지는 오키나와에서 가장 중요한 기지로서 3,700m 길이의 활주로 두 개를 보유하고 있으며, 활주로의 폭이 각각 91m와 61m로서 항공기지로는 최상급 수준을 갖추고 있다. 또 가데나 기지는 지리적으로 대만해협과 한반도에 근접해 있어 주요 작전기지로도 최상의 조건을 갖추고 있다. 그리고 인도 및 호주를 포함한 태평양 전 지역에 전투기를 전개하는데 5시간 정도 소요되는 위치에 있으므로 동북아지역 내 유사시 상황 발생 시 즉각 대응 가능한 전략적 위치를 점하고 있다.

가데나 공군기지 전경 (출처 : 위키백과)

　가데나 공군기지의 임무는 유사시 신속한 전개 및 공군작전 수행을 위한 전방 배치 항공 전력을 제공하는 것이며, 한반도 유사시 미 공군의 주력 발진기지 역할을 한다. 가데나 기지에는 미 제5공군사령부 예하 18전투비행단을 주축으로 항공지원단, 해군함대지원단, 해병함대근무지원단 등이 주둔하고 있다. 이 기지에는 F-15C/D 전투기를 비롯하여 KC-135R 공중급유기, E-3C 조기경계관제기, HH-60G 조사 구난용 헬기, MC-130H 및 MC-130P 공중급유 겸 수송기 등이 배치되어 있다. 또한 U-2 정찰기와 미사일 기지 정찰용 RC-135, 무선 레이더 주파수와 함정의 통신체계를 추적하는 EP-3 정찰기, 그리고 북한의 핵시설 탐지를 임무로 하는 WC-135W 특수정찰기 등도 이곳 가데나 기지에 배치되어 있다. 특히 가데나 기지는 한반도 유사시 매우 긴요한 발진기지이다. 가데나 기지에서 전투기가 출격할 경우 서울 상공까지는 불과 1시간 이내, 한반도 최북단까지는 2시간 이내에 작전 전개가 가능한 능력을 갖추고 있다. 수송기의 경우 2시간 이내 한반도 군사분계선(MDL)까지 도달할 수 있어 유사시 신속한 작전 전개 및 지원이 가능하다.

6. 후텐마(Futenma) 해병대 기지

오키나와에는 약 스무 개 정도의 미 해병대 시설이 있다. 이들 해병대 기지들은 1972년 오키나와가 일본에 반환됨에 따라 당시 미군의 주력이었던 육군을 해병대가 대체하면서 점점 강화된 것이다. 현재 해병대는 시설 수와 면적 면에서 오키나와에 주둔하고 있는 미군 중에서 가장 큰 규모이다. 그 중 '후텐마 해병대 기지'는 일본 오키나와현 기노완시에 있는 미국 해병대의 군용비행장으로서 가데나 기지와 함께 오키나와 지역에서 주일 미군의 양대 거점으로 불린다. 이 지역은 제2차 세계대전 이전까지만 하더라도 밭농사를 짓던 구릉지였으나 1945년 오키나와 전쟁이 시작되면서 곧장 미군의 지배하에 들어갔다. 최초 미 육군 공병대가 기노완 촌(村)의 토지를 일부 수용하여 2,400m급 활주로를 갖춘 비행장을 건설한 이후 1953년에 활주로를 확장하였다. 1960년 미 해병대가 이를 인수하여 오늘에 이르고 있으며, 이 비행장은 후텐마 해병대 항공기지사령부라는 부대가 관리하고 있다.

후텐마 기지 전경 및 활주로 (출처 : 이코노미 조선)

　후텐마 기지는 미 제1해병 비행사단의 전개를 보장하는 곳으로서, 미 제1해병사단 예하 헬기부대인 제36해병대 항공단이 이곳에 사령부를 두고 있다. 오키나와의 해병대는 제3해병원정군(MEF-Ⅲ)에 소속되어 있는 전투부대와 해병대 기지를 유지하고 관리하는 지원부대로 구성되어 있다. 제3해병원정군은 미 하와이에 사령부를 두고 있는 태평양 해병함대 소속이다. '해병원정군'이란 미 해병대가 수륙양용작전을 수행하기 위해 채택하고 있는 최신의 전투부대 편성인 해병대 공지부대(MAGTF : Marine Air Ground Task Force) 중 세계 최대 규모를 자랑하는 부대이다. 참고로 미 해병대는 3개의 해병원정군을 보유하고 있는데, 각 해병원정군은 통상 1개의 해병사단과 해병항공단, 역무 지원단으로 편성되어 있다. 그중 제1, 2 해병원정군은 각각 미국 캘리포니아주(캠프 팬들턴) 및 노스캐롤라이나주(캠프 르준느)에 주둔하고 있으며, 제3해병원정군만이 유일하게 해외에 주둔한 부대로서 오키나와의 캠프 코트니에 사령부를 두고 있다.

후텐마 기지에 계류 중인 오스프리 (MV-22) 수직이착륙기

후텐마 기지는 유사시 제3해병원정군의 한반도 전개를 위한 항공수송지원 임무를 수행하고 있으며, 길이 2,800m, 폭 46m의 대형 활주로를 보유하고 있어 모든 미군 자산의 이착륙이 가능한 기지이다. 이곳에는 수직이착륙기인 오스프리(MV-22) 등 다수의 전투기와 수송기, 헬기 등이 배치되어 있다. 미국 영토인 괌에서 평양까지 거리가 직선거리로 약 3,400km 정도인 데 비해, 오키나와섬에서 평양까지의 거리는 그 절반에도 못 미치는 1,400km이다. 이러한 지리적 이점 때문에 한반도 유사시에는 미 해병대의 항공기 300여 대(공중 급유기 21대와 해병대 전투기, 공격기 등 280여 대)가 후텐마 기지에 배치되어 작전을 전개하게 된다.

7. 화이트(White Beach) 비치 기지

1945년 미군이 오키나와에 상륙한 직후 일본 본토를 공격하기 위한 출격 기지로서, 미군은 대량의 함정이 동시에 정박 가능한 집결 해역 및 연료 및 화물용 부두가 필요하였다. 화이트 비치는 이러한 요구를 충족시킬 최적의 지역으로 나카구스쿠만 북쪽으로 돌출되어 있는 카츠렌 반도에 있다. '화이트 비치(White Beach) 기지'는 나가구스쿠만의 넓은 해역을 정박지로 사용하고 있으며, 오키나와에 기항하는 미 군함의 기항지 임무를 수행하고 있다. 이곳에는 전장 152m, 수심 9.9m인 육군 부두와 전장 483m, 수심 10.7m의 해군 부두가 있으며, 그 밖에 전장 173m의 소형 선박용 계류장이 있다.

오키나와 캠프 화이트비치의 전경

화이트 비치 기지는 오키나와에 기항하는 미 군함의 기항지(寄港地)이자 급유 지원, 해병대 부대의 순환배치를 지원하는 곳으로, 미 제7함대에 대한 일반지원과 임무 수행 부대에 대한 통신 및 보급품 지원, 숙소를 지원한다. 또 동북아지역에서 작전을 수행할 때는 전투함정에 대한 항만시설을 제공하며, 한반도 유사시 제3해병원정군의 탑재 및 전개를 지원한다. 유사시 화이트 비치 해군기지에서 출발한 미 해병은 30시간이면 한반도에 도착할 수 있다.

오키나와 캠프 화이트비치의 전경

제5부

유엔군사령부 재활성화

16. 유엔사 재활성화 배경
17. 유엔사 역할 및 기능 강화
18. 다국적 통합사령부 운용
19. 전시 대비 회원국 능력 및 결속 강화
20. 미국의 유엔사 재활성화 의도

한반도 정전체제가 69년 동안 장기화하면서
유엔사의 존재감은 상대적으로 매우 약해졌다.
이에 유엔사를 주도적으로 관리하고 있는 미국은
전작권 전환에 대비하여 유엔사의 전시 기능을 강화해 왔다.
미국은 유엔사 회원국이 '워싱턴 결의'를 상기한 가운데
전시 다국적군 전력의 효율적 운용을 위해 힘쓰고 있으며,
유엔사의 위상과 존재감 회복을 위해 노력하고 있다.

유엔사 재활성화에 담긴 주요 골자는
① 전시 임무 위주로 유엔사의 역할과 기능을 강화하고,
② 평시부터 유엔사 회원국의 참모들이 대거 참여하는
   다국적·다기능 통합사령부로 조직을 대폭 보강하며,
③ 전시 대비 회원국의 능력 및 결속력을 강화하는 것 등이다.

미국이 유엔사 재활성화를 추진하는 의도는
① 전작권 전환 이후 유엔사의 존속을 기정사실로 하면서
   유엔군사령관의 정전협정 관리 권한을 지속 보장하고,
② 유엔사 등을 활용하여 동북아 지역의 질서와 주도권을 유지하며,
③ 미국 정부의 저비용 고효율 정책에 따른 국방예산 절감,
④ 한반도 유사시 다국적군 전력 구성에 차질을 방지함으로써
   안보 리스크를 최소화하는 데 있다.

16 유엔사 재활성화 배경

1978년 한미 양국은 미국 샌디에이고에서 개최된 제11차 SCM에서 한미연합사 창설에 합의하고, '유엔군사령부가 관련 당사국들이 정전체제를 유지하도록 마련한 유일한 현행 법적 조치인 정전협정을 시행하기 위한 기구인 만큼, 효과적인 대안이 없는 한 평화유지 기구 기능을 계속 수행할 것임'을 재확인하였다. 같은 해 11월 8일 한미연합사가 창설되자 유엔사가 수행하던 '한반도에서의 전쟁 억제 및 한국 방어' 임무는 자연스럽게 연합사로 위임되었다. 1978년 10월에 체결된 '한미연합군사령부 설치에 관한 교환각서'와 1994년 11월에 체결된 '한미군사위원회 및 한미연합군사령부 관련 약정의 개정에 관한 교환각서'는 모두 연합사령관의 한국군에 대한 작전통제권이 유엔군사령관으로서의 직위를 겸임함으로써 비롯된 것임을 명시하고 있다. 이로써 한미동맹 및 연합방위의 주축에서 해방된 유엔사는 '평시 정전체제 관리'와 '유사시 전력 제공' 위주로 역할이 한정될 수밖에 없었다. 그 이후 유엔사는 평시 남북한 간의 우발적인 군사적 충돌을 억제하는 평화유지 기능과 함께, 한반도 유사시 국제적인 지지와 공조체제가 약화하지 않도록 유엔사 회원국들의 결집력을 유지하기 위한 노력에 집중하고 있다.

그동안 유엔사는 몇 번의 시련과 고비를 겪었다. 첫번째 시련은 1973년부터 제3세계 국가들을 중심으로 한 유엔사 해체 시도에 북한 등 공산권 국가가 이에 적극 가세하면서 불거졌다. 이들에 의한 유엔사 해체 움직임은 유엔총회를 흔들정도로 파급력이 있었으며, 한미정부는 한때 유엔사 해체를 놓고 심각한 고민에 빠진적도 있었다. 그 이후 1990년대에 접어들면서 유엔사가 한국군 장성을 군정위 수석대표에 임명하자 북한이 정전협정의 양대 축(軸)인 조·중 측 군정위를 철수시키고 자신들의 중감위 대표국인 폴란드와 체코를 강제로 추방함에 따라 한때 유엔사의 기능이 최대 위기를 맞은 적이 있었다. 이후 1998년 유엔사와 북한군 간에 '장성급 회담'을 이어감으로써 그나마 일부 기능이 회복되긴 했지만, 유엔사 위상에 상당한 타격을 준 것만은 사실이다. 또한 2003년 참여정부가 출범하면서 당시 노무현 대통령의 '전시작전통제권 환수' 의지와 '자주국방 및 독자적인 작전능력 확보 필요성'에 대한 언급 또한 미국으로서는 언젠가는 다가올 전작권 전환 이후 다시 불거질지도 모르는 유엔사 거취에 관해 심각하게 고심케 만드는 직접적인 계기가 되었다. 전작권 전환과 동시에 한미연합사 대신 미래연합사라는 '한국군 주도(Supported)-주한미군 지원(Supporting)' 형태의 새로운 한미연합 지휘구조가 탄생할 것이다. 이러한 새로운 한미 연합지휘구조 아래에서는 미국의 입지가 크게 위축될 소지가 있다. 주일 미군기지와 함께 인도-태평양지역의 전략적 거점으로 부상한 주일 유엔사 후방기지의 존립 근거가 되는 유엔사의 거취 문제가 새로운 쟁점으로 부각될 경우 미국의 인도-태평양전략에도 적지 않은 타격을 줄 것이 분명하기 때문이다.

이런 연유로 한국 참여정부가 노골적으로 전작권 환수 의지를 드러내자 미국은 유엔사와 관련하여 매우 민감한 반응을 보이기 시작했다. 2005년도 말 당시 주한미군사령관이었던 라포트(Leon La Porte) 대장이 미 의회 청문회에서 "유엔사 회원국들의 역할을 확대하고, 유엔사 본부 조직에 회원국들의 인원이 더 많이 참여하기를 희망한다"는 발언으로 첫 포문을 열었다. 여기에 더하여 버웰 벨(Burwell B. Bell III) 연합사령관은 2007년 1월 18일 외신기자클럽 초청 회견에서 "한미연합사 해체와 한국군으로의 작전통제권 전환은 유엔사의 군사적 권한과 책임에 부조화를 초래할 것이며, 이로 인해 유엔사는 정전관리 측면에서 한미연합사령관이 보유하고 있는 한국군 전투부대에 대한 접근 권한이 없어지게 될 것"이라는 우려를 표명하였다. 그는 또 "유엔사 후방기지를 통해 전시 유엔사 회원국 전력을 지원하는 현재의 메커니즘을 유지하는 것이 무엇보다 중요하며, 이를 위해 유엔사가 '전쟁지원사령부'로서 유엔사 회원국이 제공하는 모든 지원전력에 대해 '작전지휘권'을 보유해야 한다"라고 주장하였다.

2013년도에 스카파로티(Curtis M. Scaparrotti) 미 육군 대장이 한미연합사령관 겸 유엔군사령관으로 부임하면서 유엔사의 역할과 기능을 강화하기 위한 소위 '유엔사 재활성화' 프로그램을 본격적으로 추진하기 시작하였다. 스카파로티 장군은 매월 정기적으로 평가회의를 주관하면서 유엔사의 재활성화를 위한 참모부별 주요 과업에 대해 보고받고 세부 과제별 추진 정도를 일일이 체크를 한

후 꼼꼼하게 지침을 내리곤 하였는데, 군더더기 하나 없는 매우 실질적 회의였던 것으로 기억된다. 당시 한미연합사 부참모장 겸 유엔사 군정위 수석대표로 근무하던 필자가 보기에도 '유엔사 재활성화' 추진평가 회의는 단순히 지휘관이 바뀔 때마다 의례적으로 수반되는 지휘중점 구현 차원의 회의가 아니라, 언젠가 다가올 전작권 전환 이후를 염두에 두고 철저히 기획하여 체계적으로 대비하고자 하는 일종의 '대변환(Great Transformation)'에 가까운 것이었다. 스카파로티에 이어서 2016년 4월 새로운 주한미군사령관 겸 유엔군사령관으로 부임한 빈센트 브룩스(Vincent K. Brooks) 대장 역시 전임 사령관을 이어받아 '유엔사 재활성화' 과업을 일관되게 추진하였다. 이를 보더라도 유엔사 재활성화가 단순히 특정 지휘관에 의한 일회성 지휘방침 구현 차원이 아니라는 것을 알 수 있다.

여기서 주목해야 할 점은 유엔사가 '활성화(Vitalization)'란 용어를 사용하지 않고, 처음부터 '재활성화(Revitalization)'라는 용어를 사용했다는 점이다. 1950년도에 창설된 이후부터 역사를 거슬러 보더라도 지금까지 유엔사는 '활성화'란 용어 자체를 단 한 차례도 사용한 적이 없다. 그런데도 미국이 '활성화'가 아닌 '재활성화'란 용어를 굳이 사용하는 이유는 무엇일까? 이는 벨 사령관과 스카파로티 사령관이 언급했던 내용을 음미해 보면 어느 정도 그 이유를 유추할 수 있다. 유엔사는 한국전쟁 발발 직후 풍전등화(風前燈火)의 위기에 빠진 한국을 구하는데 절대적으로 기여하였으며, 그 결과 한국 정부와 국민에게는 정말 오래도록 고마운 존재로 기억되어 왔다. 그러나 한미연합사가 창설되어 '한국방위'에 관한 임무를 위임하면서 자연스럽게 유엔사의 역할이나 비중이 축소될 수 밖에 없었다. 더욱이 1990년대 이후 계속된 북한의 유엔사의 국제법적 정당성 부정과 해체 요구, 그리고 조직적인 무력화 시도까지 겹쳐 유엔사의 존재감과 위상은 약화 일로에 놓이게 되었다. 그런 까닭에 미국은 전작권 전환을 계기로 유엔사의 역할과 기능을 강화함으로써 현재의 유명무실한 이미지를 탈피하고, 나아가서는 과거 전성기 때 누렸던 유엔사 위상을 다시금 회복하고 싶었을 것이다.

또 다른 이유가 있다면, 정전협정 체결 이후 69년이라는 세월이 경과함에 따라 회원국들이 재참전을 결의했던 '워싱턴 선언'의 의미가 점차 퇴색될 수 밖에 없는 현실을 의식했을 것이다. 미국이 유엔사 재활성화를 추진하는 이유는 각각의 회원국이 워싱턴 선언을 지속 상기함으로써 한반도 유사시 이들이 변함없이 든든한 국제적 지지 및 지원세력이 되어주길 원하기 때문이다. 유엔사 회원국의 결속력이 견고할수록 유사시 연합작전에 긴요한 전력을 창출하기가 쉽기 마련이다. 따라서 유엔사 회원국들에 대한 믿음이 커질수록 유엔사를 실질적으로 주도하는 미국 또한 든든한 자신감을 가질 것이다. 미국은 한국전쟁을 계기로 태동한 유엔사와 주일 후방기지를 여하히 잘 활용하느냐에 따라 전·평시 한반도뿐만 아니라 인도-태평양지역에 대한 국제질서를 주도하는데 영향을 미치게 될 것임을 너무나 잘 알고 있다.

이런 사항들을 바탕으로 유엔사가 추진하는 재활성화의 주요 내용을 보면 크게 다음과 같이 정리할 수 있다. 첫째, 오래전부터 잠복 상태로 있는 유엔사의 법적 지위 문제와 관련한 시비와 함께 해체논란이 이슈화되지 않도록 하기 위해 제반 빌미가 될 만한 것들을 근원적으로 종식하는 것이다. 둘째, 평시부터 모든 회원국들이 참여하는 다국적·다기능 통합사령부로 유엔사 조직을 보강함으로써 평시 최소한의 자율적 기능을 보장함과 아울러 유사시 즉응태세를 발휘하는데 용이한 조직으로 유엔사의 역할과 기능을 보강하는 것이다. 셋째, 유엔사가 전투근무지원 기능을 수행하는 '전쟁지원사령부'에 머무르지 않고 전시 대비 지휘조직을 갖춤으로써 필요에 따라 회원국이 제공하는 전력을 유사시 직접 운용할 수도 있는 '제한된 전투사령부'로서의 기능을 갖겠다는 것이다. 마지막으로 유엔사를 구성하는 회원국 간에 상호 유대 및 결속력을 강화함으로써 한반도 유사시 다국적군 전력 창출을 용이하게 할 뿐만 아니라 나아가서는 실전에서 효과적인 연합작전 수행능력을 발휘할 수 있도록 필요한 제반 여건을 미리 조성해 나가겠다는 것이다.

위 내용 중 특이한 것은 유엔사를 전시조직으로 구성하여 모든 유엔 지원전력에 대한 '작전지휘권을 가진 전투사령부'로서의 기능을 가져야 한다는 주장인데, 이 부분에 대해서는 벨 사령관의 언급 이후 실제적으로 어떠한 움직임도 보이지 않고 있다. 이는 아마도 유엔사의 '특정한 의도'를 의심하는 한국 정부를 의식한 것으로 보인다. 그러나 2019년 후반기 한미연합연습 중에 유엔사의 권한과 범위, 지휘 관계 등을 두고 한미 간 미묘한 신경전이 발생한 적이 있었던 것을 감안할 때, 전작권 전환이 임박해질수록 수면아래 잠재되어 있던 유엔사 관련 동맹 간의 갈등 역시 서서히 표출될 가능성도 있다.

특히 2017년 5월 문재인 정부가 출범하면서 임기 내 전작권 전환을 기정사실로 하고 서두르는 과정에서 전작권 전환과 관련한 여러 갈등 요소들이 표면화되었을 뿐만 아니라 유엔사의 입지 또한 수년 전보다 한층 좁아졌다. 문재인 정부는 2018년 이후 본격화된 미국과 북한 간의 비핵화 협상에 소위 '한반도 운전자론'을 띄웠고, 양자 사이에서 중재자를 자처하면서 '한반도 평화 프로세스'를 구현하기 위해서라면 유엔사를 희생시킬 수도 있다는 암시를 내놓았다. 즉 북한 비핵화를 촉진하기 위한 '입구론'을 띄우며 국제사회에 종전선언을 거듭 이슈화하였으며, 이를 위해서라면 유엔사를 해체할 수도 있다는 신호를 내비치기 시작한 것이다. 여기에 힘을 실어주기라도 하듯이, 더불어민주당 대표인 송영길 전 의원은 2020년 8월 20일 언론 인터뷰에서 "유엔사는 족보가 없는 조직"으로 폄훼한 데 이어 "유엔사가 남북관계에 더 이상 간섭하지 못하도록 통제해야 한다"고 주장하였다. 게다가 국책연구기관인 통일연구원 역시 2018년 12월 2일 '한반도 평화협정 시안'이라는 연구보고서를 통해 "한반도 비핵화가 50% 정도 달성되는 시점에 유엔사를 해체하는 방안"을 제시한 바 있다. 이처럼 종전선언이나 북한 비핵화와 연계한 유엔사 해체론이 확산될 경우 결국은 유엔사의 거취를 위태롭게 하는 부정적인 요인으로 작용할 수밖에 없을 것이다.

17 유엔사 역할 및 기능 강화

1983년 1월 19일, 미국 합참이 유엔군사령관의 임무 및 기능, 지휘 관계 등을 규정한 '유엔군사령관을 위한 관련 약정'에 따르면, 유엔사의 역할 및 기능은 다음과 같이 크게 다섯 가지로 명시되어 있다. ① 유엔군사령관은 1953년 7월 27일 자로 정전협정을 이행함에 있어 정전협정 준수 및 책임을 포함하여 정전을 유지하기 위한 권한을 보유하며, 이를 위해 정전 관련 지시권한을 보유하고, 한반도 및 그 인접 구역에서 작전 중인 미군과 한국군, 유엔군이 지켜야 할 정전협정 준수 절차를 수립할 권한을 보유한다. ② 연합사령관은 관련 약정에 의거 유엔군사령관의 정전업무 관련 지시를 따르고, 상대측의 정전위반에 대한 대응으로 필요시 전투부대를 제공하는 것 등으로 유엔군사령관을 지원한다. ③ 유엔군사령관은 유엔사로 예속된 모든 부대에 대하여 작전통제권을 행사하며, 정전협정을 유지하기 위하여 한국 내에 있는 모든 군부대(유엔사/연합사/미군/한국군)에 해당하는 정전 교전규칙을 발령 및 공포한다. ④ 가용하다면 한국군과 미군을 제외한 제3국의 군을 유엔사 예하 구성군사령부에 예속시키되 필요시 해당 미군 부대에 배속하며, 전쟁이 발발할 경우 유엔사와 연합사는 별개의 법적, 군사적 체제로 유지하면서 유엔사 부대를 운용한다. ⑤ 유엔사 후방지휘소를 통하여 주일 유엔 연락요원 및 일본 정부 간의 연락 관계를 유지한다. 지금까지 유엔사는 이 다섯 가지 역할과 기능을 구현하기 위해 노력하고 있다.

앞에서 기술한 유엔사의 역할 및 기능 중 앞에서 ①, ②, ③항의 경우 현재까지는 주한미군 선임장교가 유엔군사령관, 연합군사령관, 그리고 주한미군사령관 직(職)을 겸하고 있으므로 유엔사가 정전협정을 관리하는데 그다지 큰 제한사항은 없다. 그러나 향후 전작권이 한국군으로 전환되고 나면 문제가 달라진다. 즉 유엔군사령관이 정전관리 책임과 권한을 이행하는 데 있어 지휘조직 불일치의 문제가 발생할 수 있다는 것이다. 따라서 향후 한국 합참과 유엔사, 그리고 새로운 연합지휘조직인 미래연합사와의 관계 설정은 꼭 필요한 사항이다. 반면 ④ 항의 경우 한반도 유사시에 해당하는 사항으로서 전작권이 한국군으로 전환됨과 동시에 한미연합사가 해체되고 나면 유엔사가 회원국의 전력을 통합하고 제공하는 과정에서 한국 합참이나 미래연합사와 상관없이 별도의 전투사령부로서 특정한 작전 수행기능을 보유하기 위한 근거로 사용될 개연성이 다분히 있어 보인다.

사실 미국은 한미정부가 2003년도에 동맹조정협의를 가진 이후부터 "유엔사의 역할과 기능을 강화하겠다"는 구상을 이미 여러 차례 밝힌 바 있다. 미국은 1990년대 후반부터 2000년대 초반까지만 해도 이 문제를 주한미군사 내부적으로만 논의하면서 외부 노출을 꺼리는 듯한 모습을 보여왔다. 그러나 2005년도에 한국 정부가 전작권 전환 의지를 강하게 피력한 것과 때를 같이 하여 일제히 유엔사의 역할 및 기능 강화를 강조하는 목소리를 내기 시작한 것이다. 2006년도 당시 주한미군사령관이었던 라포트(Leon LaPorte) 대장은 그해 7월 제9차 한미 안보정책구상회의(SPI : Security Policy Initiative)를 통해 "전작권 전환으로 인한 한미연합사 해체는 유엔군사령관의 효율적인 정전관리 책임 이행을 제한한다"라고 하면서 처음으로 유엔사의 역할을 확대할 의사를 내비쳤다. 이를 계기로 미국은 2010년 이후부터는 한미 전략문서에 유엔사의 고유권한을 명문화할 것을 한국에 요구하는 등 본격적으로 문제를 제기하기 시작했다.

2011년 10월 24일, 당시 한민구 합참의장과 서먼(James D. Thurman) 유엔군사령관은 "정전협정과 관련 약정, 그리고 전략지시 제2호에 명시된 유엔군사령관의 정전관리 책임과 권한을 인정할 것, 그리고 정전협정 관리가 지속적이고 일상적인 책임임을 인식하고 지속 이행하고 준수할 것" 등을 포함하는 '정전관리 책임에 대한 기록각서'를 체결하고 이에 서명하였다. 정전협정을 체결한 지 이미 58년이 지난 시점에서 미국이 새삼스럽게 한국정부에 이러한 기록각서 채택을 요구하게 된 배경은 무엇 때문이었을까? 유엔군사령관 입장에서 여러가지 이유가 있겠지만, 그 중에서도 특히 2010년도에 북한이 자행한 천안함 기습공격(2010. 3. 26)과 연평도 포격 도발(2010. 11. 23) 이후 북한의 고강도 도발에 대한 한국군의 거세어진 과잉대응을 우려하였을 것으로 보인다. 이에 더하여 기록각서 말미에 "본 기록각서는 전시작전통제권 전환 이전까지 유효하다"는 조항까지 달고 있는 것으로 보아 장기적으로는 전작권 전환에 대비하여 유엔사의 정전관리 책임 이행을 미리 명문화해 놓고자 하는 의도가 내재되어 있음을 알 수 있다.

2014년 7월 24일, 스카파로티 유엔군사령관은 최윤희 한국 합참의장에게 '유엔사가 지향하는 비전(Revitalizing the United Nations Command, 일명 유엔사 재활성화)'이라는 서신을 보냈다.

'유엔사 재활성화'에 관한 스카파로티 사령관의 비전

스카파로티는 이 서신을 통하여 "유엔사 기능 강화는 유엔사가 정전유지 위주의 기능에서 벗어나 다국적 기구로서의 역량을 확대함에 있어 평시에는 전략적 여건 조성 능력 및 적대행위에 대한 억제력 강화 및 긴장 완화를 촉진하고, 유사시 전력 제공국들의 기여를 한반도에 집중시켜 적대행위 혹은 불안정 사태에 대한 역량을 확장시킬 수 있음"을 강조하면서, 유엔사 재활성화에 관해 한미 양국이 함께 진지하게 논의할 것을 정식으로 제안하였다. 또 이듬해인 2015년 3월 23일에는 유엔사 기획참모부장 오웬스(Christoper S. Owens) 미 해병대 소장이 합참 전략기획부장에게 보낸 서한을 통해 "재활성화된 유엔사는 한반도 평화와 안보를 위한 동맹의 다국적 조력자(enabler)로서 지원 역할에 충실할 것이다. 어디까지나 현재의 유엔사 권한 범위 내에서 유엔사의 효과를 최적화하는 것일 뿐, 기존의 유엔사 임무나 권한 면에서 일체의 확장은 없을 것"임을 재강조하면서 "유엔사 재활성화와 관련된 어떠한 조치도 한미 계획이나 의사결정에 영향을 미치지 않을 것"임을 밝힌 바 있다.

이처럼 역대 유엔군사령관이나 유엔사 주요 직위자들이 공개적으로 "전작권 전환에 대비하여 유엔사의 구조와 역할, 임무에 대한 검토가 이루어져야 하며, 유엔사를 전시와 같은 조직으로 구성할 필요성"을 강조하는 것에 대해 한국은 강한 의구심을 가질 수밖에 없었다. 한국 정부는 미국이 한미연합사 해체 이후 줄어드는 주한미군의 임무와 역할을 대신하기 위해 유엔사의 역할을 강화하려 하는 것은 아닌지, 아니면 유엔사가 한반도 유사시에 병력과 물자 보급 등에 대한 작전권을 가지고 회원국들이 제공하는 다국적군 전투부대 일부를 통제하여 모종의 독립된 작전을 수행할 목적으로 스스로 유엔사의 권한과 역할, 임무를 강화하려는 '특정한 의도'가 있는 것이 아닌지 등에 대해 여러 가지로 의심 어린 시각을 갖게 되었다. 그럼에도 당시 한국군 수뇌부는 이러한 의구심을 해소하기 위해 미측과 좀더 적극적으로 소통하기 위한 노력을 기울였어야 했음에도 이러한 협의에 인색하였다. 그당시 한국이 미측과 진지한 대화를 통해 유엔사 재활성화 논의에 적극 참여하였더라면 유엔사 내 한국의 입지 강화는 물론, 한국의 국익에 보다 기여하는 방향으로 유엔사의 역할과 기능을 발전시킬 절호의 기회로 만들수도 있었다. 당시 함참의 관계자들이 국가안보와 직결되는 중요과업을 제대로 인식조차 하지 못하고 소극적으로 대처한 것이 두고두고 아쉬움으로 남는다.

미 펜타곤(Pentagon) 내 한국전쟁 전시관의 유엔참전국 전시물

18 다국적 통합사령부 운용

2018년 6월 초까지만 해도 유엔사의 지휘부와 참모 요원은 한미연합사 및 주한미군사의 지휘부와 참모 요원들이 대부분 겸직을 하고 있었다. 그리고 이들 3개 사령부의 지휘소 역시 용산기지 내에서 같은 시설을 사용하고 있었다. 이러한 유엔사의 편성과 시설 사용은 주한미군사령관이 유엔군사령관과 한미연합사령관을 겸직하고 있기 때문에 어쩌면 매우 자연스러운 현상으로 받아들여지기도 하였지만 업무수행에 약간의 혼란이 있었던 것도 사실이다. 그러나 2018년 6월 말 주한미군기지 이전사업에 따라 유엔사와 주한미군사의 지휘소가 미래연합사의 모체가 될 한미연합사와는 별도로 서울 용산에서 평택 캠프 험프리스(Camp. Humphreys)로 이전하기로 합의하면서 지휘 및 참모 계선의 조정 및 보강이 불가피하게 되었다.

더욱이 당시 유엔사 조직 내에서 실질적인 의사결정을 하는 지휘 라인은 모두 미군 장성들로 편성되어 있으며, 참모 직책은 주로 한미연합사 및 주한미군사 참모들이 겸직하고 있었다. 당시만해도 유엔사 참모부에는 한국군 인원들도 다수 포함되어 있었는데 이들은 모두 한미연합사에 근무하는 실무자들이 유엔사 예하 각 참모부의 실무 직책을 겸하는 형태였다. 한미연합사 및 일부 주한미군사의 미측 참모 요원들이 유엔사 참모를 겸직하는 주된 이유는 유엔군사령관이 지시하는 유엔사 관련 각종 업무를 효과적으로 수행하고, 연합사와 주한미군사 참모들이 유엔사 예하 군정위와 비서장실의 업무 능력을 초과하는 분야들에 대하여 유엔사의 정전업무 수행을 적극 지원하고자 하는 취지에서 비롯된 것이다. 이를 위하여 유엔사 참모로 지정된 인원들은 반드시 연합사 참모부에서 수행하는 동일한 영역의 참모로서 임무를 수행토록 하고 있으며, 유엔사 참모 요원들은 유엔사 임무 수행에 필요하다면 자기 부서의 예하 참모장교들에게 관련 임무를 부여할 수 있도록 규정하고 있다. 한국은 사실상 유엔사의 공식 회원국이 아님에도 불구하고 한미연합사 참모부에 근무하는 한측 장교들이 유엔사 참모장교를 겸직해 온 것이 다소 이례적이기는 하다. 그러나 이는 평시 정전업무를 원활히 수행하는데 필요한 필수조치로 볼 수 있으며, 평시 한반도 정전관리와 유사시 유엔사를 통해 다국적군의 전력을 제공받게 되는 한국의 입장에서는 어쩌면 매우 바람직한 현상이기도 하다.

한국군 간부들이 처음부터 유엔사 참모부에 편성되었던 것은 아니었다. 한미연합사에 근무하는 한국군 간부들이 유엔사 참모부에 편성되어 온 과정들을 시기별로 살펴보면 다음과 같다. 우선 1978년 한미연합사가 창설되면서 정전관리 지원에 필요한 한국군 3명이 최초로 유엔사의 연합참모 요원으로 편성되어 임무를 수행하게 되었다. 그러다가 1999년 3월에 유엔사의 인력 운영상 정책업무를 보강할 목적으로 한국군 1명과 미군 20

명이 증원되었다. 2004년도에는 남북교류사업의 하나인 경의·동해선 개통과 개성공단 개설 등으로 남북교류가 대폭 증대되고 이로 인해 유엔사의 업무량이 가중되었다. 이에 라포트 유엔군사령관 지시로 유엔사 참모 요원의 수가 무려 4배 이상 증가하였는데, 그중 한국군 참모 요원은 최대 47명으로 늘어나게 되었다. 이후 2007년 3월에 유엔사에 회원국 전력 통합 기능이 부여되면서 미군 장교 9명이 추가 증원됨으로써 한때 유엔사의 참모 요원들은 138명에 이르렀으며, 주로 한미연합사에 근무하는 한국군, 그리고 한미연합사 및 주한미군사 소속 미군 참모장교들이 유엔사 참모 임무를 겸직하는 형태였다.

유엔사 한미 참모요원 증원 경과

구 분	1978. 11월	1999. 3월	2004. 4월	2007. 3월
인 원 (한/미)	9 (3/6)	30 (4/26)	129 (47/82)	138 (47/91)
비 고	정전관리업무 공백 방지	UNC 인력운영, 정책적 업무 보강	남북교류 증대에 따른 업무 소요	회원국 전력 통합기능 추가

한편, 유엔사는 현재 재활성화 과업의 하나로 평시 유엔사의 정전협정 관리와 유사시 효율적인 전력제공을 보장하기 위하여 다수의 회원국이 참여하는 다국적·다기능 참모부로 조직과 인원을 보강하고자 하였다. 유엔사가 평시부터 다국적 참모조직 편성을 통해 회원국들의 유엔사 참여를 확대하고자 했던 이유는 지휘소가 분리됨에 따라 참모요원 겸직이 더 이상 힘들게 된 데다 전작권 전환 이후 유사시 유엔사가 감당해야 할 실질적인 임무 소요까

지를 고려한 것으로 보인다. 미국이 한국에 전작권을 전환하기로 공식 합의한 직후인 2006년도 이후부터 각 회원국들에게 평시 유엔사에 근무할 참모 요원을 보내줄 수 있도록 적극적으로 요청한 것은 이러한 주장에 더욱 힘을 실어주는 부분이다. 사실 유엔사가 한반도 유사시 원활하게 전력제공 임무를 수행하기 위해서는 각각의 회원국들과 긴밀한 협조와 관계 유지 등을 통해 평시 회원국을 효과적으로 관리하는 것이 매우 중요하다. 만약 유엔사 회원국들이 평시부터 유엔사에 참모 요원을 파견하여 근무하게 된다면 회원국들 상호 간의 결속력은 더욱 높아질 것이고, 유사시 다국적군 전력을 신속히 창출하여 제공하는 고유의 역할을 보다 원만하게 수행할 수 있을 것이다. 그러나 현실적으로 미국을 제외한 모든 회원국이 한반도에서 군대를 철수한 지 이미 오랜 세월이 지났고, 정전상태 또한 70년 가까이 지속되고 있는 상태에서 개별 회원국이 유엔사에 참모 요원을 파견하기란 결코 쉬운 일만은 아니다.

그럼에도 불구하고 영국과 캐나다를 비롯한 다수의 국가가 미국의 요청에 적극 호응하여 현재 유엔사 본부 또는 예하 군정위에 상당수의 자국 장교들을 참모 요원으로 파견하여 근무하고 있다. 이에 힘입은 미국은 영관 및 위관장교들뿐만 아니라 유엔사 내 장성급 주요 직위마저도 각 회원국에 개방하기에 이르렀다. 시범적으로 2015년 현역 장성급 장교로는 최초로 호주 맥코맥(McCormack Anthony) 공군 준장을 해외 교환방문장교 통합 방식으로 '유엔사 기획참모차장(Deputy U-5)'에 임명하여 유엔사 재활성화 노력에 참여시켰다. 아울러 2018년 7월에는 캐나다의 웨인 에어(Wayne D. Eyre) 중장을 유엔사 창설 이래 최초로 유엔사 부사령관으로 임명하였다. 당시 자국 장성의 유엔사 주요 직위 부임에 캐나다는 몹시 고무된 나머지 유엔사 내 파견 장교의 수를 기존 6명에서 무려 15명으로 늘리기까지 했을 정도이다. 웨인 에어 장군의 임기가 끝나자 호주 해군 중장 메이어(Stuart C. Mayer) 제독이 2019년 7월부터 2021년 12월까지 유엔사 부사령관으로 근무하였으며, 가장 최근에는 그의 후임으로 영국의 앤드류 해리슨(Andrew Harrison) 육군 중장이 부사령관으로 지난 3월에 부임하였다. 또 유엔사는 2018년 8월 마크 질레트(Mark Gillette) 미 육군 소장을 처음으로 단독 직위로 유엔사 참모장에 임명하였으며, 그의 후임으로 마크 토이(R. Mark Toy) 육군 소장이 임무를 수행하였다. 그동안 주한미군사 참모장이 겸직해오던 유엔사 참모장 직책을 단독 직위로 운용하는 것만 보더라도 미국이 유엔사에 얼마나 비중을 두고 있는지 알 수 있을 것이다.

이쯤에서 짚고 넘어갈 것은 기존 유엔사 편성은 물론이고 검토 단계에 있는 미래 유엔사 개편안 역시 유엔사 지휘부에는 한국군 장성이 단 한 명도 포함되어 있지 않다는 점이다. 한국군 장성으로는 유일하게 한미연합사 부참모장인 육군소장이 유엔사 군정위 수석대표를 겸직하고 있다. 그러나 수석대표의 역할은 어디까지나 유엔군사령관이 위임한 권한 범위 내에서 정전협정과 관련한 업무 위주로 범위가 한정되어 있다. 이렇듯이 수석대표가 유엔사의 정식 지휘계통에 포함되어 있지 않기 때문에 당연히 유엔사 내 주요 의사결정 과정에 참여할 수 없는 상태이다.

한국군 4성 장군인 연합사 부사령관 또한 유엔사 지휘부 편성에는 아예 빠져있다. 연합사 부사령관이 유엔사 지휘부에 참여하지 못하는 것은 전시에 지상구성군사령관(GCC Command) 직책을 수행해야 하므로 유엔사에 관심을 둘 여유가 없다는 이유 때문이다. 따라서 유엔사 내에서 한국의 입지를 보다 강화하기 위해서는 유엔사 지휘부 또는 참모부에 한국군 장성급 참모가 반드시 포함되어야 한다는 내부의 목소리가 커지고 있다.

한때 유엔사는 전작권 전환과 때를 같이 하여 한미연합사가 해체됨을 고려하여 유엔사 참모를 겸직이 아닌 별도의 인원으로 편성하는 방안을 검토한 적이 있었다. 2018년 6월 말 부로 유엔사와 주한미군사가 평택의 캠프 험프리스로 이전을 완료한 상태에서 향후 미래연합사의 모체가 될 한미연합사는 서울 용산에 계속 잔류하기로 함에 따라 한미연합사에 근무하는 미군과 한국군이 유엔사 참모 요원을 겸직하는 것이 물리적으로 불가하다는 것이 이유였다. 그러나 2018년 11월 8일 브룩스 대장 후임으로 연합사령관 겸 주한미군사령관으로 로버트 에이브럼스(Robert B. Abrams) 대장이 부임한 직후 지휘소의 분산배치에 따른 군사작전 및 근무의 효율성 저하 측면에서 문제를 제기하였다. 에이브럼스의 이의 제기에 따라 2019년 6월 3일 서울에서 열린 한미 국방장관회담에서 최종적으로 미래연합사의 모체인 한미연합사를 주한미군사령부와 유엔사령부가 있는 평택 캠프 험프리스에 통합하기로 합의하면서 유엔사 참모 운용과 관련된 문제는 한미 간 새로운 논의 주제가 되었다.

19
전시 대비 회원국 능력 및 결속 강화

미국은 2006년 전작권 전환에 합의하면서 향후 유엔사 운용 방향을 정전협정 관리 위주 평시 임무에서 유사시를 염두에 둔 전시 임무 복원에 주(主) 노력을 지향하는 듯한 모습을 보였다. 대표적인 예로 회원국들이 매년 정례적으로 실시하는 한미연합연습에 적극적으로 참여해 줄 것을 권장함과 동시에 유사시 주일 유엔사 후방기지의 역할을 부각하기 시작한 것이다. 이와 함께 유엔사 회원국이 제공하는 전력에 대한 효율적인 통합과 운용을 보장하기 위해 회원국들의 결속력을 강화하는 다각적인 활동과 노력을 병행하였다.

1. 유엔사 회원국, 한미연합연습 참가 확대

2009년도 이전까지만 하더라도 유엔사 회원국들은 한미연합연습에 그다지 관심이 없었다. 관심이 없었다기보다는 참여할 근거와 기회가 제한되었다는 표현이 더 적절할 수도 있을 것이다. 최초에는 유엔사 군정위에서 연락단장을 겸하는 회원국의 국방무관 중 일부 인원이 옵저버(observer) 자격으로 한미연합연습을 참관하는 정도였다. 2007년 8월 을지포커스(UFG) 연습에 영국, 프랑스, 캐나다, 노르웨이, 터키, 태국, 필리핀의 연락장교가 각각 옵저버 자격으로 최초로 한미연합연습에 참여하였다. 그로부터 2년 뒤인 2009년도에 '다국적 협력본부(MNCC)'를 개설하게 되면서 비로소 회원국들이 연습에 참관하여 다국적군의 일원으로서 전력을 제공하는 절차를 숙달하고 발전시킬 기회를 가졌다. 이에 고무된 한미 양국 국방장관은 2010년 10월 연례 한미안보협의회(SCM)를 통하여 "필요하다면 유엔사와 전력을 제공하는 국가들을 한미연합연습에 참여시킨다"는 내용이 담긴 '한미국방협력지침'에 상호 서명함으로써, 뒤늦게나마 유엔사 회원국이 한미연합연습에 참여할 수 있는 근거를 마련하였다. 이를 계기로 유엔사 회원국들은 정례적인 한미연합연습에 워게임 요원 뿐만아니라 실(實)병력을 보내기도 했다. 2013년도 3월 키리졸브(KR : Key Resolve) 연습에 이어 실시하는 독수리(Foal Eagle) 연습 간 연합상륙훈련을 실시하였는데, 호주군 1개 소대 규모의 실 병력이 처음으로 이 훈련에 참여하였다. 이는 옵저버가 아닌 실제 전투병력이 한미 연합 야외기동훈련(FTX : Field Training Exercise)에 참가한 첫 번째 사례이다.

한미 정부는 유엔사에 전력을 제공하는 회원국들의 연합연습 참여 절차를 정립하기 위하여 2015년 5월 실무회의를 개최한 이후, 수차례 논의를 거쳐 약 1년 뒤인 2016년 4월에 마침내 기본틀을 마련하는데 성공하였다. 비록 당시 이러한 합의가 한미 간에 양해각서(MOU)로 체결되진 못했지만, 유엔사 회원국들의 연합연습 참여 절차를 정립하고 전시 유엔사의 전력통합절차를 보완하는 중요한 계기가 되었음은 분명하다.

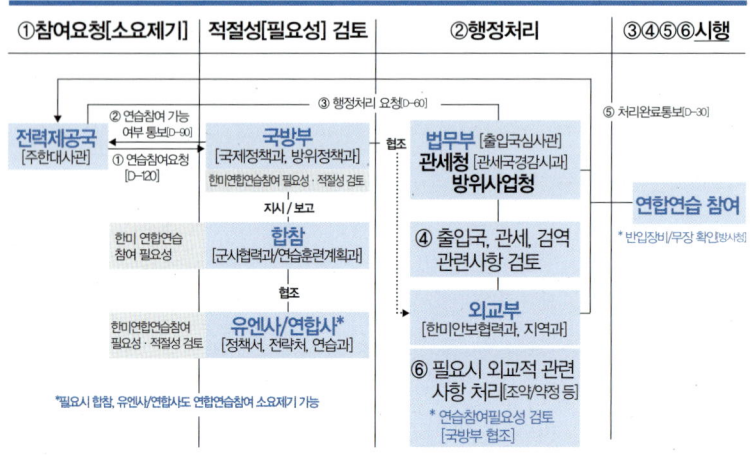

전력제공국의 연합연습 참여 절차

유엔사 기획참모부 제공 (2018년 7월, 평문)

　위 그림은 전력을 제공하는 유엔사 회원국들의 연합연습 참여 절차를 보여주고 있다. 그림에서 보는 것처럼, 먼저 유엔사 회원국을 비롯하여 전력제공을 희망하는 국가가 자국의 주한 대사관을 통해 연합연습 참여를 요청해오면 한국 국방부가 이를 종합 검토하여 해당 국가에 참여가능 여부를 통보하게 되고, 동시에 법무부와 외교부는 출입국 및 외교 관련사항에 관해 필요한 조치를 하게 된다. 이러한 행정처리가 완료되면 연습에 참여하는 국가들이 훈련을 위해 들여오는 역내 반입 장비 및 물자를 방사청에서 최종 확인하는 순으로 절차를 정립하였다. 이러한 절차는 2016년도 키리졸브 연습 때 처음으로 적용 및 검증을 하였으며, 연습결과는 각 국가별 제약사항을 고려하여 전력통합절차를 보완하는데 피드백(feed back) 되었다.

2010년 이후부터는 다수의 유엔사 회원국들이 한미연합연습에 대거 참여하는 다국적 연합연습으로 진화하였다. 이와 병행하여 중감위 대표국도 한미연합연습 참여에 긍정적인 태도를 보였다. 유엔사 측 중감위 국가인 스위스와 스웨덴 대표단의 임무는 정례적인 연합연습이 정전협정을 준수하며 실시되고 있는지를 관찰하는 것이었다. 스카파로티 전 한미연합사령관은 2014년 UFG 연습을 앞두고 "유엔사 회원국의 한미연합연습 동참은 동맹의 동반자 의식과 팀워크 향상, 그리고 대한민국 방어를 지원하는 데 있어 긴요한 상호운용성과 상호이해를 향상하기 위한 필수적인 과정"으로 규정하였다. 미국이 유엔사 회원국 전력에 대한 효율적인 통합 및 운용을 보장하기 위해 얼마나 큰 비중을 두고 애쓰고 있는지를 보여주는 단적인 예이다. 표에서 보듯이, 2011년 이후부터는 유엔사 회원국들의 연합연습 참가 호응도가 점진적으로 높아졌다. 특히 매년 3월의 키리졸브(Key Resolve) 연습에 비해 8월에 실시하는 을지포커스렌즈(UFG : Ulchi-Focus Lens) 연습 간 참가 규모가 높게 나타났다. 또 국가 별로는 미국의 전통적인 우호 국가인 캐나다와 영국, 호주, 덴마크가 2010년도 이후 꾸준히 많은 인원이 연합연습에 참여하였으며, 2018년도 키리졸브 연습에는 비록 소수이지만 네델란드, 벨기에, 필리핀 등이 처음으로 동참하였다.

한편 2018년 6월 제1차 북미정상회담이 개최된 후 그해 후반기에 예정된 UFG 연습은 북한 비핵화 협상을 위한 신뢰 조성 차원에서 일시 중단되었다. 또 2019년 5월에는 기존의 을지연습과

유엔사 회원국의 한미연합연습 참가 현황 (연도별/국가별)

구분	2009	2010	2011	2012	2013	2014	2015	2016	2017	2018
KR 연습	–	1개국 3명	3개국 11명	4개국 21명	4개국 32명	5개국 30명	5개국 57명	5개국 87명	5개국 91명	10개국 118명
UFG 연습	4개국 9명	5개국 18명	7개국 50명	7개국 50명	7개국 115명	8개국 152명	7개국 90명	7개국 171명	8개국 82명	–

* 단위 : 명

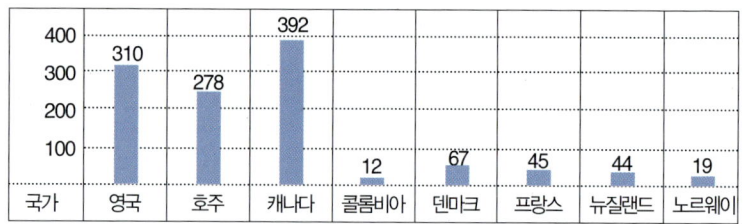

유엔사 기획참모부 제공 자료와 매년 언론보도를 기초로 필자가 정리.

한국군 단독훈련인 태극연습을 통합한 형태인 소위 '을지-태극연습'으로 대체하였다. 이처럼 전통적으로 컴퓨터 시뮬레이션 워게임과 함께 대규모 실병력 야외기동훈련을 병행해 오던 한미연합연습이 워게임 위주로 축소 시행되면서 유사시 연합위기관리 및 대비태세 유지와 관련하여 우려의 목소리가 나오기도 하였다. 더욱이 수년 동안 워게임 위주 제한된 연합연습으로 명맥을 유지하다시피 하니, 한미동맹 간 전작권 전환을 위한 막바지 검증이 어려워졌으며 이로 인해 임기 내 전작권을 인수하고자 강한 의지를 보였던 문재인 정부의 안보정책에도 제동이 걸릴 수밖에 없었다. 문재인 정부는 '임기내 전작권 환수'를 서두르면서도 정작 '조건' 충족을 위한 예산 할당 등 정책적 노력을 기울이기보다는 임기 내내 정례적인 한미연합연습 마저 축소 시행함으로써 전작권 전환을 위한 마무리 검증기회를 상실하는 결과를 자초하였다. 그러나 북한 비핵화 협상 과정이 별다른 성과 없이 지루한 답보상태에 빠져 더 이상 진척이 없는 상태에서 문재인 정부에 이어 2022년 5월 윤석열 정부가 새로 들어서게 되면서 한미연합연습은 조금씩 예전의 모습으로 복귀할 조짐이 나타나고 있다. 더욱이 새로이 출범한 윤석열 정부가 한미동맹을 정상화하겠다는 강한 의지를 표명함에 따라 정례적인 한미연합연습이 예전 모습으로 빠르게 환원될 것으로 보인다.

2. 전시 유엔사 전력통합절차 발전

유엔사는 한반도 유사시에 대비하여 회원국이 제공하는 전력의 창출과 통합, 그리고 한반도 전개 이후 효율적인 연합작전 수행능력을 배양하기 위하여 다각적인 노력을 기울이고 있다. 한국 정부와 유엔사는 2011년 8월 대한민국을 방어하는 연합군의 팀 능력을 향상하기 위한 공동구상의 하나로 한미동맹 군사작전 지원을 위해 유엔사 회원국이 한국작전전구(KTO : Korea Theater of Operation) 내로 진입하는 전력들에 대한 이동 및 인계인수 절차를 규정하는 '유엔사 전력통합예규'를 발간하였다. 유엔사는 전력을 제공하는 회원국들의 연합연습 참여 절차를 정립하기 위하여 2015년 5월 실무회의에 착수하였으며, 이후 수차례 논의를 거쳐 약 1년 뒤인 2016년 4월에는 어느정도 기본 틀을 마련할 수 있었다. 비록 당시 만들어진 산물이 한미 간에 양해각서(MOU) 체결로 이어지지는 못했지만, 유엔사 회원국들의 연합연습 참여 절차를 정립하고, 전시 유엔사 전력통합절차를 보완하는 중요한 계기가 된 것은 사실이다.

한반도 유사시 유엔사 회원국들이 제공하는 지원전력이 한미 연합사(또는 미래연합사)에 제공되기까지는 크게 여섯 단계의 전력 통합절차를 거치게 된다. 제1단계는 유엔사 작전참모부(UCJ-3)가 미국 또는 한국이 필요로 하는 전력이 무엇인지 소요를 파악하여 주한미군사의 기획참모부를 통해 미 합참에 요청하는 단계이다. 미 합참은 유엔사 요청을 근거로 하여 전력을 제공하고자 하는 국가들과 구체적인 협조를 하게 된다. 제2단계는 전력 지원에 대한 공식적인 합의 과정이다. 미 국무부 주관으로 주미(駐美) 또는 주한(駐韓) 해당 국가의 대사관을 통해 한미연합사(미래연합사)가 필요로 하는 전력을 요청하며, 모든 지원전력은 미국 및 한국 정부의 사전 승인을 받게 된다. 제3단계는 회원국들이 제공하는 전력이 한반도 외부 지역에서 해당 국가 자체적으로 또는 미 수송사령부의 통제 및 지원을 받아 이동하는 단계이다. 이동 간 미국이 제공하는 수송수단을 이용하는 경우에는 미 전략사령관의 작전통제를 받게 되고, 이들 전력이 KTO 내로 진입하는 순간부터는 유엔군사령관의 지휘를 받게 되는 것이 통상적이다. 제4단계는 한반도에 도착한 지원전력을 일시적으로 수용, 대기후 전방지역으로 전개하는 단계로서, 이들 전력은 다국적 협조본부와 협조를 거쳐 유엔사 예하 각 구성군사령관의 지휘를 받게 된다. 제5단계는 참전국의 전력을 국가지휘반 등과 협조하여 한미연합사(미래연합사)에서 이를 인수하고 통합 및 수용하는 단계로서 통상적인 지휘 관계로 유엔군사령관 명에 의해 전술통제 형태로 전환된다. 마지막 제6단계는 유엔군사령관 결심 하에 지원전력을 전구 내외로 재배치 또는 재전개 하는 과정이다.[23] 지금까지 설명한 유엔사 전력통합단계를 아래 그림으로 도식할 수 있을 것이다.

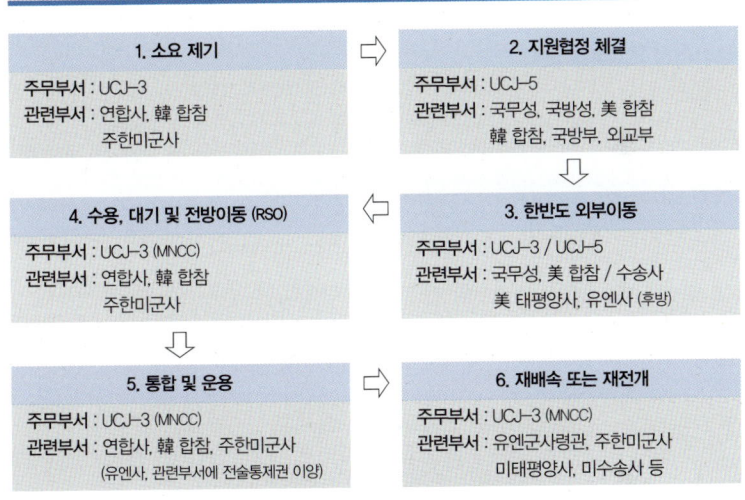

유엔사 전력통합 단계

유엔사 기획참모부(UJ-5) 제공(평문)

한편 2013년 3월 한국 합참과 한미연합사는 'UNC 회원국 전력 통합 및 운용'에 관한 절차를 발전시키기 위해 한미 양국 정부와 군의 고위급 대표들이 참석한 가운데 고위급 토의연습(TTX : Table Top Exercises)을 한 적이 있다. 이 토의에서는 "UNC 회원국

전력통합예규(2011. 8. 11)"에 명시된 파병 절차를 공유하고, ① 회원국 전력의 효율적 전개를 보장하기 위한 정치·외교적 협의 과정, ② 한반도 외부 이동 및 ROSI 시행 간 상호 지원 및 협조할 사항, ③ 회원국 전력의 통합 및 운용 과정과 작전 지속능력 보장방안 등 주로 군사적 수준의 주제를 포함하여 정치·외교적 범위까지를 포괄한 다양한 의견들이 개진되었다. 연습내용의 민감성을 고려하여 토의내용은 공개하지 않았지만, 유엔사 회원국을 비롯한 관련국들의 군과 국가기관 대표들이 전력제공에 관한 세부절차에 대해 공동으로 인식하고, 시행 간 기관별 주요 조치와 함께 상호 지원 또는 협조해야 할 사항 등에 대해 심도 있는 토의를 가진 자체가 매우 의미 있는 진전이었다.

만약 한반도에서 전쟁이 재발생할 경우 유엔사는 유엔안보리 결의 제84호(S/1588)와 워싱턴 선언(1953. 7. 27)에 근거하여 유엔사 회원국이 제공하는 전력을 수용 및 통제하는 역할을 하게 된다. 이를 위해 유엔사와 일본 간 주둔군 지위협정(SOFA, 1954. 2. 19)을 체결하고, 이에 근거하여 주일 유엔사 후방기지를 운용하고 있다. 그러나 유엔사 측은 한국과 일부 유엔사 회원국들 사이에 방문부대지위협정(VFA : Visiting Forces Agreement)이 체결되지 않은 관계로 한미연합연습간에 한반도 유사시를 대비한 다국적군 전력의 통합절차를 제대로 검증해 볼 수 없다는 점을 매우 아쉬워하고 있다. 여기서 방문부대지위협정(VFA)이란 공동훈련 등 군사적 목적으로 국내에서 잠시 활동하는 외국 군대의 법적 지위를 정하는 협정이다. 즉, 장기 주둔을 위한 주둔군 지위협정

(SOFA)과는 달리 외국군대가 일시적으로 상대국에서 활동할 때 생길 수 있는 법적 문제를 사전에 해소하기 위한 협정이다. 주로 군대 소지 물품에 대한 관세 면제, 전차 등의 도로 주행 허가, 화약이나 탄약의 반입 허가 등에 관한 내용을 담고 있다. 2015년 9월 당시 유엔사 참모장 직책을 겸하던 버나드 샴포우(Bernard S. Champoux) 미 8군사령관이 한국 국방부 정책실장에게 보낸 서신을 통해 '한국이 전력을 제공하는 유엔사 회원국과 조속히 방문부대지위협정을 체결해 줄 것'을 요청한 것도 이런 연유에서였다. 후임 미 8군사령관겸 유엔사 참모장으로 부임한 고(故) 토마스 밴덜(Thomas S. Vandal) 중장 역시 2016년 4월 '방문부대지위협정의 부재로 인해 신속하고 효과적인 전력 통합이 어려우므로 이의 조속한 체결'을 촉구하는 서신을 재차 발송하기도 하였다. 그러나 당시 이에 대한 한국의 반응은 매우 소극적이었으며 그 조치 또한 미진하여 별다른 진전 없이 답보상태에 머물 수밖에 없었다. 한반도 유사시 유엔사 회원국들이 제공하게 될 전력들에 대한 통합의 필요성을 가지고 있는 미국으로서는 매우 유감스러웠을 것이다.

아울러 미국은 한국 정부가 연합연습에 참여하는 유엔사 회원국들이 연습작전계획을 비롯한 정보에 대한 접근범위를 대폭 확대해 줄 것을 바라고 있다. 미국은 한국이 군사보안 상의 이유를 들어 회원국들의 연습작전계획에 대한 접근 자체를 지나치게 엄격히 통제함으로 인하여 전시 연합작전 수행절차 숙달이나 주요 국면에서의 상호 협조 등 실질적인 연합연습이 어렵고, 이들

연합군 전력에 대한 지원계획을 수립하기에도 어려움이 많다고 불만을 표한다. 유엔사에 근무하는 미군 장성들은 한국이 유사시 회원국들을 비롯한 국제사회로부터 필요한 전력을 제공받아야 하는 입장임에도 군사보안을 이유로 이들의 작전계획에 대한 접근을 지나치게 통제하고 있어 한반도 유사시를 대비한 연합연습에 실질적인 성과를 거두지 못하고 있다고 아쉬워한다.

3. 유엔사 회원국 결속력 강화

미국은 유엔사 회원국들과의 평시 유대 강화 및 파트너십 제고를 위한 노력도 게을리하지 않고 있다. 유엔사 참모부 실무단(UNC Staff Working Group), 유엔사 대사 원탁회의(UNC Ambassadors Round Table), 유엔사 전략 커뮤니케이션 실무단(UNC Strategic Communication Working Group), 유엔사 전략구상단(UNC Strategic Shaping Group), 유엔사 군정위 자문단(UNCMAC Advisory Group) 회의 등 다양한 회의체들을 정례적으로 개최하여 유엔사 관련 다양한 논의를 이어가고 있다. 그중에서도 '유엔사 대사 원탁회의'는 매월 유엔군사령관이 직접 회의를 주재한다. 이 회의에는 유엔사 회원국의 대사들과 각국 연락장교, 유엔사 장군 참모, 군정위 및 중감위 국가 대표 등 주요 직위자들이 모두 참석한다. 필자가 군정위 수석대표로 재직하는 동안 매번 개최되는 원탁회의에는 거의 모든 회원국의 주한 대사들이 참석한 것으로 기억한다. 유엔사는 이 회의체를 통해 북한의 정치·경제·군사 동향과 유엔사의 활동 사항에 관한

유엔군 사령관 주관 대사 원탁회의 (출처 : UNC)

업데이트 브리핑에 이어 연합연습계획 관련 정보 등을 공유하거나 한반도 유사시 전력제공 절차와 자국민의 비전투원 후송절차 등 상호 관심사에 대해 논의함으로써 궁극적으로는 한반도 유사시 전력 창출 및 통합을 위한 여건 조성과 공감의 장(場)으로 만들고 있다. 유엔사는 이뿐만 아니라 다국적 군수회의(multinational logistics conferences)를 비롯하여 다국적 특수작전 회의(multinational special operations conferences), 그리고 고위급 도상훈련(senior level table top exercises)과 각종 군사특기 심포지움(military specialty symposium) 등 다양한 회의체를 정기적으로 운용하고 있다.[24]

4. 정전협정 관리책임 조정

미국은 2006년 7월 제9차 한미 안보정책구상회의(SPI)에서 한미동맹 간의 정전관리 책임을 조정할 것을 의제로 제기하였으며, 이듬해인 2007년 1월에 벨 전 유엔군사령관이 외신기자클럽 초청 회견에서 이 문제를 재차 제기함으로써 이슈화되었다. 벨 사령관의 발언 의도는 전작권이 반환되면 유엔군사령관의 정전 관리에 필요한 병력 제공이 제한될 것이므로, 전작권 전환 이후에도 유엔사가 고유의 군사적 권한과 책임을 수행하는데 제약이 생기지 않도록 정전협정 관리를 실질적으로 수행하는 군정위와 중감위의 역할을 조정하는 것에 대해 한미가 진지하게 논의해야 한다는 취지였다. 비록 전작권을 전환하더라도 유엔사가 한반도 전쟁 억제 및 전쟁 수행에 있어 중요한 역할을 감당하기 때문에 정전체제 유지에 관한 유엔사의 권한은 그대로 유지한 채, 정전 관리를 위한 세부 수행기능은 전작권 전환을 전후로 하여 순차적으로 한국군에 넘기겠다는 의사를 표명한 것이다.

2007년 4월 미국은 '정전관리 기본원칙'을 제기하면서 유엔 안보리 결의안 제83호(S/1511)와 제84호(S/1588)가 지속 유효하다는 점과 한반도 정전협정은 평화체제로 대체될 때까지 계속 유지되어야 한다는 점을 재차 강조하였다. 또 한미연합사 해체는 유엔사와 한국군의 관계에 근본적인 변화를 초래하므로 정전유지 임무를 유엔사와 한국군이 지속 분담하여 시행할 것을 요구하였다. 이에 더하여 한국군과 유엔사 간 지휘 관계가 변화됨에 따라서 부여된 정전관리 책임은 부대에 대한 실제 권한을 누가 갖고 있느냐에 따라 균형이 유지되어야 하며, 전작권 전환 이후 평시-위기시-전시 한국군에 대한 책임은 한국 합참이 단독으로 행사함에 따라 이로 인해 발생하는 '권한과 책임의 불일치' 문제는 전작권 전환 이전에 반드시 해결되어야 한다고 주장하였다.

한미 양국은 미국이 제기한 '정전관리 책임과 권한의 불일치 문제' 해결을 위해 2007년부터 고위급 회의와 과장급 실무회의를 구성하여 정전관리 책임 조정에 관한 논의를 시작하였다. 이러한 양자 간의 논의는 2010년 6월에 전작권 전환 일정이 한 차례 연기됨에 따라서 일시 중단되었다가 2012년에 재개되었다. 한미 양국은 이후 수차례에 걸친 논의와 공동 현장 확인을 거친 끝에 2011년에 전작권 전환 이전 유엔군사령관의 책임과 권한이 일치하지 않는 63개 항과 추가 합의사항 30건을 식별하여 '정전관리 책임 조정 기록각서'와 '연합위기관리 합의각서'를 상호 협의 및 수정하는 등 일차적인 조치를 완료하였다. 그리고 전작권 전환 이후 유엔군사령관의 책임과 권한이 일치하지 않는 61개의 과제를 추가 식별하여 상호 조정계획을 발전시켜 왔으며 향후 '조건에 기초한 전작권 전환'과 연계한 미래연합사 창설 등의 로드맵에 맞춰 탄력적으로 적용할 것으로 보인다.

정전협정 체결 제69주년 행사 (2022. 7. 27, 전쟁기념관)

전작권을 인수하는 한국이 정전협정 관련 임무의 상당 부분을 인수하는 것은 평시 접적 지역에서의 전투준비태세 유지와 북한 도발 시 한국군의 대응에 자율성이 커진다는 측면에서는 매우 바람직하다. 그러나 한국군이 유엔사로부터 일부 정전관리 책임을 인수하더라도 북한이 한국은 정전관리의 실질적인 당사자가 아니라는 이유로 이를 인정하지 않고 있어 효과적인 정전관리는 기대할 수 없는 현실적 어려움이 있다. 이를 보완할 수 있는 절충적인 방안으로 유엔 정기보고 및 북측과의 협상 등은 정전관리의 실질적인 주체인 유엔사가 주도적으로 담당하고, 한국군은 유엔사로부터 '위임' 받은 분야에 대해 임무를 수행하는 방식도 고려해 볼 수 있을 것이다. 한국군이 정전업무 일체를 완전히 인수하여 임무를 전담하는 시기는 북한 비핵화가 이루어지고, 남북 간 군사적 긴장이 어느 정도 해소되어 상호 신뢰가 형성되는 시점에서 다시금 생각해 볼 일이다.

5. 중감위 과업 조정

한편, 유엔사는 또한 군정위에 이어 중감위의 역할도 일부 조정할 필요성을 인식하였다. 중감위는 정전협정을 체결하면서 한반도 정전체제가 잘 유지되는지를 감시하기 위해 존재하는 조직으로 남북한 지역에 산재한 공항 및 항만을 대상으로 국외(國外)로부터 병력과 장비, 물자의 반입과 교체를 감독하는 역할을 하기 위해 만든 기구이다. 그러나 조·중 측 대표국인 체코와 폴란드 대표단이 1993년과 1995년에 각각 북한에 의해 강제 축출되었고, 현재는 유엔군 측 스위스와 스웨덴 대표단만이 남아 있다. 비록 한반도 정전체제 감시라는 고유 역할이 사실상 크게 위축되면서 반쪽짜리로 명맥을 이어오고 있긴 하지만, 유엔사 측 스위스와 스웨덴 대표단은 매주 자체적으로 중감위 대표단 전체 회의 및 주요 활동계획 협조를 통해 휴전선 이남 지역의 한국군에 대한 정전협정 이행 감독 및 위반사항에 대한 조사 활동 등의 임무를 변함없이 이어오고 있다. 중감위는 기본 임무 외에도 2005년 이후부터 매월 1회 'H-128 비행 훈련' 감독, 남방한계선상에 있는 GP 및 OP에 대한 군정위 점검 활동 동참, 그리고 연합연습 간 한반도에 전개되는 유엔사 증원전력 및 자산의 확인, 군정위 특별조사 활동 참여 등의 추가적인 과업을 수행하고 있다. 참고로 'H-128 비행 훈련'은 정전협정 13조 2항에 의거 환자 수송 등 긴급임무 수행을 위해 매달 한 번씩 유엔사 측 JSA 지역에 있는 헬기장을 정기적으로 점령하는 훈련으로 통상 매월 둘째 주 월요일에 실시한다.

중감위, 판문점 H-128 비행훈련 감독 (출처 : UNC)

이처럼 중감위의 역할이 조금씩 확대된 것은 중감위 대표국의 강력한 희망과 유엔사 군정위의 생각이 서로 일치함에 따른 것이었다. 유엔사에 중감위 과업을 확대할 것을 먼저 요청한 것은 뜻밖에도 중감위 국가들이었는데, 그 배경에는 두 가지 이유가 깔려 있었다. 그중 하나는 휴전선 이남 한국군 지역에 대한 정전협정 이행 감독 및 위반사항 조사 위주의 제한된 활동만으로는 현재 수준의 인원(5명)을 계속 유지하기가 어렵다는 이유에서였다. 다른 또 하나의 이유는 남북한이 평화체제로 가기 위한 신뢰 구축 과정에서 중감위가 특정한 역할을 담당함으로써 한반도 평화에 일정 부분 기여하고자 하는 의지 때문이었다. 이러한 중감위의 취지에 공감한 군정위는 2005년도 당시 유엔군사령관이던 라포트(Leon J. Laporte) 장군에게 중감위의 역할 확대 요청을 승인해 줄 것을 건의하였다. 이러한 건의는 한동안 유엔사 내부적으로만 검토되면서 뜸을 들이다가 라포트 후임인 벨 유엔군사령관이 2007년 마침내 이를 승인하면서 가시화되었다. 벨 사령관이 군정위로부터 중감위 과업을 보다 포괄적으로 확대해 달라는 건의안을 수용한 이유 역시 크게 두 가지였다. 첫째는 중감위가 한반도 정전체제 유지를 위해 반드시 필요한 조직이라는 것을 누구보다 잘 알고 있었기 때문이며, 둘째는 남북한 간 신뢰 구축을 위해서는 제3의 조직 또는 국가에서 신뢰 구축을 중재하고 확인해야 성과 달성이 가능한데 이러한 역할을 가장 효과적으로 수행할 수 있는 최적의 기구가 바로 중감위라고 인정했기 때문이었다.[25]

이후 벨 사령관은 중감위가 UFG 연습 등 한미연합연습 전 과정을 참관하도록 허용하였다. 이에 더하여 중감위의 조사 활동에 어느 정도 강제성을 띠게 하는 차원에서 중감위가 보다 폭넓게 활동할 수 있는 여건을 조성해 줄 것을 '유엔군사령관 지침'으로 하달하였다. 벨 사령관의 지시에 따라 유엔사는 2007년 9월부터 12월까지 약 4개월 동안 실무팀 연구와 장군단 토의, 그리고 법률적 검토 등을 거쳐 중감위의 확대과업 초안을 마련하였다. 이후 2007년 12월 말부터 2008년 2월 초까지 미국과 한국, 스위스, 스웨덴 등 관련 국가들에 검토를 의뢰하여 이들의 의견을 모두 반영하였으며, 2010년 5월 1일부로 최종 9개의 과업을 확정하여 오늘날까지 이행하고 있는 중이다. 참고로 확대된 중감위의 9개 과업은 다음과 같다.

중감위 확대과업 목록

1. 유엔사 군정위의 특별조사활동, GP/OP(한강 하구, 서북도서 포함) 조사활동에 동참
2. 연습 참여차 대한민국의 모든 항구와 공항을 통해 들어오는 인원 및 장비, 물자 확인
3. 전입하는 유엔사 회원국 연락장교 및 군정위 소속 인원 대상 중감위 소개교육
4. 한국 국방부가 승인한 한국군 단독훈련 참관
5. 연습에 참가하는 부대 방문
6. 사전배치물자(APS) 운용실태 확인
7. 주한 미군기지 방문활동
8. 합동영접본부(JRC)의 정기적인 방문
9. 주한 미군 훈련 참관

군정위와 중감위, DMZ 및 서북도서 합동 현장조사 (출처 : UNC)

중감위가 과업을 확대 시행을 계기로 유엔사 측 스위스와 스웨덴 대표단은 2010년에 북한군이 자행한 천안함 공격(3. 26)이나 연평도 포격 도발(11. 23) 등에 대한 군정위 주관 합동현장조사 활동에 참여하였다. 또 매년 KR/FE 연습과 UFG 연습 등 한미연합훈련에 대한 감시활동과 한국 합참이 통제하는 서북도서 해상 실사격훈련 참관, 탈북자 면담 등 매우 다양한 활동을 활발히 이어가고 있다. 이처럼 유엔사가 중감위의 역할을 대폭 확대한 조치는 한반도 평화 유지와 정전관리의 국제적 투명성 제고 차원에서도 매우 긍정적이다.

20 미국의 유엔사 재활성화 의도

이 책의 서두에서 이미 언급한 바 있지만, 미국은 한국이 내부적으로 전작권 전환에 대해 본격적으로 목소리를 내기 시작하던 2005년도 이후부터 유엔사 변혁에 시동을 걸었다. 전작권 전환이 동북아의 역학적인 국제질서 구조와 한반도의 안보 상황에 미치는 영향까지를 염두에 두고 평시보다는 한반도 유사시 유엔사가 수행해야 할 고유 임무를 효율적으로 구현하고자 유엔사 재활성화에 착수한 것이다. 해결 기미가 전혀 보이지 않는 북한 핵문제를 비롯하여 미·중의 패권 다툼 등 작금의 급변하는 국내외 안보정세를 볼 때 유엔사의 이러한 변혁은 불투명한 미래에 대비한 매우 발 빠른 움직임이었다.

그러나 한국 정부와 한국군이 유엔사의 변혁에 무관심한 채, 끝내 소극적인 대응으로 일관한 것은 두고두고 아쉬움으로 남는 부분이다. 한국 국방부와 합참은 유엔군사령관 명의의 공식서한이나 한미연합사 및 유엔사에 근무하는 한국군 장교들을 통하여 유엔사 재활성화를 추진하는 미국의 움직임을 사전에 충분히 인지하고 있었다. 그럼에도 세부 추진과제들에 대해 함께 논의하자는 유엔사의 공식 요청에 대해 시종 원론적인 대응으로 일관하면서 기피를 해왔던 것이 사실이다. 실제로 한국 국방부는 2014년 8월 유엔사 역할 및 기능 확대와 관련하여 "우려되는 부분을 식별하여 긍정적 방향으로 유도할 수 있도록 대응하라"는 지극히 원론적이고 일반적인 내부지침을 내리는 데 그쳤다. 만약 한국이 앞으로도 이 문제에 대해 계속 외면할 경우 미래 한국의 국익에 결코 도움이 되지 못할 것이다. 더욱이 미국이 전작권 전환 이후를 내다보며 장기간 지속적으로 추진해 왔던 유엔사 재활성화에 대해 한국이 단지 유엔사 내부만의 문제라 치부하여 이를 소홀히 여긴다면 전작권을 환수한 이후에도 주권국가로서의 위치를 확보하지 못한 채 여전히 새로운 형태의 안보-자율성 딜레마를 겪게 되는 원인을 제공할지도 모를 일이다.

유엔사 재활성화 과정이 미래 한미동맹에도 지대한 영향을 줄 수 있다. 더욱이 전작권 환수와 동시에 자주국방을 향한 첫 문턱을 겨우 넘게 되는 한국군으로서는 유엔사의 세세한 변화에도 예의주시할 필요가 있다. 한국은 '재활성화된 유엔사'가 평시 한반도의 평화와 안정을 유지하는데 기여하고, 유사시에는 유엔사가 가진 전력제공 기능을 최대한 활용하여 미래전에서 승리를 견인하는 힘의 원천으로 삼아야 할 것이다. 그러기 위해서는 미국이 유엔사 재활성화를 추진하는 이유가 무엇인지 그 의도를 정확히 알 필요가 있다. 이를 통해 전작권 전환이 도래하기 전에 유엔사가 추구하는 다양한 변혁들에 대해 면밀하게 분석하고, 필요하다면 사안별로 맞춤형 대응전략을 사전 준비해야 한다. 그래야만 재활성화된 유엔사가 평시에는 '한반도 정전체제 관리', 유사시에는 '전력제공 기능'을 통해 한반도 안전과 한국 방위에 순기능을 발휘할 수 있을 것이기 때문이다.

1. 대(對) 한반도 요인

북한은 1980년대 초반부터 핵에 관한 연구와 함께 핵발전소 건설에 착수하였다. 북한은 본격적인 핵 개발을 목적으로 1993년 2월 IAEA의 특별사찰을 거부한 데 이어, 2003년 1월 10일 NPT 탈퇴 선언을 하면서 스스로 핵 위기를 조장하였다. 또 국제사회의 반대와 제재에도 불구하고 2005년 2월 10일 '핵을 보유할 것'을 선언하였으며, 2006년 10월 제1차 핵실험을 시작으로 2017년 9월까지 모두 여섯 차례의 핵실험을 강행하였다. 아울러 핵무기를 장거리까지 투발할 수 있는 대륙간탄도미사일 개발도 병행함으로써 역내 안보위협을 더욱 가중시켰다. 북한의 도발은 여기에서 멈추지 않았다. 2017년 9월 17일 제6차 핵실험을 감행한 직후 "미국 본토를 타격할 수 있는 대륙간탄도유도탄(ICBM : Intercontinental Ballistic Missile)용 수소탄 개발에 성공했다"고 선언한 데 이어, 같은 해 11월 29일에는 신형 ICBM급 미사일인 '화성-15형' 발사와 함께 "핵 무력 완성"을 선포하는 등 미국을 비롯한 국제사회에 더한층 도발적인 공세를 높였다. 특히 북한은 2016년도 1월과 9월에 연이어 제 4, 5차 핵실험을 감행한 데 이어, 2017년 7월 4일에는 장거리 미사일을 발사한 후 "대륙간탄도미사일 화성 14호 발사 성공"을 보도하였다. 아울러 그해 8월 15일에는 미군의 전략적 요충지인 '괌 기지 타격계획'을 의도적으로 대외에 노출함으로써 핵과 미사일 타격 목표가 미국의 전략기지인 유엔사 후방기지와 괌 기지, 그리고 미국 본토임을 숨기지 않았다.

북한의 핵 도발 의도는 핵 및 미사일 능력의 정밀화와 고도화를 통해 대외적으로 '핵보유국'으로서의 지위를 확보하는 것이며, 궁극적으로는 미국과 직접 평화협정을 체결함으로써 자신들의 체제를 영구적으로 보장받고자 하는 것이다. 만약 북한이 미국과의 평화협정 체결에 성공하게 되면 이를 빌미로 남북문제에서 미국의 개입을 원천 차단하고 한반도 무력적화통일을 위한 단계적인 행동에 돌입하게 될 가능성이 크다. 그 과정에서 미국이 북한 비핵화를 촉진하기 위한 협상 도구로 종전선언에 이어 평화협정 체결이라는 당근을 성급하게 받아들이기라도 한다면 결과적으로 북한이 유엔사 해체와 주한미군 철수를 이슈화시키는 빌미를 주게 될 것이다.

만약 유엔사 해체와 주한미군 철수가 현실로 된다면 북한이 대남적화통일을 위해 오래전부터 추구해 온 '3대 혁명역량 강화' 전략 중 최종단계에 해당하는 '국제적인 혁명역량'을 완성시켜 주는 결과를 초래할 것이다. 여기서 '3대 혁명역량 강화'란 김일성이 1964년 2월 27일 노동당 중앙위원회 제4기 8차 전원회의에서 제시한 대남혁명 노선으로 ① 북한내 사회주의 혁명역량 강화, ② 남조선 혁명역량 강화, ③ 국제 혁명역량과 유대 강화를 담고 있다. 북한은 '4대 군사노선' 완성과 핵·미사일 개발 등을 통해 북한 내부의 혁명역량은 이미 달성한 상태로 평가하고 있으며, 남한 내부에서 북한 노선을 지지하고 동조할 세력 확보 등의 혁명역량을 지속 강화하면서 ③ 한국에 대한 국제적 지지 및 지원을 차단하는 국제적인 혁명역량을 확보하기 위해 노력을 집중하고 있다. 유엔사 해체 및 주한미군 철수는 곧 북한의 대남무력적화통일 여건을 완성시켜 주는 최종 완결판이 될 것이다.

북한이 1954년 제네바 회의 이래 줄곧 "미국이 유엔사를 이용하여 북한의 국내문제에 간섭하고 있다"고 주장하며 시비를 거는 이유도 바로 이런 까닭이다. 북한은 유엔사 자체가 북한을 '침략 국가'로 규정한 바탕 위에서 창설되었기 때문에 그 합법성을 결코 인정할 수 없으며 반드시 해체해야 한다는 주장을 굽히지 않고 있다. 그러므로 전작권 전환 이후의 유엔사 위상은 한반도 정세와 한국방위에 영향을 미치는 매우 중대한 변수가 될 것이다. 전작권의 요체는 북한의 중대한 도발 또는 공격징후를 직면하였을 때 이에 대한 군사대응 실행 여부를 결정하는 권한을 누가 행사하느냐는 것인데, 일단 전작권이 한국군으로 전환되고 나면 한반도에서 전쟁 발발 가능성이 임박해지더라도 미국의 결정권은 상대적으로 제한될 수밖에 없다. 이 상태에서 유엔사까지 해체되고 나면 미국으로서는 대북 군사적 개입근거 자체가 매우 더욱 약해질 것이다.

벨 전 사령관은 참여정부 초기 노무현 대통령이 제기한 전작권 전환 문제가 동맹의 뜨거운 감자로 채 이슈화되기 훨씬 이전인 2007년 1월에 기자회견을 통하여 "한국군이 전작권을 행사하게 되면 유엔사의 역할과 임무도 필연적으로 수정되어야 한다"라고 언급한 바 있다. 이 발언 자체에서 미국이 언젠가는 필연적으로 다가올 전작권 전환에 이미 오래전부터 대비해오고 있었다는 것을 짐작할 수 있다. 유엔사가 위상을 더한층 강화한 상태에서 전작권 전환 이후에도 계속 한반도에 존속될 수 있기를 바라는 미국의 속내가 여과 없이 들어가 있기 때문이다. 무엇보다 미국 본토에 대한 북한의 핵 및 미사일 위협을 소위 '완전하고도 검증 가능하며, 돌이킬 수 없는' 수준으로 해결하기 위해서는 전작권을 한국군에게 조기에 전환하는 자체가 미국으로서는 큰 부담감으로 작용할 수밖에 없다. 이런 연유로 미국은 전작권을 전환한 이후에도 필요하다면 전시 유엔사의 기능과 역할을 증대시켜 한반도에 계속 잔류시킴으로써 한국군에 대한 미국의 통제력을 최대한 유지하려 할 가능성이 있다.

소결론적으로, 미국이 한국과 전작권 전환 문제를 본격적으로 논의하던 시기와 때를 같이 하여 유엔사 재활성화를 서둘러 끄집어낸 것은 다음과 같은 몇 가지의 이유로 정리할 수 있다. 첫째, 미국은 한미연합사 해체 이후에도 유엔사의 존속을 당연시함으로써 전작권 전환 이후 유엔사가 한반도에 계속 머물 수 있는 국제법적 명분을 분명히 하고자 한다. 아울러 유엔사 존폐에 대한 이슈가 다시금 국제적인 논란거리가 되는 것을 원치 않으므로 이 문제를 근원적으로 차단하고 싶어할 것이다. 둘째, 유엔군사령관은 북한군의 도발 등 정전협정을 위반하는 중대한 사안이 발생했을 때 전작권을 행사하는 연합사령관에게 정전체제 유지를 위한 군사적 임무를 부여할 수 있다. 미국은 이 점에 착안하여 전작권이 전환되더라도 유엔군사령관의 평시 정전체제 유지를 위한 '군사적 기능 및 임무'를 어떠한 형태로든 보장함으로써 평시 북한군이 도발할 경우 한국군의 과잉대응을 방지하고, 그로 인한 확전이 되지 않도록 일종의 통제수단을 가지려 할 것이다. 셋째, 만약 한반도에서 전면전이 발생한다면 유엔사를 매개로 하여 미국이 전장 주도권을 확보할 수 있는 여지를 남겨두기를 원할 수도 있다. 즉 필요하다면 미군과 유엔사 회원국의 전력을 활용하여 미국 독자적으로라도 북한지역 내 주요 작전을 수행할 수 있는 전력 운용의 융통성을 확보하려 할 가능성을 배제할 수 없다는 의미이다. 특히 북한지역 내에서 급변사태가 발생할 경우 북한지역에 산재한 핵무기(또는 핵연료)를 비롯한 대량살상무기(WMD : Weapon of Mass Destruction)를 선점 내지는 제거한다든지, 또는 김정은 신병(身柄)을 비밀리에 확보하고자 하는 등 주요 군사적 조치 수단으로 유엔사를 활용할 가능성이 있다.

2. 지역적 요인

미국이 유엔사 재활성화를 추진하는 또 다른 이유 중 하나는 동북아지역에서 한반도의 전략적 가치를 매우 중시하기 때문이다. 미국은 아태지역의 안보 질서를 안정적으로 유지하기 위해 한국, 일본, 호주 등 역내 동맹국은 물론 필리핀, 인도, 싱가포르, 베트남 등과도 군사협력을 강화하고 있다. 또 동맹국 및 우방국들과 양자 관계를 강화하는 가운데 한-미-일이나 미-일-호주, 그리고 미-일-인도 3자 또는 쿼드(Quad)와 같은 다자 안보 네트워크를 강화하는 등 적극적이고도 공세적인 대외정책을 구사하고 있다. 미국에 있어 한반도는 아태지역으로 진출하고자 하는 중국의 지역 패권주의를 선제적으로 감시하고 차단할 수 있는 최전방 전초기지와도 같다. 이는 남북이 대치하고 있는 한반도를 놓고 보았을 때 최전방 경계초소인 GP와도 같은 개념으로 이해할 수 있을 것이다. 그만큼 한반도는 미국이 인도태평양 전략을 구사하는데 필요한 전략적 가치를 지닌 곳이다. 더욱이 한반도가 포함된 동북아시아 지역은 전 세계 GDP의 1/3을 점유하고 있어서 미국으로서는 절대 포기할 수 없는 중요한 지역이다. 반면, 중국의 입장에서도 한반도는 지리적, 전략적으로 매우 중요한 곳이다. 동북아지도를 거꾸로 놓고 보면 중국의 입장에서 한반도에 주둔하고 있는 주한미군과 유엔사 그 자체는 마치 '목 안의 가시'와 같이 위협적인 존재로 여겨질 것이다.

거꾸로 본 동북아지도

더욱이 주한미군과 유엔사가 한국에 배치되고 주둔함으로 인해 평시 중국군의 전력 배치 및 세세한 움직임까지 노출되어 일거수일투족이 감시 및 견제 하에 놓이게 된다. 더군다나 주일 유엔사 후방기지는 태평양지역으로 진출하고자 하는 자신들의 꿈을 좌절시키는 거대한 장벽으로 여기기에 충분하다.

이런 한반도의 전략적·지리적 이점(利點) 때문에 미국은 앞으로도 주한미군을 계속 주둔시키고자 할 것이며, 유엔사가 가지는 국제법적 지위를 최대한 활용함으로써 '한반도 정전협정 관리'라는 명목상의 역할 수행에 더하여 동북아지역에서의 국제질서구조를 실질적으로 주도하기 위한 '힘의 균형자' 역할까지를 염두에 둘 것이다. 그뿐만 아니다. 만약 한반도에서 위기상황이 고조되어 전쟁이 발생할 경우를 가정한다면 유엔사를 담보로 별도의 유엔안보리 결의 없이도 회원국들의 참전 및 지원을 받아 지역분쟁에 신속히 개입할 수가 있다. 비단 한반도 뿐만 아니라 동북아 및 동아시아 지역에서 분쟁이 발생하더라도 유엔사 후방기지를 포함한 89곳의 주일 미군기지를 중심으로 어느 지역이든 즉각적이고 자유로운 전력 투사가 가능하다.

반면 중국으로서는 한국 내에 유엔사와 주한미군이 주둔하고 있는 상황이 탐탁치 않다. 유엔사 자체도 못마땅하지만 이를 지원하는 주일 유엔사 후방기지가 자신들의 해양 진출로를 철저히 차단 내지 봉쇄하고 있다는 느낌을 떨칠 수 없을 것이다. 중국이 북한의 주장과 궤를 같이 하면서 유엔사 해체 및 주한미군 철수에 은근히 힘을 실어주는 것도 이 때문이다. 특히 중국의 군사적 능력이 점차 확대됨에 따라서 동아시아 지역에서 미·중 패권 다툼이 점차 가열되고 있다. 미국은 최근 몇 년간 중국의 국방예산이 급격히 증가하는 것에 대해 예의주시하고 있다. 다음 도표에서도 알 수 있듯이, 2015년도 중국의 국방예산은 5년 전인 2010년도에 비해 약 2배 가까이 증가하였다. 이런 상황에서 미국은 중국을 견제할 수 있는 확실한 안전장치와 함께, 필요한 경우 중국을 견제할 수 있는 국제적 정당성을 갖춘 조직과 시스템이 필요한데 유엔사가 일정 부분 그 역할을 해줄 것으로 기대하고 있을 것이다.

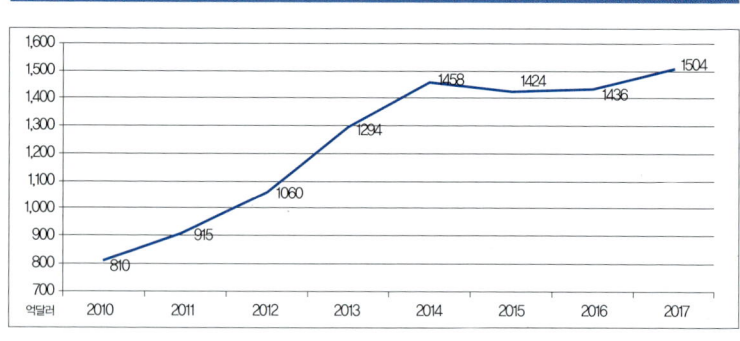

중국의 국방예산 변화 추이 (2010-2017)

아울러 미국은 유엔사를 한미동맹과 미일 동맹을 연결하는 중요한 매개체로 인식하고 있다. 즉 미국은 유엔사가 주한미군과 주일미군 간에 연결고리 역할을 지속 유지할 수 있길 원한다. 유엔사의 유사시 전력제공을 보장하기 위해서는 주일 유엔사 후방기지를 유지하는 것이 필수이다. 만약 유엔사가 없다면 미군은 주일미군기지 사용에 큰 제약을 받게된다. 유엔 결의안에 유엔사에 대한 기지 제공 의무는 유엔사 해체 후 90일 이내에 종료하도록 한정하고 있기 때문이다. 1951년 9월 일본 총리 요시다 시게루와 미국 국무장관 딘 애치슨 장관이 체결한 '요시다-애치슨 교환공문'에도 일본 내 일곱 곳의 주요 미군기지들을 유엔사 후방기지로 지정하고 유엔사가 해체될 경우 90일 안에 모두 철수할 것을 규정하고 있다.

이와 연장선에서 미국이 유엔사를 재활성화하는 것 자체가 전작권 전환이나 북핵 협상과 무관하게 유엔사가 한반도에 지속 주둔한다는 것을 기정사실로 함으로써 일본 내 주일미군 철수 주장의 확산을 차단할 목적도 있을 것이다. 만약 한반도에서 종전선언이나 평화협정 체결이 가시화될 경우 한국 내에서 유엔사 해체 주장으로 이어질 것이고, 자칫 일본 내에서 주일미군 철수 논의로 번질 우려가 있다. 물론 미국이 일본과 '신방위 협력지침'을 통해 주일미군 철수 가능성을 매우 어렵게 만들어 놓기는 하였으나 일본 내 '주일미군 철수론'이 재등장할 개연성은 얼마든지 있을 수 있다.

3. 미국 내부의 요인

군사력의 해외투사 능력을 향상시키기 위해서는 오랜 기간 동안 꾸준히 국방비를 투자할 수 있어야 하는데, 2016년 현재 미국은 전 세계적으로 어느 나라보다도 압도적으로 많은 국방비를 지출하고 있다. 영국의 국제전략문제연구소(IISS)에서 발표한 연례보고서인 『밀리터리 밸런스(Military Balance)』에 의하면 미국은 2017년도에 6,045억 달러의 국방비를 지출하여 세계 1위를 달리고 있으며, 중국이 1,450억 달러로 그 뒤를 이었다. 미국은 제반 상황이 매우 어려웠던 2011년도에도 7,125억 달러를 국방비로 지출했으며, 이는 중국의 5배, 러시아의 10배, 독일의 15배에 해당하는 엄청난 규모였다. 이후 2017년까지는 미국의 국방비가 6,000억 달러 수준으로 줄어들었지만, 트럼프가 집권하고 2018년부터 다시 늘리기 시작했다. 표에서 보듯이, 미국은 2017년도를 기준으로 세계 국방비 지출 규모 면에서 단연코 1위를 차지하고 있으며, 이는 2위 중국을 비롯하여 10위인 한국까지 나머지 9개의 나라가 지출하는 금액을 모두 합친 총액보다도 훨씬 더 많은 규모임을 알 수 있다.

2017년도 세계 10대 국방비 지출국

단위: 억 달러

순위	국가	국방예산	순위	국가	국방예산
1	미국	6,045	6	인도	511
2	중국	1,450	7	일본	473
3	러시아	589	8	프랑스	472
4	사우디	569	9	독일	383
5	영국	525	10	대한민국	338

영국 국제전략문제연구소 (IISS) 연례보고서

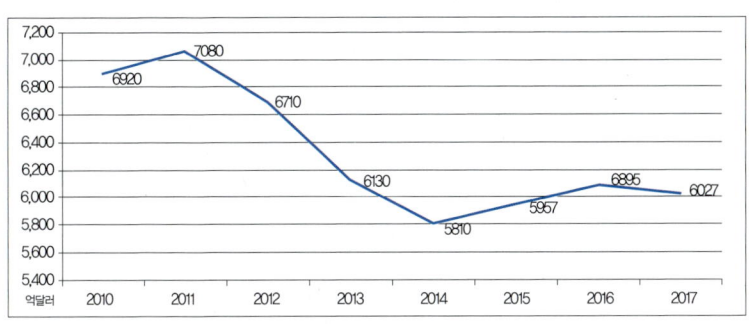

미국의 국방예산 변화 추이 (2010-2017)
영국 국제전략문제연구소 (IISS), The Military Balance 2010-2018.

그러나 문제는 미국의 경제 상황이 악화하면서 2011년 이후 국방예산이 점차 감소하는 추세에 있다는 것이다. 지금도 미국은 여전히 세계에서 가장 많은 국방비를 지출하고 있으나 계속되는 경제 상황 악화로 인하여 국방예산의 감소추세가 뚜렷하며 이를 극복하기 위한 수단으로 '저비용 고효율' 정책을 추진하고 있다.

특히 국방예산 감소는 지속적인 지상군 병력 감축으로 이어지고 있다. 2015년 7월 기준으로 미 육군병력이 49만 명 정도였으나 2년 이내에 45만 명 수준으로 감축하는 내용의 전력구조(戰力構造) 개편계획을 발표했을 정도이다. 실제로 미국은 연방정부의 '시퀘스트(Sequester)' 적용으로 인해 2019년 회계연도까지 육군을 42만 명 수준으로까지 추가 감축하였는데, 이는 2차 세계대전 이후 최소 병력 규모이다.

이에 대해 미국의 언론은 "지상군 감축은 국방비 절감 차원

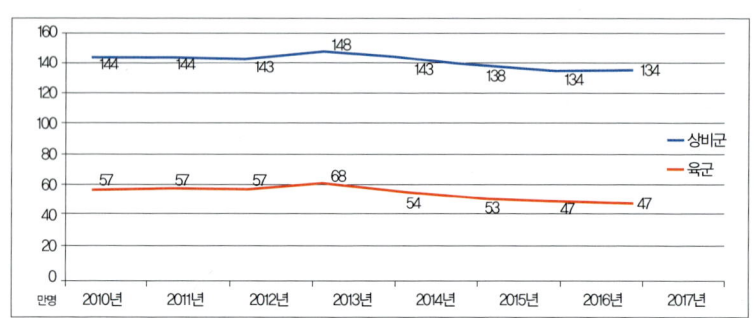

미군 감축 추이 (2010-2017)
영국 국제전략문제연구소 (IISS), Military Balance 2010-2018.

에서 오래전부터 예고해 왔던 것"이라며, "미래 전쟁에서 첨단 무기와 소규모 특수부대 등의 역할이 중요해지면서 대규모 지상군을 재편하는 것"이라고 설명한 바 있다. 미국의 지상군 축소는 국방비의 감축에 따른 자구책이긴 하지만 만약 미국이 국지전 등의 지역분쟁에 개입하게 된다면 미국의 국방비는 더욱 압박받을 수밖에 없을 것이다. 미국이 평시 유엔사 회원국들의 참여를 높이고 결속력을 강화하는 등 유엔사 기능을 확대하는 이유 역시 이런 상황과 무관하지가 않다. 미국이 한반도 유사시 회원국들과 주변 동맹국들로부터 필요한 전력(戰力) 뿐만아니라 재정적인 지원까지 받을 수 있다면 결과적으로 미국의 안보비용을 크게 절감하는 효과를 얻을 수 있기 때문이다. 즉 유엔사의 역할 확대는 곧 미국이 지향하는 '저비용 고효율 정책'에 부합하는 장기적 접근방식의 일종으로 이해할 수 있다.

4. 기타 요인

2000년도 전후로 발생했던 걸프전과 아프간전, 그리고 이라크전에서 많은 사상자와 피해가 발생함으로써 미국 내에서는 반전(反戰)여론이 크게 고조되었다. 미국이 향후 국제적 분쟁에 군사적 개입을 하기 위해서는 국제적 지지 못지않게 국내의 여론 역시 중요한데, 이라크전을 비롯한 현대전을 치르는 동안 미국 젊은이들의 희생이 커지면서 전쟁에 대한 미국 내부에서도 명분과 지지를 구하기가 어렵게 되었다.

결국 이러한 국내외적인 배경은 미국이 유엔사를 더욱 중시하게 만든 원인으로 작용하였다고 할 수 있다. 미국이 유엔사에 대한 법적 지위에 대한 공산권의 부정적 견해와 집요한 해체 공세에도 불구하고, "유엔사는 엄연히 유엔 결의를 거친 조직으로서 국제법적 합법성을 갖추고 있다"는 주장을 굽히지 않는 이유이기도 하다. 미국은 장차 한반도에서 분쟁이 발생하더라도 유엔사가 가진 국제법적 정당성을 내세워 다자(多者)가 개입할 수 있는 여건을 지속 유지함으로써 전·평시 국제적 지지 획득은 물론 다국적군사령부로서의 명분과 기능도 유지할 수 있을 것으로 보인다. 이러한 국제적인 명분과 지지를 바탕으로 국내의 참전 반대 여론도 어느 정도 무마할 수 있을 것이기 때문이다. 이처럼 미국은 유엔사가 한반도 뿐만아니라 인도태평양지역에서의 평화 및 안보협력체 구성을 위한 기본토양 역할도 일정 부분 감당할 것으로 기대하고 있다.

제6부

유엔사 관련 주요 이슈

21. 유엔사의 법적 지위 및 해체 논란
22. 유엔사 재활성화의 방향성
23. 유엔사 전투사령부화 논란
24. 유엔사 전력제공 전망
25. 한반도 종전선언과 유엔사

공산권 국가들은 유엔안보리 상임이사국인 소련의 불참과
중국 공산당이 아닌 대만을 상임이사국으로 인정한 것은
국제법적 절차에 하자가 있으므로
유엔사의 태동 자체가 원천무효라고 주장한다.

한미 양국은 '유엔사 회원국'에 대한 해석을 달리하고 있으며,
회원국들과의 정보 공유 범위를 놓고 견해가 다르다.
한국의 모면주의(謀免主義)와 선택적 유엔사 활동 참여는
유엔사 내 한국의 입지를 스스로 좁게 만드는 결과를 자초했다.

유사시 유엔사의 전시 지휘조직 구비 필요성에 대해
한국은 단일 지휘의 당위성을 주장하며 민감하게 반응한다.
한국은 유엔사의 전시 지휘 기능을 전략적으로 활용할 필요가 있다.

미국은 현대전쟁 경험을 통해 유엔사의 전력 창출에 차질을 우려하나,
한국은 유엔사 전력제공을 낙관 및 당연시하는 경향이 있다.
유사시 대비, 다국적군 전력 창출을 위한 공동노력이 긴요하다.

문재인 정부는 종전선언과 연계하여 유엔사 해체를 꿈꾸었다.
'종전'과 '선언'의 인과관계를 구분하지 못하는
한국 정부의 오판과 섣부른 유엔사 해체 논의는
북한에게 대남 무력적화통일의 여건을 조성해 줄 뿐이다.

유엔사와 관련한 주요 이슈들에 대한 한국의 선택은 무엇인가?
국익 차원에서의 문제 인식과 접근, 대승적인 결단이 절실하다.

21 유엔사의 법적 지위 및 해체 논란

1. 유엔사는 족보가 없는 애물단지인가?

유엔사의 국제법적 지위에 대한 논란은 창설이후부터 지금까지 계속되고 있다. 일반적으로 유엔사는 유엔안보리 결의안 제84호(S/1588)를 근거로 창설된 '유엔의 보조기관'인 동시에 '한국전쟁의 수행자이자 정전협정 체결자'로서, 또한 한반도 정전협정을 관리하는 '유엔 행정기관'으로서의 국제법적 정당성을 갖춘 기구로 인식하고 있다. 그러나 북한을 비롯한 공산권 국가들은 정전협정 체결 이후부터 지금까지 유엔사의 법적 지위를 인정하지 않고 있다. 유엔사의 법적 지위를 둘러싼 국제사회의 논쟁이 여전히 이어지고 있는 가운데, 국내에서도 일부 세력들을 중심으로 북한을 비롯한 공산권 진영의 주장과 맥을 같이 하며 유엔사의 무용론(無用論)과 해체론에 동조하는 주장들이 끊이지 않고 있다.

아이러니하게도 북한은 한국이 정전협정 체결 당사자가 아니라는 이유로 늘 대화상대에서 배제하면서도 유엔사를 줄곧 대화통로를 유지하는 이중성을 보여왔다. 또한 북한의 주장에 힘을 실어주고 부추겨 온 중국 역시 한반도에서 남북한의 무력충돌을 방지해 온 유엔사의 순기능을 묵시적으로 인정해 왔다. 이런 이율배반적인 불균형(Imblance) 현상을 고려할 때 한미 간에 추진 중인 전작권 전환이나 북한 비핵화 협상 과정에서 '종전선언'이나 '평화협정 체결'이 이슈화될 때마다 한동안 수면 아래 잠복하고 있던 유엔사의 국제법적 정당성에 관한 시비와 해체 논란은 계속 불거지곤 했다.

① 공산권 국가들, 원천적으로 유엔사 실체 부정

중국과 러시아 등 공산권 국가들은 사실상 유엔군을 상대로 전쟁을 벌였던 적대국의 입장에서 유엔사의 법적 지위를 부정하면서 해체해야 한다는 주장을 되풀이하고 있다. 이들은 유엔사 창설의 적법성 면에서 당시 안보리 상임이사국인 소련이 빠진 상태에서 채택된 유엔안보리 결의안 제82, 83, 84조는 유엔헌장 제27조 3항의 위반이라고 지적한다. 또 당시 대만은 중국을 대표하는 합법적인 국가가 될 수 없다면서 유엔사의 태동 자체가 원천무효라고 주장한다. 이와 같이 유엔사의 국제법적 지위와 관련한 공산권 국가들의 문제 제기는 1970년대에 접어들면서 제3세계 국가들을 중심으로 최고조에 달했다. 1972년 알제리를 비롯한 국가들이 "UNC의 존재에 관한 재검토"에 대해 토의를 요청하는 서한을 유엔 사무총장에게 발송한데 이어, 1973년 알제리에서 개최된 '제4차 비동맹 정상회의'에서 처음으로 UNC 해체 문제를 결의안에 포함하였다. 이를 시작으로 공산권은 1973년 제30차 유엔 총회에서 "유엔사를 해체하고 남한에 있는 모든 외국군대를 철수할 것"과 "유엔사를 해체한 상황에서 정전협정의 실제 당사자가 모여 한반도 정전협정을 평화협정으로 전환해야 한다"는 결의안을 제출하기에 이르렀다. 또 1975년에는 "근거가 미약한 조직인 유엔사를 조속히 해체해야 한다"는 주장과 함께 "1976년 1월 1일부로 유엔사를 해체한다"는 일방적인 결의안을 유엔 총회에 제출하기도 하였다.

이러한 공산 진영의 주장은 최근까지도 계속 이어지고 있다. 중국은 유엔군이 국제적인 전쟁이 아닌 한반도 내전(內戰)에 개입한 다국적 연합군에 지나지 않으며, 유엔 본래의 목적 면에서도 국제평화와 안정의 유지 및 회복이 아닌 '한국 일변도'에 치중하고 있다고 지적한다. 또 한국전쟁 동안은 물론 그 이후로도 유엔군이 미군 부대를 지휘하거나 통제한 전례가 없으며 주한미군 역시 유엔의 지휘나 통제를 받은 적이 없으므로 유엔안보리 결의 제84호 및 후속 문건에 의해 탄생한 유엔사는 '미군 지휘를 받는 통합사령부'일 뿐이라고 주장한다. 2010년 중국 외교부 산하 국제문제연구소 연구원인 양시유(Yang Xiyu, 楊希雨)는 연구소 발행지인 '국제문제연구'에 게재한 "한반도 평화체제 수립 관련 몇 가지 법률문제 검토"라는 논문에서 "유엔군은 한반도 내전(內戰)에 개입한 다국적 연합군일 뿐이며, 유엔사 역시 미국 지휘 아래 있는 통합사령부에 불과하다"라면서 유엔사의 국제법적 정당성을 일축하였다. 양시유는 중국 외교부 한반도 사무판공실 주임 및 6자회담 차석대표를 역임한 자인만큼 그의 주장은 중국 외교부를 대변하는 것으로 보아도 무방하다. 그가 언급한 부분을 음미해 보면 향후 유엔사의 거취와 관련한 중국의 입장을 충분히 유추할 수가 있다.

중국과 러시아는 한반도 종전선언 논의와 연계하여 가장 최근까지도 유엔사 해체를 요구하고 있다. 유엔 주재 중국대사인 마차오사(馬朝旭)는 2018년 9월 17일 유엔안보리 긴급회의에 참석한 자리에서 "유엔사는 냉전 시대의 산물로서 군사적 대결의 의미를 잔뜩 담고 있다"고 비난하면서 "유엔사가 한반도의 화해와 협력에 걸림돌이 되어서는 안 된다"라고 주장하였다. 같은 자리에서 유엔 주재 러시아 대사인 '바실리 네벤자' 역시 "유엔사가 21세기 베를린 장벽이냐?"고 반문하면서 "북한이 종전선언과 평화협정을 요구하는 상황에서 유엔사의 역할과 필요성에 대한 분석이 필요하다"고 주장하였다. 이처럼 공산 진영이 하나같이 유엔사를 부정하면서 해체를 주장하는 것은 한반도의 평화를 위한 것이라기보다는 유엔사가 중국과 러시아의 동진(東進) 전략에 큰 걸림돌로 작용하고 있으며, 무엇보다도 유엔사의 실질적인 힘의 원천이 되는 주일 유엔사 후방기지를 무력화할 목적에서 의도적으로 꺼낸 발언일 가능성이 더 크다. 일본 본토 및 오키나와에 산재한 유엔사 후방기지를 핵심거점으로 인도태평양지역에 대한 주도권을 보장할 수 있는 막강한 전장 지배능력과 기동력, 이를 기반으로 하여 가공할 만한 타격 능력까지 보유한 주일미군 전력, 그리고 이를 뒷받침하는 미국의 엄청난 전투근무지원 능력은 아시아-태평양지역으로 진출하고자 하는 중국과 러시아의 꿈을 좌절케 하는 결정적인 위협으로 인식하기 때문이다.

② 북한, 유엔사 해체 및 북미 간 평화협정 체결 요구

북한은 중국과 러시아의 논리를 그대로 수용하면서 유엔사 해체가 선행되어야 한반도가 조속히 평화체제로 전환될 수 있다고 주장하고 있다. 북한이 미국과의 평화협정 체결을 주장하는 이유는 유엔사 해체 명분을 확보하기 위함이며, 이는 한반도에서 주한미군을 완전히 몰아내기 위한 일차적 전략이다. 북한은 "한반도 평화 실현에 가장 주된 장애가 되는 유엔사 해체와 주한미군 철수 문제가 조속히 이루어져야 한다"면서 "전쟁을 법률적으로 종식하기 위해 평화협정을 체결하려면 의례적으로 외국 군대 문제를 논의하는 것이 국제관례적인 요구"라고 주장한다. 그러면서 유엔사는 유엔과 무관한 불법적인 간섭 도구이므로 평화협정과 무관하게 조속히 해체하는 것이 타당하며, 적어도 북미 간 평화협정이 체결되는 단계에는 무조건 유엔사부터 해체해야 한다는 것이 북한의 일관된 주장이다.

북한은 정전협정이 체결된 이듬해인 1954년 제네바 회의 이후부터 줄곧 '유엔사는 유엔과 무관한 불법조직'임을 강변하며, 유엔을 비롯한 국제사회에 유엔사 해체의 당위성을 집요하게 주장해 왔다. 또 유엔사가 북한 및 한국의 국내문제에 간섭하는 것은 국제법 위반이므로 한반도에서 외국군대를 철수시켜야 한다고 주장하기도 하였다. 북한은 1975년 11월 18일 유엔사 해체에 대한 유엔 총회 결의에서도 '유엔사를 해체하고, 유엔군이라는 이름 아래 한국에 주둔하고 있는 모든 외국군을 철수시키는 것이 필요하다'는 의견을 제출하였다. 아울러 1991년 9월 남북이 동시 유엔에 가입한 이후 유엔과 북한 간의 비정상적인 관계가 청산되었으므로 유엔사를 해체해야 한다고 요구하였고, 2012년 10월 제67차 유엔 총회 제 6위원회 회의에서도 재차 유엔사 해체를 주장한 바 있다. 이듬해인 2013년 1월 14일에는 북한 외무성 비망록을 통해 '유엔사를 해체하는 것은 조선반도와 아시아-태평양지역의 평화와 안정을 수호하기 위한 필수적 요구'라는 제목 아래 "한반도의 불안정한 정전협정을 평화협정으로 바꿔야 하며, 이를 위한 전제조건으로 대(對)조선 적대시 정책을 배후에서 조장하고 있는 유엔사를 지체하지 말고 해체해야 한다."라고 주장하였다.[26] 같은 해 6월 21일에는 신석호 유엔 주재 북한 대사가 기자회견을 통해 "유엔사를 해체하고 정전협정을 평화협정으로 전환해야 한다"고 주장하였다.[27] 2017년 2월 25일 '유엔헌장 및 기구 역할 강화에 관한 특별위원회 연례회의'에서는 북한 대표가 "미국이 북한을 힘으로 전복하기 위한 대규모 합동군사훈련을 유엔군사령부 간판 밑에서 감행하고 있다"라면서 재차 유엔사 해체를 주장하였다.

북한의 유엔사에 대한 원색적인 비방과 해체 발언은 가장 최근까지도 계속되고 있다. 북한은 2018년 미-북간 비핵화 협상을 진행하는 와중에도 '비핵화'와 '상응한 조치'를 놓고 유엔사 해체를 요구하였다. 리용호 북한 외무상은 2018년 9월 29일 유엔 총회 연설에서 "유엔사에 대해 말한다면, 유엔의 통제 밖에서 미국의 지휘에만 복종하고 있는 연합군사령부에 불과하다"고 주장함으로써 향후 종전선언과 연계하여 유엔사 해체를 요구할 여지를 내비쳤다. 유엔 주재 북한대사관 김인철 서기관은 2018년 10월 12일 열린 유엔 총회 제 6위원회에서 유엔사를 '괴물같다(monster-like)'고 비유하면서, "유엔사가 유엔헌장의 목적에 반(反)하는 행위를 하고 있다"고 언급하였다. 또한 2018년 11월 21일 대외 선전매체인 '우리끼리'를 통하여 "유엔사는 이미 오래 전에 해체되었어야 할 역사의 폐기품으로서 남한의 조력자 역할을 중단하고 즉시 해체해야 한다"고 주장하였다. 그런가 하면 '9.19 남북군사합의'에 따라 판문점 공동경비구역(JSA)을 비무장화하고, 이를 총괄 관리할 'JSA 공동관리기구' 발족을 논의하는 자리에서도 "미군이 주축인 유엔사를 기구에서 배제해야 한다"라고 공개적으로 요구하기도 했다.

이처럼 북한이 기존의 입장을 되풀이하면서 유엔사 해체 주장을 굽히지 않고 있는 이유는 한반도의 공고한 평화를 도모하기 위해서가 아니라 대남적화통일을 하는 데 있어서 최대 걸림돌인 유엔사를 제거하기 위한 전략적인 술책 중 하나에 불과하다. 전 영국 주재 북한공사를 역임했던 탈북자 출신 국민의 힘 태영호 의원은 "한미동맹이 종전선언을 하고도 유엔사를 그대로 존속시킬 경우 북한은 미국과 한국이 종전선언을 이행하지 않고 있다고 압박할 것이며, 이는 새로운 대결과 불화의 씨앗이 될 것"이라고 언급한 것에 주목할 필요가 있다.

③ 미국 및 유엔사 회원국, "유엔사는 국제법적 정당성 보유"

한때 미국은 1970년대 초부터 공산 진영의 집요한 유엔사 해체 공세에 직면하면서 언젠가는 유엔사를 해체해야만 하는 상황이 도래할 수도 있을 것으로 생각하고 이에 대비하는듯한 모습을 보인 적이 있었다. 그러나 막상 공산 진영이 유엔 총회에서 유엔사 해체를 주장하는 목소리를 내기 시작하자 미국은 태도를 바꾸어 유엔사 존속 의지를 더욱 강하게 피력하면서, 유엔사가 유엔안보리 결의를 거쳐 창설된 조직으로 국제법적 정당성을 갖춘 기관임을 주장하고 있다. 기본적으로 미국은 전작권이 전환되더라도 유엔사의 역사적 정당성을 활용하여 한반도 평화를 관리하겠다는 입장이다. 그러므로 한국군이 전작권을 행사하게 되면 여러 가지 변화된 상황에 맞추어 유엔사의 역할 및 기능이 필연적으로 수정되어야 한다고 생각한다. 실제로 미국은 한미 간에 진행 중인 전작권 전환에 맞추어 유엔사 재활성화에 주력해 왔다. 즉 한미 연합지휘체제 조정과 연계하여 유엔사의 역할 및 기능을 최적화하고, 한국을 비롯하여 전력을 제공할 국가들이 참여하는 다국적·다기능 통합사령부를 구성하는 등 전반적으로 유엔사 위상을 강화하는 데 집중하고 있는 것이다.

아울러 미국은 설사 종전선언이나 평화협정을 체결하더라도 다음과 같은 이유에서 유엔사는 반드시 존속해야 한다는 입장이다. 첫째, 미국은 유엔사가 유엔안보리 결의에 따라 창설되었기 때문에 유엔사 해체 문제는 한국 정부나 북한, 또는 여타 제3자가 개입할 사안이 아니라는 점을 분명히 하고 있다. 둘째, 국제법적으로 정통성을 갖춘 유엔사를 한반도에 존속시킴으로써 북한 도발을 억제할 수가 있고, 설사 북한이 도발하더라도 유엔사가 포함된 연합위기관리를 통해 확전을 예방할 수 있다는 것이다. 셋째, 한반도 유사시 유엔안보리의 추가적인 결의 없이도 현재의 유엔사라는 제도적 장치를 통해 유엔사 회원국들의 재참전(전력 제공)을 유도할 수 있어 이들을 주축으로 신속한 다국적군 전력 구성에 절대적으로 유리하다는 점이다. 마지막으로, 일본 본토 및 오키나와에 지정된 일곱 곳의 유엔사 후방기지를 지속 활용하기 위해서는 모체인 유엔사가 반드시 존속되어야만 한다는 것이다. 1954년 2월 19일 유엔사와 일본이 체결한 '유엔군 지위협정(SOFA)'에 의하면 유엔사에 대한 기지 제공 의무는 유엔군 철수 이후 90일 이내에 종료하게 되어있다. 따라서 미국은 유엔사가 해체될 경우 공산권 진영이 유엔사 회원국들의 일본 내 후방기지 사용권도 소멸할 것이라는 기대감으로 더욱 강하게 유엔사 해체 주장을 이슈화할 수가 있고, 유엔사 해체가 현실로 된다면 자칫 주일 유엔사 후방기지의 반환으로 이어질 것을 경계하고 있다.

미국이 유엔사 해체를 꺼리는 또 다른 결정적인 요인 중의 하나는 만약 유엔사가 해체될 경우 한미 연합방위체제에 악영향을 줄 것을 우려하기 때문이다. 만일 유엔사가 없는 상태에서 한반도에서 분쟁이 발발할 경우 우방국의 군사적 개입을 정당화하기 위한 유엔안보리 결의안 채택 등에 많은 어려움에 봉착하게 될 것은 자명한 사실이다. 무엇보다도 2000년대 전후 걸프전이나 이라크전 등을 치르면서 전쟁의 명분과 국제적 지지 획득을 위한 유엔안보리 결의안 채택과 다국적군 구성에 많은 어려움을 겪은 적이 있는 미국이 이미 국제법적 절차를 거쳐 창설되고 운용 중인 유엔사를 최대한 활용하려는 것은 매우 당연한 일이다. 더군다나 같은 유엔안보리 상임이사국이면서 북한과는 군사적 동맹 및 우호 관계에 있는 중국 및 러시아가 버티고 있는 한, 한반도에서 전쟁이 재발하더라도 과거 한국전쟁 당시처럼 국제사회의 전폭적인 지지 및 지원, 다국적군 전력 구성을 위한 유엔안보리 결의 채택 등이 현실적으로 쉽지 않을 것이라는 사실을 미국이 모를 리 없다.

그렇기 때문에 미국은 유엔사를 국제법적으로 아무런 하자가 없는 '정통성을 갖춘 조직'으로 간주하고 있다. 유엔사가 평시 한반도 정전협정 관리자로서 위기관리 및 전쟁 억제에 기여할 뿐만 아니라 유사시 유엔안보리 결의안 채택 등 여타의 절차 없이 신속한 군사적 개입이 가능한 점, 그리고 '아시아지역에서 힘의 균형 유지'라는 미국의 전략적 가치 및 유용성 측면에서 보더라도 전략적으로 매우 유용한 조직으로 인식하고 있다. 더욱이 주일 유엔사 후방기지와 유엔사 회원국 중심의 국제적 지지를 바탕으로 아시아-태평양지역의 안정과 질서 유지를 주도할 수 있는 전략적 이점도 있어 미국으로서는 이를 포기할 하등의 이유가 없다. 실제로 이들 유엔사 후방기지는 주일미군기지 중에서도 전략적 요충지에 위치한 핵심거점으로서 중국 견제 등 인도태평양전략의 관점에서도 매우 유용한 기구이기 때문에 전작권 전환이나 평화협정 체결 이후에도 유엔사를 계속 활용하려 할 가능성이 크다.

한편 한반도 유사시 전력을 제공하게 될 유엔사 회원국들 역시 미국의 입장을 전적으로 지지(支持)하는 입장이다. 회원국들은 유엔안보리 결의 제82호와 제83호, 그리고 제84호 채택 당시 소련의 불참은 고의성이 다분한 '기권' 행위에 해당한다고 보고 있다. 유엔안보리 결의는 상임이사국 전원의 동의가 원칙이나 당시 소련이 안보리 논의 참여를 스스로 거부하였으며, 이러한 소련의 기권은 권리의 포기에 해당하는 행위로서 유엔안보리 결의 제82, 83, 84호는 합법적이라는 것이다. 그리고 당시 유엔(UN)에서 안보리 상임이사국인 중국의 대표권은 장개석 정권이 지니고 있었으므로 대만이 중국을 대표한 것은 아무런 문제가 없다는 입장이다. 또 한국전쟁은 공산권 진영이 주장하는 '내전(內戰)'이 아니라 북한군과 중국군에 맞서 다수의 국가가 국제연합군 형태로 참전하여 함께 싸운 '국제적 전쟁' 성격을 동시에 지니는 것으로 인식하고 있다.

실제로 유엔사 회원국들은 지금도 여전히 하나같이 유엔사가 주최하는 각종 회의체 및 친선행사에 매우 적극적으로 참여하고 있으며, 유엔사를 관장하는 미국과도 지속적이고 긴밀한 관계를 유지하고 있다. 전후 달라진 한국의 위상과 아시아태평양지역의 중요성 등을 고려하여 유엔사 회원국의 일원으로 남는 것이 자국의 이익에 훨씬 유용하다고 생각할 것이다. 이러한 외형적인 모습만을 본다면, 대부분의 유엔사 회원국들이 여전히 워싱턴 선언을 존중하고 있으며, 유사시 한국을 지원하는데 큰 제한사항이 없을 것이라고 봐도 무방하다.

④ 한국, 유엔사의 전략적 가치 간과

한국 정부 역시 1970년대 중반부에 접어들면서 한때 '유엔사 유지' 입장에서 한발 물러나 '정전협정 체제가 효과적으로 작동된다는 전제 아래 유엔사를 대체할 기관이 마련된다면 유엔사를 해체할 용의가 있다'라는 쪽으로 입장을 선회했던 적이 있었다.[28] 하지만 1980년대 초부터 박근혜 정부에 이르기까지 '유엔사는 정전협정 체제와 밀접한 관련이 있으며, 정전협정 제17항에 따라 유엔군사령관이 대한민국을 대표하여 정전협정을 준수하고 집행하는 책임을 지고 있으므로 정전체제가 존속되는 한 정전협정 이행을 위해서는 유엔사 기능이 변함없이 유지되어야 한다'는 입장을 견지해 왔다. 설사 정전협정을 폐기하고 평화협정을 체결하더라도 한반도에서 완전하고 공고한 평화체제가 확보될 때까지 유엔사는 존속되어야 한다'는 것이 지금껏 한국 정부가 유지해 온 묵시적 입장이었다. 더욱이 전작권이 전환된 이후에도 한반도 유사시 유엔사의 전력제공은 전쟁의 승패와 직결되는 매우 긴요한 기능으로 인식하고 있으며, 북한이 주장하는 주한미군 철수 문제는 쌍무조약인 한미상호방위조약에 따른 것으로 남북 또는 미북 간에 협의 의제가 될 수 없다고 분명히 선을 그어 왔다.[29]

그러나 2017년 5월 문재인 정부가 출범하면서부터 한국 정부의 유엔사 거취에 대한 기류가 조금씩 다르게 나타나기 시작했다. 문재인 정부 초기부터 북한 비핵화를 둘러싸고 미국과 북한 간 본격적인 협상이 진전되던 2018년 중반까지만 해도 유엔사에 관한 한 이전 정부들의 입장과 별다른 이견이 없는 것처럼 보였으며, 한미동맹을 의식하여 적어도 외형적으로는 미국과 궤를 같이하는 듯하였다. 실제로 문재인 대통령은 제3차 남북정상회담을 위한 방북 일정을 마친 직후인 2018년 9월 20일 저녁 메인프레스센터에서 가진 기자간담회에서 "종전선언이 마치 평화협정과 유사한 개념으로 정전체제를 종식시키는 효력이 있어서 유엔사의 지위를 해체하게끔 만든다거나 주한미군 철수를 압박하는 효과가 생긴다거나 하는 것은 오해"라면서, "종전선언은 유엔사 지위나 주한미군 주둔 등에는 전혀 영향을 주지 않는다"라고 언급하였다. 그러나 이 말을 역으로 곱씹어보면 종전선언 단계에서는 문제가 없겠지만, 만약 한반도 평화협정 체결 논의가 본격화될 경우 유엔사뿐만 아니라 주한미군 거취 문제에 악영향을 끼칠 수 있다는 뉘앙스를 포함하고 있는 것처럼 들린다.

기자회견 당시 유엔사 거취와 관련한 문재인 대통령의 임기응변식 발언은 얼마 지나지 않아 현실적인 우려로 나타났다. 2018년 12월 12일 한국 통일연구원이 공개한 '한반도 평화협정문 구상과 제안'이라는 연구과제에 게재된 '한반도 평화협정 시안'에 의하면, "북한 비핵화를 촉진하기 위해 북한 비핵화가 절반(50%) 정도 진척된 시점에 평화협정을 체결하고, 이 협정의 발효 이후 90일 이내에 유엔안보리 결의를 통해 유엔사를 해체하며, 북한 비핵화가 완료되기 이전에 주한미군의 단계적 감축에 관한 협의에 착수하는 방안"을 제시한 것에 주목할 필요가 있다.[30] 이 연구보고서는 또 "평화협정의 이행과 한반도 평화관리를 위한 새로운 기구로서 협정 당사자들 간에 이견을 조정하는 '한반도 평화관리위원회'를 설치한다"라는 내용을 담았다. 당시 국내 여론 및 언론의 부정적 시각에 대해 문재인 정부의 공식 입장은 아니라고 발뺌을 하였지만, 통일연구원이 한국 정부의 지원을 받는 국책연구기관이라는 점과 연구보고서에 비교적 깊이가 있는 내용이 매우 구체적이고 사실적으로 적시되었다는 점에서 상당 부분 문재인 정부의 구상을 그대로 반영한 '간보기' 의제가 아니냐는 의구심을 낳게 하였다. 결과적으로 이러한 문재인 정부의 대(對) 유엔사 기조는 유엔사 해체를 주장해 온 국내 일부 세력들의 주장에 더욱 힘을 실어주게 되는 모양새가 되었다.

그동안 국내 일부 세력들은 유엔사와 관련하여 상당 부분 북한 및 공산 진영의 논리와 일맥상통한 주장들을 하여 왔다. 그들은 유엔사를 군사주권 확립과 남북관계 발전 등에 심각한 저해를 초래하는 주범으로 인식하면서 유엔사의 법적 지위를 강하게 부정하고 있다. 그들은 유엔사라는 명칭 자체가 유엔에 의하여 공식적으로 부여된 것이 아니라 '미국 지휘 하의 통합사령부'에 불과한 것을 미국이 임의로 '유엔사'라 칭하였을 뿐이며, 이후 군대를 파견한 국가들도 미국 정부와 협정을 체결했을 뿐 유엔과는 어떠한 특별협정도 체결한 바가 없다고 주장했다.[31] 아울러 미국이 유엔사를 계속 유지하려는 것은 한국에서 전쟁이 재발할 경우 별도의 유엔안보리 결의 없이 군사적 개입이 가능하고, 한반도 유사시 일본 내 일곱 곳의 유엔사 후방기지를 사용하여 미국 항공기나 함정의 재급유와 같은 지원을 받을 수 있기 때문이며, 더 나아가서는 유엔사가 해체될 경우 미국의 한국군에 대한 작전통제권의 법적·정치적 기반이 흔들릴 것을 우려하기 때문이라는 주장을 하고 있다.[32]

국내 일부 세력들이 서울 광화문 일대에서 유엔사의 법적 지위를 부정하며 해체를 주장하는 시위의 한 장면

이 뿐만이 아니다. 그들은 유엔사 해체의 당위성에 대해서도 매우 다양한 주장들을 제기하고 있다. 정창현은 현대역사연구회 웹진에 게재한 '전시 작전통제권 논란의 함정'이라는 글에서 "미국은 주한미군을 동북아지역에서 신속기동군으로 운용하는 등 활동의 자유를 확보하기 위해 전작권 이양과 한미연합사 해체를 계획하고 있는 것이며, 1978년 한미연합사가 창설되면서 유엔사가 한미연합사에 전작권을 '이양'한 것이 아니라 '위임'한 것에 불과하므로 정전협정이 폐기되지 않는 한 전작권은 한국 정부가 아닌 유엔사로 귀속된다"면서 "유엔사가 해체되지 않는 이상 전작권 전환은 아무런 의미가 없다"라고 주장하였다. 김용한은 "6자 회담과 2.13 합의, 그리고 미-북 및 북-일 간 수교가 이루어지고 또

한 전시작전통제권 환수와 동시에 한미연합사를 해체하더라도 유엔사가 남아 있는 한 진정한 평화를 기대하기 어려우므로 유엔사는 반드시 해체되어야 한다"면서 "1967년 태국을 마지막으로 미국을 제외한 유엔사의 모든 회원국이 군대를 철수한 이후 50여 년이 넘는 기간 동안 유엔사는 형식상의 조직체계만 남아 있을 뿐이다. 군정위와 중감위 역시 제 기능을 상실한 지 이미 오래여서 유명무실한 존재인 유엔사는 늦어도 미북 수교를 비롯한 한반도 평화체제가 가시화되면 즉각 해체되어야 한다"고 주장하였다. 문재인 정부의 기조가 왠지 이러한 세력들의 주장과 일맥상통한 부분이 있다는 느낌을 지울 수 없다.

⑤ 유엔사 존속 對 해체 논란(요약)

유엔사의 국제법적 정통성과 관련한 논의는 유엔안보리 결의에 대한 법리적인 문제와 주변국의 전략적인 이해관계가 얽혀 있는 매우 복잡한 문제이다. 북한이나 중국을 비롯한 공산권 국가들은 유엔사의 법적 지위 자체를 단호히 부정하고 있다. 이들 공산권 국가들은 유엔사가 창설근거가 미약한 '미군 지휘하에 있는 통합사령부'에 불과하므로 전작권 전환이나 평화협정 체결 여부와 관계없이 해체할 것을 주장하고 있다. 북한은 그동안 자신들이 핵을 개발하는 이유를 한반도 냉전 구조와 미국의 대북 적대시 정책 탓으로 돌리면서 미-북 간 종전선언과 평화협정 체결을 집요하게 주장하고 있다. 이처럼 북한을 비롯한 공산 진영에서 집요하게 문제를 제기하여 온 유엔사의 법적인 지위, 그리고 유엔사 해체 당위성에 관한 주장들은 정전협정 체결 이후부터 지금까지도 여전히 논란거리로 남아 있으며, 향후 한반도 평화체제 논의와 연계하여 국내외적으로 끊임없이 이슈화가 될 전망이다.

미국과 한국은 유엔사의 국제법적 지위와 전략적 가치에 대해서 만큼은 기본적으로 인식을 같이하고 있으나, 향후 거취에 관해서는 최근 약간의 미묘한 입장차를 보이고 있다. 미국은 유엔사가 유엔안보리 결의를 거쳐 창설되었으며, 유엔으로부터 미국이 유엔사에 관한 일체의 실질적인 권한을 위임받은 만큼 국제법적으로 아무런 하자가 없는 합법적인 조직으로서 정당성을 가지고 있다고 인식한다. 아울러 미국은 유엔사와 관련한 일체에 대하여 배타적인 권한을 보유하고 있으며, 유엔사 해체 문제는 전적으로 유엔안보리와 미국 정부가 결정할 사안이라는 것을 분명히 하고 있다.[33] 그러므로 중국과 북한을 비롯한 공산권 국가들의 공세에도 불구하고 미국은 유엔사를 쉽게 포기하지 않을 것이며, 설사 유엔안보리에 유엔사 해체안이 상정되더라도 상임이사국인 미국이 거부권을 행사할 경우 유엔사 해체는 현실적으로 불가능하다.

한국은 문재인 정부가 들어서면서 유엔사를 바라보는 시각이 앞선 정부들과는 다소 다른 기류를 보였다. 문재인 정부는 '4.27 판문점 선언' 이후 미북 협상의 중재자로 자처하면서 한반도 평화체제 구축 일정을 서두르고, 북미 간 비핵화 협상을 촉진할 목적으로 "신뢰 구축을 위해 되도록 빨리 종전선언부터 하고 향후 북미협상의 진전을 고려하여 정전협정을 평화협정으로 전환해야 한다"는 입장을 고수하였다. 그러나 이러한 문재인 정부의 의도는 북한이 군사적 위협을 줄이기보다 오히려 핵 및 미사일 능력을 더욱 강화하고 있는 현실을 외면한 '무모한 정치적 이벤트'라는 비판과 함께, 국내외적으로 종전선언 및 평화협정 등과 연계하여 유엔사 해체와 주한미군 철수 주장으로 이어질 것을 우려하는 목소리를 자아내게 되었다.

2. 국가전략자산, 유엔사의 미래 활용방안 모색

① 유엔사는 정치적 흥정의 대상이 아니다

유엔사는 평시 정전협정 관리의 주체로서 그동안 남북한 간의 군사적 충돌을 효과적으로 억제 및 제어해 왔다. 유엔사는 비무장지대나 북방한계선 상에서 남북한이 상호 충돌이나 크고 작은 무력도발 등 심각한 위기상황이 발생하더라도 즉각적인 조사 및 중재 등을 통해 상황 악화나 확전(擴戰)을 방지할 수 있는 유일한 기구이다. 앞서 강조했듯이, 유엔사는 한국전쟁 당시 풍전등화의 위기에 처한 대한민국을 도와 자유민주주의를 회복시켜 준 고마운 존재이며, 그 이후에도 지금까지 한국에 남아 전쟁억제는 물론 대한민국의 경제성장과 민주주의 발전에도 기여하고 있다. 특히 유엔사가 가지고 있는 평시 정전협정 관리와 유사시 전력제공 기능 등을 고려할 때, 한반도에서 완전한 평화가 정착되기 이전까지는 유엔사의 거취 문제를 논하는 정치적 흥정을 삼가야 할 것이다.

만약 유엔사가 가진 순기능을 무시하고 단지 정치적 결단만으로 해체를 강행한다면 그동안 유엔사를 부정하고 끊임없이 해체를 주장해오던 북한과 중국은 일제히 환영의 뜻을 표할 것이다. 물론 이로 인해 일시적으로는 남북관계나 한중관계가 개선될 소지는 있다. 평소 유엔사에 의해 늘 감독을 받던 한국군의 접적 지역 방어준비태세에도 어느 정도의 자율성이 확보될 것이다. 그러나 한국이 자주국방을 위한 '태세'와 '능력'을 제대로 갖추지 못한 상태에서 얻어지는 일시적인 평화와 자율성은 사상누각(沙上樓閣)에 불과하며, 국민의 안보 불안감만 더욱 키울 뿐이다. 무엇보다 한반도에서 '항구적이며, 진정한 평화체제'가 정착되지 못한 상태에서 단지 정치적인 셈법으로 유엔사 해체를 논한다면 한반도 안정을 보장할 수 있는 중요한 구심점을 잃게 되는 우(愚)를 범하게 될 것이다.

판문점 인근에 위치한 도라 OP

캐나다 출신으로 비(非) 미군 장성 중 최초로 초대 유엔사 부사령관을 지낸 '웨인 에어' 중장은 2018년 10월 5일 미국 워싱턴 카네기 국제평화재단에서 열린 한반도 관련 세미나에서 "종전 선언이 유엔군사령부에 영향을 미치지 않으며, 완전한 비핵화가 이뤄질 때까지 정전체제는 계속 유지될 것"이라고 강조한 바 있다. 전작권 전환 이후에도 유엔사를 존속시키고자 하는 미국의 입장이 어느 정도 반영된 발언으로 이해할 수 있는 대목으로, 한반도에 평화가 정착되기도 전에 서둘러 유엔사를 해체하는 것은 한국의 안보를 더욱 위태롭게 하는 결과를 초래할 수 있다는 미국의 우려가 담아져 있다. 차제에 한미동맹은 전작권 전환을 추진하면서 북한 비핵화 협상과 맞물려 유엔사의 해체 논란이 재차 불거지지 않도록 상호 긴밀히 협의해 나가야 한다. 한반도를 둘러싼 미래 안보환경의 불확실성을 직시할 때, 유엔사의 존속 또는 해체 관련 논란이 재 이슈화되는 자체가 한국방위 약화를 초래하는 소모적 행위이므로 한미동맹은 이러한 논란이 재현되지 않도록 선제적으로 차단할 필요가 있다.

② **섣부른 유엔사 조기 해체는 한반도 위기 초래할 것**

만약 전작권이 한국군으로 전환된 상태에서 종전선언과 평화협정이 체결되고 여기에다 유엔사까지 해체된 상태를 가정해 보자. 이런 상황에서 북한의 기습적인 도발에 직면하거나 예상치 못한 급변사태가 발생하게 된다면 한반도에서 미국의 군사적 개입은 매우 어려워지게 된다. 예를 들어 과거 세 차례에 걸친 서해교전(1999, 2002, 2009)이나 천안함 공격(2010), 연평도 포격 도발

(2010), 그리고 1사단 전방 목함지뢰 도발(2015)처럼 북한이 비무장지대나 북방한계선 일대에서 중대한 정전협정 위반행위나 고강도의 무력도발을 자행했을 당시 만약 유엔사가 없는 상태였다고 가정하면 한반도 상황은 어떻게 되었을까? 유엔사가 없다는 것은 곧 도발을 중재할 수단이 아예 없어진 상태를 의미하므로 군사적으로 확전될 위험성이 매우 높아진다. 유엔사가 없는 상황에서는 평시 위기 상황의 안정적 관리는 물론, 군사적 도발이나 충돌 상황 발생 시 객관적이고 공정한 사건 조사, 협의 및 처리 등 그 어떠한 대응도 기대할 수 없게 된다. 더욱이 핵(核)을 보유한 북한군이 고강도 기습도발을 자행할 경우 한국군이 선택할 수 있는 대응카드는 극히 제한될 것이다. 이처럼 신속한 상황 개입 및 중재를 통해 확전을 방지할 수 있는 유엔사의 부재(不在)는 순식간에 한반도를 위기상황으로 몰고 갈 위험성을 안고있다.

또한, 전작권이 전환되고 유엔사마저 해체된 상황에서 한반도가 전쟁 국면으로 치닫게 되는 최악의 상황을 가정한다면 한미동맹은 개전 초기부터 매우 심각한 위협에 직면할 것이다. 무엇보다 유엔사가 해체된 이후라면 미군을 비롯한 우방국의 전력 제공에도 절대적인 차질이 생기게 된다. 유엔사가 해체되면 유사시 주일미군을 포함한 미 증원전력과 유엔사 회원국이 제공하는 다국적군 전력을 신속히 한반도에 투사하는 유일한 통로이자 허브로서 역할을 하는 일곱 곳의 주일 유엔사 후방기지 역시 존속 명분을 잃게 될 가능성이 크다. 유엔-일본 간 **SOFA**(1954. 2. 19) 제24조와 제25조에 의하면 유엔사에 대한 기지 제공 의무는 유엔군이 철수한 지 90일 이내 철수하도록 명시하고 있으며, 유엔사가 해체되면 주일 유엔사 후방기지 사용권도 자동으로 소멸하게 된다. 그리고 유엔사가 해체된다면 일본 본토 및 오키나와에 배치된 후방기지 전력들도 이탈할 수밖에 없어 유사시 한국방위에 절대적으로 불리한 영향을 미칠 수밖에 없다. 결론적으로 유엔사가 해체된 상태에서 전면전이 발생한다면 개전 초기부터 한국방위에 중대한 위기가 초래될 수 밖에 없다는 것이다.

무엇보다도 북한 비핵화가 완전히 이루어지지 못하여 핵과 미사일로 무장한 북한군이 선제적으로 기습공격을 감행한다면 미군을 비롯한 다국적군 전력이 신속히 한반도에 투입되는 것은 시·공간적으로든 물리적으로든 극히 제한될 수밖에 없다. 한 국가가 어느 특정 분쟁지역에 다국적군 형태로 전력을 제공하기 위해서는 우선 유엔안보리에서 상임이사국이 만장일치로 결의를 채택하여야 하고, 전력제공을 희망하는 회원국들은 각각 자국 의회의 승인을 득해야 하는 등 그 절차가 매우 복잡할 뿐만 아니라 소요 기간 역시 만만치가 않다. 유엔사 회원국이 제공하는 전력 대부분을 차지하는 미국의 경우를 예를 들어보자. 만약 유엔사가 없는 상태에서 한반도에서 전쟁이 발생한다고 가정할 경우, 개전 초기에 주일 미군기지와 미 본토에 주둔하고 있는 미군 전력이 한반도로 전개하기 위해서는 우선적으로 미국 의회의 승인을 거쳐야 한다. 또 미국이 다른 우방국들로부터 다국적군 전력을 구성하여 한반도에 투사하려면 유엔안보리 결의 채택 등 국제사회로부터의 합법적인 지지 및 지원을 얻어내는 것은 필수이다. 그러나 유엔안보리 상임이사국인 중국이나 러시아가 북한과 우호 및 동맹 관계에 있는 현실을 고려한다면 과거 한국전쟁 당시와는 달리 유엔안보리 결의안이 채택될 가능성은 매우 희박한 상태이다. 설사 우여곡절 끝에 유엔안보리 결의가 채택되고 참전희망 국가들이 각각 자국 의회에서 파병동의 절차를 인준받았다 하더라도 국가별로 파병을 위한 필요충분조건을 갖추는 데는 상당한 기간을 필요로 한다. 각 회원국이 이런 복잡한 절차를 거쳐 한미연합사(미래연합사)가 필요로 하는 전력을 한반도에 투사하기까지는 물리적으로 상당한 기간이 소요될 수밖에 없다.

북한은 바로 이러한 점을 노려 오래전부터 줄곧 유엔사 해체와 주한미군 철수를 주장하여 왔다. 북한군은 그들의 군사기본교리로 '기습전'과 '속전속결전', '배합전(配合戰)'을 강조하고 있는데, 기본적으로 미군 전력을 비롯한 연합군 증원전력이 한반도에 도착하기 전 최단시일 내에 한반도를 석권하고자 하는 전략적 의도가 깔려 있다. 이 사실 하나만 보더라도 전작권 전환 이후 완전한 평화가 정착되기 이전까지는 유엔사가 반드시 한반도에서 존속되어야 하는 이유이다.

③ 한반도 평화 정착시까지 유엔사 존속 기정사실화

한국정부는 재활성화된 유엔사가 한반도 평화와 안정에 유용한 기구임을 국민에게 널리 알림으로써 유엔사에 관한 국내 여론을 보다 선제적으로 관리할 필요가 있다. 아울러 전작권 전환 이후에도 유엔사 존속을 기정사실화하고 이를 대내외에 천명함으로써 유엔사에 대한 각종 억측과 논란을 선제적으로 차단해야 한다. 설사 남과 북이 평화협정을 체결하더라도 한반도에 완전하고도 진정한 평화체제가 정착될 때까지는 유엔사가 '평화체제 관리자'로서 매우 긴요한 기구임을 주변국에 인식시키는 노력도 필요하다. 그런 의미에서 웨인 에어(Wayne D. Eyre) 전 유엔사 부사령관이 "유엔사는 확고하고 항구적인 평화체제가 정착될 때까지 한반도에 존속할 것이며, 종전선언 이후에도 유엔사는 달라진 형태로 지원 역할을 계속하게 될 것"이라고 언급한 것은 미국과 북한이 종전선언에 합의하면 곧바로 유엔사가 해체될 것이라는 항간의 기대와 우려를 일축한 매우 의미있는 발언이었다. 차제에 한국은 동맹국인 미국이 북한 비핵화를 촉진하기 위하여 유엔사 해체 주장의 빌미를 줄 수 있는 종전선언이나 평화협정 체결 등과 같은 섣부른 당근책을 제시하지 않도록 외교적 노력을 다해야 한다. 비록 북한의 요구로 종전선언이나 평화협정 체결 논의에 응할지라도 북한에 의한 군사적 위협이 제거되지 않는 한 한반도 평화와 한국방위를 위해 주한미군과 유엔사의 존속은 반드시 명문화하여야 한다.

한편으로는 자국 실리를 추구하는 국제사회의 이해관계를 고려할 때 유엔사가 무한정 한반도에 머물 것이라고 장담할 수만은 없는 일이다. 한미동맹이 항구적으로 유엔사를 존속시키려 할 경우 주변국뿐만 아니라 내부적으로도 강한 반발과 저항에 부딪힐 수 있기 때문이다. 따라서 위에서 언급한 여러 가지 안보 불안요소들이 해소되는 등 '필요충분조건'들이 충족됨으로써 유엔사가 부여받은 임무가 종료되었다고 생각하는 시기가 도래한다면 유엔사 해체를 검토할 의사가 있음을 대내외적으로 암시할 필요가 있다. 즉, 어느 시기에, 어떠한 조건에 도달하였을 때 유엔사를 해체할 수 있을 것인지를 조건표로 만들고, 필요하다면 이를 대내외에 공개함으로써 유엔사에 대한 부정적 여론을 다소나마 해소할 수 있다. 다만 그 전제조건이 한반도에서 '완전하고도 검증 가능하며 돌이킬 수 없는 수준의 항구적인 평가로 정착된 시점'이라는 것만은 분명히 해야 할 것이다.

그렇다면 '완전하고도 검증 가능하며 돌이킬 수 없는 수준의 항구적인 평화'란 어떤 상태를 의미하는 것일까? 필자가 보기에는 ① 우선 북한 비핵화를 비롯하여 한반도에서 군사적 위협이 완전히 해소되어야 하고, ② DMZ와 NLL 일대에서 각종 도발 및 충돌을 멈추고, 비무장지대에 밀집된 병력 및 화기의 후방지역으로의 철수, 군축 협상 등을 통해 남북한 사이에 군사적 긴장이 절대적으로 완화되어야 하며, ③ 남북한이 장기간 교류 및 협력을 통해 상호 적대감과 이질성을 해소함으로써 상호 신뢰 분위기가 충만된 상태, 그리고 ④ 북한이 국제사회의 일원으로서 주어진 책임과 의무를 성실히 이행하는 상태정도는 되어야 할 것이다. 북한이 진정으로 평화협정 체결과 유엔사 해체 등을 바란다면 핵·미사일 능력 고도화 및 정밀화 등의 도발적 행위부터 즉시 중단해야 할 것이다. 하지만 더 중요한 것은 현재의 정전협정을 잘 준수함으로써 스스로 국제사회로부터 조금씩 신뢰를 회복해나가는 것이 급선무이다. 평화협정 체결을 위한 노력 중의 하나로 북한이 북측의 군정위와 중감위를 다시 복원시켜서 훼손된 정전체제부터 정상화하고, 비무장지대와 북방한계선 일대에서 정전협정을 모범적으로 준수하는 모습을 보이는 것이 국제사회로부터 신뢰를 회복하는 더없이 좋은 방법이기 때문이다.

④ 유엔사, 종전선언이나 평화협정과 맞바꿀 수 없다

북한 비핵화 협상 과정에서 미국과 북한은 별다른 접점을 찾지 못한 채 장기간 첨예하게 대립하고 있다. 2018년 6월 싱가포르에서 열린 제1차 북미정상회담에서 '북한의 선 비핵화와 체제 보장, 한반도 평화체제 구축, 북미 관계 개선' 등 큰 틀에서 원론적인 합의에까지 도달했었다. 그러나 이 역사적인 합의는 그다지 오래가지 못했다. 2019년 2월 베트남 하노이에서 개최된 제2차 북미정상회담에서 미국이 '일괄타결 방식의 빅딜(Big Deal)'을 제의한 것에 대해 북한은 '선 핵심제재 해제 후 점진적이고 단계적인 비핵화'를 주장하며 팽팽히 맞섰다. 한국 정부가 '한반도 운전자론'을 내세우며 양자 사이에서 중재자 역할을 자청했지만 별다른 성과를 거두지 못하고 결국 노딜(No Deal) 상태로 끝나고 말았다.

북한 비핵화를 둘러싼 미·북간의 협상은 분명 유엔사 거취와 직결될 수도 있는 중대한 사안이었다. 만약에 미국이 북한 비핵화를 촉진하기 위한 수단으로 종전선언에 이어 평화협정 체결이라는 당근책을 제시하거나 북한의 역제안에 응하게 될 경우 결과적으로는 유엔사의 존립 근거를 약하게 만들 뿐 아니라 한반도 평화와 한국방위에도 중대한 위험성을 초래하게 될 것이다.

북한이 주한미군과 유엔사를 한반도 적화통일 실현에 주된 걸림 돌로 인식해온 만큼, 비핵화 의지가 없는 북한을 움직이기 위해 종전선언에 응하게 된다면 북한은 비핵화를 지연 내지는 회피하면서 '유엔사 해체'와 '주한미군 철수'라는 새로운 협상 카드를 제시할 것이다. 한미동맹은 북한에 이러한 명분과 빌미를 제공해서는 안 된다. 국립외교원 최우선 교수는 "종전선언이 이뤄지면 유엔사 존립에 위기가 오게 될 뿐만 아니라, 주한미군사령관이 유엔군사령관을 겸직하는 현 체제에서 유엔사가 해체될 경우 미국으로서는 아시아 전략에 큰 손해를 입게 될 것이다"라고 하였다. 이는 유엔사뿐만 아니라 주한미군, 유엔사 후방기지 역할을 하는 주일미군까지도 줄줄이 위태로움에 빠지게 되는 등 동아시아 세력 싸움에서 미국이 중국에 밀려날 가능성이 커지게 됨을 우려하는 경고이다.

이쯤에서 북한이 요구하는 종전선언 및 평화협정 체결과 관련하여 반드시 짚고 넘어가야 할 것이 있다. 요점은 법적 강제성이 전혀 없는 종전선언 및 평화협정 체결은 단지 '정치적 선언'에 불과하다는 것이다. 다시 말해서 한미동맹과 북한이 평화협정을 맺는다고 하여 그 자체가 한반도 평화를 보장하는 절대적이고 신뢰할 만한 필요충분조건이 될 수 없다는 것이다. 박휘락은 "비록 평화협정을 체결하더라도 체결 당사국 중 어느 일방이 어떤 식으로든 최종의 승자가 되겠다는 야심을 버리지 않는다면 평화협정은 침략을 위한 기만책이 될 가능성이 크다. 남북이 평화협정을 체결할 경우 한미동맹의 견고성이 약해질 뿐만 아니라 유엔사 해체와 주한미군 철수 가능성도 그만큼 커질 것이므로, 북한이 평화협정 체결 후 어느 정도 협정을 준수하다가 자신에게 유리한 여건이 조성되었다고 판단할 경우 돌연 협정을 파기하고 침략을 감행할 가능성 또한 배제할 수 없다"고 하였다.[34] 필자가 보기에 매우 일리가 있는 주장이다. 세계의 역사를 되돌아 보면 공격적 의사를 가진 국가가 자신의 의도를 기만하는 수단으로 평화협정을 악용하는 경우가 많았다. 대표적인 사례가 '파리평화협정(1973)으로, 미국이 파리에서 북베트남과 평화협정을 체결하고 주월(駐越) 미군을 철수시킨 지 만 2년 만에 베트남 전체가 공산화되었다. 그보다 앞서 있었던 뮌헨평화협정(1938)도 마찬가지였다. 독일의 독재자 히틀러는 영국과 프랑스, 이탈리아 대표와 뮌헨에서 평화협정을 체결하였는데, 그로부터 불과 1년 만에 폴란드를 침공함으로써 제2차 세계대전을 유발하는 직접적인 원인이 되었다. 그 이후에 맺어진 '이집트-이스라엘 평화협정(1979)'이나 '이스라엘-요르단 평화협정(1994)'을 비롯하여 범세계적으로 숱하게 맺어진 대부분의 평화협정이 문서 행위만으로는 결코 평화를 보장할 수 없다는 것을 교훈으로 남겼다.

따라서 종전선언에 이어 현재의 정전협정을 평화협정으로 대체하기만 하면 한반도에 항구적인 평화가 도래할 것이라는 성급한 기대를 해서는 안 된다. 진정한 평화가 정착되려면 무엇보다도 이를 준수하고 이행하고자 하는 쌍방의 실질적인 노력이 더 중요하며, 병행하여 어느 일방에 의해 평화상태가 쉽게 파괴될 수 없도록 하는 국제적 안전장치가 잘 작동되어야 한다. 이 점에 대해서는 미국이 오히려 한국보다 더 단호한 입장을 보이고 있다. 미국은 두 차례에 걸친 북미정상회담 이후 현재까지 북한이 비핵화를 위한 가시적인 조치, 즉 북한의 핵 및 탄도미사일 소재지를 포함한 '핵 프로그램 관련 전체 리스트'를 넘기고, 모든 핵시설 철거는 물론, 이미 생산된 핵 및 미사일, 화생무기의 폐기, 그리고 이들에 대한 사찰 수용 등 가시적이고 실질적인 태도를 보여주지 않는다면 종전선언이나 평화협정 체결 등 어떠한 논의에도 응하지 않을 것이라는 입장이다.[35] 또 미국은 주한미군 문제는 평화협정 체결과는 전혀 상관이 없는 별개의 사안임을 분명히 하고 있다. 사실 주한미군의 법적 근거는 한미상호방위조약으로서 평화협정을 체결한다고 해서 주한미군의 자동적인 철수로 이어지는 것은 아니며, 주한미군 철수 여부는 한반도 안보 상황을 고려하여 어디까지나 한미정부가 알아서 결정할 문제이다.

⑤ 유엔사 주(主)지휘소는 반드시 한국 내에 있어야 한다

유엔사 해체 논란을 부추길 수 있는 의외의 변수는 북한을 비롯한 공산권 국가들의 해체 공세 등 외부적 요소만 있는 것은 아니다. 정말 험한것은 한국 내부에서 일부 세력들이 유엔사 해체 요구를 내세우면서 대규모 반미(反美)정서를 조장하거나 미국에 대한 대대적인 저항으로 확산시키려는 경우일 것이다. 과거 '효순 & 미선양 사건(2002)'이나 '쇠고기 파동(2008)' 등에서 보았듯이, 국내에서 유엔사 해체 주장이 여론화되고 급기야 대대적인 반미운동으로 연계될 경우 한국은 심각한 내부 분열에 직면할 것이고 한미동맹 역시 적지 않은 타격과 불협화음(不協和音)에 빠질 수밖에 없다. 한국 내부에서 이러한 상황이 조성된다면 중국이나 북한 또한 유엔사 해체 주장에 가세할 것이다. 이처럼 한국 내부에서 조장된 과격한 반미여론과 연계하여 국내외적으로 유엔사 해체 주장이 거세진다면 미국으로서는 향후 유엔사의 거취를 심각하게 고민할 수밖에 없다. 한반도 평화와 안정 유지뿐만 아니라 미중 패권다툼에서 중국을 견제 및 압도해야 하는 미국으로서는 유엔사와 주일 후방기지를 포기한다는 것이 쉽지 않은 선택이기 때문이다.

미국으로서는 유엔사를 해체하는 것에는 절대 동의하진 않겠지만 필요에 따라 유엔사 주(主)지휘소(이하 지휘소)를 한반도지역 밖으로 옮기는 방안을 심각하게 고려할 수 있을 것이다. 가능성이 크지는 않지만, 미국은 다음과 같은 경우에 유엔사 지휘소를 한반도가 아닌 다른 지역으로 이전하는 방안을 놓고 심각하게 고민할 것으로 보인다. 첫째는 순전히 미국의 전략적 이해관계에 따라 유엔사를 해체 또는 이전해야 하는 새로운 변수가 생기는 경우이다. 예를 들어 한국 내에서 유엔사 해체를 둘러싸고 반미여론이 극도로 고조되거나 미국 본토에 대한 북한의 핵 위협을 영구히 종식할 수 있는 절호의 기회를 얻게 된다면 미국이 한국의 의사와는 상관없이 유엔사를 해체하거나 한반도에서 유엔사 지휘소를 한반도 외 다른 곳으로 철수하는 등 '위험한 선택'을 할 가능성은 얼마든지 있다. 만약 미국이 이러한 극단적인 선택을 하게 된다면 한국은 극도의 안보 불안과 함께 지금까지 경험해 보지 못한 새로운 차원의 포기와 연루 위험에 빠지게 될 것이다. 또한 '강대국의 이해관계가 없는 상태에서 전쟁 없는 평화통일'을 지향하는 한국의 염원은 점점 더 현실에서 멀어지게 될 것이다. 두 번째 경우는 한반도에 '완전하고도 검증 가능하며 돌이킬 수 없는 수준의 항구적인 평화'가 도래했을 때 유엔사가 더이상 한반도에 머물 이유가 없게 되는 경우이다. 그러나 이 경우는 한반도가 처하고 있는 안보환경과 주변국들의 복잡한 이해관계를 고려했을 때 그 시기가 언제가 될지 솔직히 예측하기가 어렵다.

이런 상황에서 유엔사를 해체할 수 없는 미국이 선택할 수 있는 차선의 방법은 무엇일까? 현실적으로 고려 가능한 방안은 유엔사 지휘소를 최초 창설한 곳인 일본으로 이전하여 본연의 역할과 기능을 그대로 유지하려는 것이다. 필자가 미국이 유엔사 지휘소를 일본으로 재이전할 가능성을 언급하는 것은 단순한 추론이 아니다. 원래 유엔사는 1950년 7월 24일 일본 동경에서 창설되었으며, 약 7년 후인 1957년 7월 1일 서울로 지휘소를 이전하여 오늘에 이르고 있다. 미국이 불가피한 상황에 봉착할 경우 유엔사 지휘소를 서울에서 일본 동경으로 재차 옮기는 것이 전혀 불가한 것도 아니다. 한때 주한미군의 상징인 미 8군사령부의 움직임 또한 심상치 않았다. 예하 전투부대는 대부분 떠나고 현재 1,000~2,000명 규모의 행정요원들만 남아 있는 8군사령부가 미 육군 제1군단 전방사령부가 위치한 일본 자마로 재 이전한다는 설이 끊임없이 거론된 적이 있었다. 이런 것만 보더라도 미국의 전략적 이해에 따라 유엔사 지휘소를 일본으로 재이전할 가능성은 얼마든지 가정해 볼 수 있다.

미국 입장에서는 유엔사 지휘소를 일본으로 철수시킬 경우 실(失)보다 득(得)이 더 커질 수 있다. 첫째는 유엔사 지휘소를 한반도에서 일본으로 재이전하는 방안은 굳이 유엔사를 해체하지 않고도 공산권 국가들의 유엔사 해체 요구와 한국 내에서의 반미정서를 어느 정도 완화할 수가 있다는 점이다. 둘째, 유엔사 지휘소가 일본에 위치할 경우 일본 본토 및 오키나와에 있는 일곱 곳의 후방기지들을 가장 지근거리에서 지휘 및 통제할 수 있는 장점이 있다. 이러한 장점은 유사시 한반도로 전력을 제공하는 과정에서 더 큰 빛을 발휘할 수 있을 것이다. 셋째, 유엔사가 이들 후방기지 중 한 곳에 주둔한 상태에서 여타의 주일미군기지들과 원활한 협조가 보다 용이하게 되고, 자연스럽게 유엔사의 활동반경 또한 한반도에서 역내 주변국으로 확장시킬 수 있게 될 것이다. 미국으로서는 유엔사와 후방기지들을 중심으로 '한반도 유사시 전력제공'이라는 고유 임무는 그대로 수행하면서도 유엔사와 주한미군의 전략적 유연성을 바탕으로 미·중 패권 다툼에서 유리한 고지를 선점할 수 있게 된다.

그러나 유엔사 지휘소가 일본에 위치할 경우 유엔군사령관 직책을 누가 수행할 것인가의 문제는 현실적인 고민이 될 수 있다. 유엔사의 전략적 유연성에 대한 논란을 비켜 가려면 어떤 상황이든 주일미군사령관이 겸직하지는 못할 것이다. 별도로 독립된 지휘관을 세울 수 없는 상황이라면 한반도 정전협정 관리 및 전시 전력제공 임무 수행이 제한된다는 우려를 불식시키기 위해서라도 결국 주한미군사령관이자 미래연합사 부사령관인 미군 4성 장군이 유엔군사령관을 겸직할 수밖에 없다. 그렇다면 유엔사 지휘소는 일본에 두더라도 유엔군사령관 예하에 전방지휘소 개념으로 군정위를 포함한 최소한의 적정 규모로 축소된 형태의 참모부 또는 연락반을 한반도에 잔류시켜 지휘공백을 메꾸고자 할 것이다.

반면 미국이 자의(自意)든 타의(他意)든 유엔사 지휘소를 일본으로 옮겨갈 경우 한국은 안보상 매우 취약해진다. 예로부터 전쟁에 임할 때 지휘하는 장수(將帥)의 위치가 어디에 있느냐는 예하 장졸(將卒)들의 사기나 승패에 영향을 미치는 대단히 중요한 요소로 간주되어 왔다. 평시 유엔사 지휘소의 위치는 유사시 한반도 긴장도에 대한 체감(體感)은 물론 전력제공 템포(tempo)에도 크게 영향을 미치게 된다. 주변 정세에 따라 수시로 급변하는 한반도의 급박한 안보환경을 고려할 때, 유엔사 지휘소 위치가 현재처럼 한국 내에 위치하는 것이 실시간 한반도 상황에 대한 인식이나 전력제공의 의지 또는 속도 면에서 절대적으로 유리하다. 회원국들이 제공하게 되는 전력의 전개 및 운용과 관련하여 실시간 미래연합사와 정보를 공유하며 협조할 수 있는 이점이 있기 때문이다. 그러나 만약 유엔사 지휘소가 한국작전전구(KTO) 밖인 일본에 위치한다고 가정할 경우 상황은 정반대가 될 것이다. 무엇보다 유엔사가 실시간 한반도 상황을 정확히 인식하는 데 제한이 있고, 유사시 전력제공 템포 역시 상대적으로 느려질 것은 뻔한 일이다. 게다가 한국은 유엔사나 주한미군의 전략적 유연성에 대한 두려움에 빠질 우려가 있다. 만약 남북 간 긴장 완화 조치 방편으로 전방에 잔류하고 있는 미군 제2화력여

단까지 평택기지로 재배치한다면, 주한미군의 전략적 유연성 증대를 우려하던 한국의 불안감은 더욱 커질 수밖에 없으며, 이로 인해 한국은 새로운 차원의 '포기'의 위험성에 빠질 수도 있다.

한국이 지리적으로 공산권 국가들과 근접하고 있고 강대국들의 전략적 이해가 첨예하게 대립하고 있어 유사시 동맹의 도움 없이도 스스로 지킬 수 있는 국방태세와 능력을 갖춘다는 것은 현재로서는 요원한 문제이다. 이런 이유만으로도 유엔사는 한반도 평화협정이 체결된 이후에도 한동안 '평화협정 관리자'로서 한반도에 머물러 있어야 한다. 한국은 혹여 국내외적으로 유엔사 해체 논란이 과열됨으로써 미국이 유엔사 지휘소를 한국 작전전구 밖으로 옮기는 일이 없도록 특별히 관심을 가져야 한다. 만약 유엔사 지휘소가 일본으로 철수하게 된다면 북한으로 하여금 '한국이 또다시 제2의 애치슨 라인 밖으로 밀려났다'는 오판을 하게 만드는 결정적 요인이 될지도 모른다.

⑥ 유엔사, 한반도 평화체제 대비 점진적 역할 최적화 필요

한미동맹은 평화협정 체결 이후에 유엔사가 수행하게 될 역할과 기능에 대해 지금부터 고민할 필요가 있다. 한반도에서 종전선언이나 평화협정이 체결되더라도 상대방이 변화하고 기만적 행위를 포기하지 않은 이상 그 자체만으로는 항구적인 평화를 담보할 수 없다. 설사 평화협정을 체결할지라도 한반도에서 평화체제가 정착되기까지는 남과 북이 평화협정을 잘 준수하는지를 살피고 어느 일방에 의해 협정이 파기되지 않도록 이를 감시 및 중재하며, 상충 시 이를 조정할 수 있는 국제기구가 반드시 필요하다. 그러나 현실적으로 미국, 한국과 북한, 그리고 주변국의 이해관계가 얽힌 가운데 효과적으로 평화협정을 감시 및 관리하고 중재를 할 수 있는 새로운 국제기구를 적기에 만든다는 것이 쉬운 일이 아니다. 실제로 과거 한국전쟁 당시 정전협정을 체결하기 위한 협상 과정이 기대와 달리 무려 2년 이상 '밀고 당기기' 식으로 지루하게 진행되었다. 또한 한반도 외부로부터 남북한으로 반입되는 전투병력 및 장비 출입을 감시하고자 만든 중감위의 시찰소조 역시 임무 수행 초기에 여러가지 부작용이 생겨 이내 파행적으로 끝났다. 이러한 점 등을 고려할 때 남과 북, 그리고 관련 당사국들의 이해관계를 모두 충족시킬 수 있는 국제감시기구를 신속히 만든다는 것은 결코 순탄한 일이 아닐 것이다.

그렇다면 지난 70여년 동안 정전협정 관리자로서 한반도 상황을 매우 안정적으로 관리를 해왔고 무엇보다 한반도와 주변 정세에 익숙한 유엔사로 하여금 '평화협정 관리자'로서 역할과 기능을 할 수 있도록 그 임무를 최적화시켜 활용하는 것이 현실적인 대안이 될 것이다. 다시 말하여 평화협정이 체결되더라도 한반도에 진정한 평화가 정착되기 전까지는 유엔사가 '평화감시기구'로서의 역할을 계속 수행토록 하는 것이다. 여기에서 한 발 더 나아가서 필요하다면 한반도 통일 이후에도 유엔사가 일정 부분 역할을 감당할 수도 있다. 즉, 유엔사가 한반도 통일 초기 일정 기간 한반도에 머물면서 평화가 정착될 수 있도록 지원함은 물론 일부 불안정지역에서 평화재건을 돕거나 공해상 또는 국경 지역의 군사적·비군사적 충돌을 예방하고 중재하는 '평화유지군'으로서의 역할을 감당할 수도 있다는 의미이다.

따라서 차제에 한반도 평화협정이 체결되는 경우나 통일 이후에 대비하여 재활성화된 유엔사가 현재의 정전협정 관리 기능에서 진일보(進一步)한 새로운 역할과 기능을 감당케 하는 '상황 맞춤형 미래 유엔사'로 최적화시키는 방안도 고민해야 한다. 한미동맹은 한반도 주변국들에 유엔사의 긍정적 역할을 적극적으로 알릴 필요가 있다. 즉, 한반도 상황의 안정적 관리가 곧 주변국을 포함한 동북아지역 전체의 평화와 안정에 도움이 되며, 이런 차원에서 한반도 상황에 가장 익숙한 유엔사야말로 향후 '평화협정 관리자'이자 '평화체제 감시자'로서, 또한 '평화유지군'으로서의 역할을 감당할 수 있는 최적의 기구라는 점을 인식시키는 것이다. 한반도 상황을 현재의 단계, 평화협정 체결 단계, 한반도 평화통일 단계로 구분하여 단계별 유엔사 활용방안을 정리하면 다음의 표와 같이 정리할 수 있을 것이다.

단계별 유엔사 활용방안

현재 단계	⇨	평화협정 체결 단계	⇨	한반도 평화통일 단계
• 한반도 정전협정 관리 • 유엔사 고유 임무 내에서 유엔사 재활성화 • 연합사와 한미동맹을 지원하는 유엔사		• 한반도 평화협정 관리 　* 평화체제 감시 및 중재 • 미래연합사와 한미동맹을 지원하는 유엔사 ※ 유엔사 해체 조건표 달성 여부 지속 평가		• 불안정지역 안정화 지원 • 국경/공해상 평화유지군 • 한반도 통일을 정착 및 지원하는 유엔사 ※ 조건 달성시 유엔사 해체 착수

22 유엔사 재활성화의 방향성

1. 유엔사 재활성화 관련 한미의 시각

주지하다시피 미국이 한미 군사관계의 새로운 재편과 더불어 유엔사 재활성화를 모색하게 된 것은 전작권 환수에 대한 참여정부의 강한 의지를 접하면서 언젠가는 전작권 전환이 현실로 다가올 것이라는 상황 인식에 기인하고 있다. 한미 양국이 전작권 전환과 동시에 한미연합사를 해체하고 가칭 '미래연합사'라는 새로운 연합지휘체제를 창설하기로 합의함에 따라 이로 인해 전·평시 유엔사의 역할이나 기능이 위축되지 않도록 보다 전략적 안목에서 유엔사의 새로운 미래를 준비하는 발 빠른 변혁을 시도한 것이다. 앞서 언급했듯이, 미국이 유엔사 재활성화를 추진하는 중요한 이유 중 하나는 전작권 전환 및 한미연합사 해체 이후에도 유엔사를 매개로 하여 '한반도 평화 안정자'라는 명목상의 역할 외에도 동아시아 지역에 대한 국제질서구조를 실질적으로 주도하기 위한 '힘의 균형자'로서 기반을 확고히 다지고자 하는 전략적 포석으로 볼 수 있다.

유엔사 재활성화의 핵심 내용은 ① 유엔사의 전시 역할과 기능을 강화하고, ② 미래연합사 창설이나 주한미군 재배치 등에 따른 유엔사의 임무 공백을 방지하기 위해 평시부터 전력을 제공할 회원국이 대거 참모부 요원으로 참여하는 다국적·다기능 통합사령부로 조직과 편성을 대폭 보강하며, ③ 유엔사 회원국들을 평시부터 각종 유엔사 활동과 정례적인 한미연합연습에 적극 참여시키고 이들의 결속력을 강화함으로써 유사시 다국적군 전력 창출은 물론 실질적인 연합작전 수행능력을 발휘하기 위한 여건을 조성하는 것 등이다.

① 미국, 유사시 대비 유엔사 역할 및 능력 강화

미국이 유엔사의 역할과 기능을 강화하는 목적은 한반도 유사시 한미연합사가 수행하던 역할 및 기능 일부를 유엔사가 대신하게 함으로써 전작권 전환 이후 새로운 연합방위체제 아래에서 전시 임무를 수행하면서 발생할 수 있는 제반 취약점들을 극복하기 위한 예방적인 조치라고 보는 시각이 있다. 유엔사의 역할과 기능을 '평시 정전체제 관리'에서 '힘의 우위를 바탕으로 동북아지역에서 국제질서 주도'라는 전략적 목표까지를 염두에 두고 유사시 임무인 '회원국으로부터 적기 전력 창출 및 제공'에 점진적으로 비중을 옮겨가고 있다는 것이다. 현재의 한미 연합지휘 체제하에서는 미군 4성 장군인 한미연합사령관이 곧 유엔군사령관과 주한미군사령관 직책을 겸직하고 있어 유엔사가 평시 한반도 정전체제 관리와 유사시 전력제공이라는 명목상의 주된 임무 외에 유엔사 후방기지를 근간으로 중국 견제 및 동북아 질서 주도라는 전략적 위치를 점유하는 데 아무런 제약이 없었다. 그러나 전작권이 한국군으로 전환되고 나면 한국군 4성 장군이 미래연합사의 사령관 직책을 수행하게 되고, 미군 4성 장군은 부사령관 직책을 수행하게 된다. 이렇게 되면 유엔사 입장에서는 미래연합사 체제가 기존의 한미연합지휘 체제에 비하여 원활한 관계 유지 및 협조가 어려워질 뿐더러 전·평시 임무 수행에도 상당한 제약이 따를 수밖에 없다. 미국이 평시부터 유엔사 회원국들 다수가 참여하는 다국적 통합사령부로 보강하고자 하는 이유 또한 전작권 전환으로 인해 변동되는 미군의 지휘구조나 주한미군 재배치 계획과 무관하지는 않지만, 무엇보다 한반도 유사시 신속한 전력제공 및 운용 효과를 극대화하기 위한 장기적인 포석으로 이해할 필요가 있다.

한편 미국은 전작권 전환 이후 미래연합사를 지휘하여 유엔사가 제공하는 다국적군 전력까지를 주도적으로 운용하게 될 한국이 '전력사용국'이라는 소극적 위치에서 탈피하여 전력을 제공하는 국가들과 함께 정식 '유엔사 회원국'의 일환으로서 각종 유엔사 활동에 적극적으로 동참해 주길 내심 바라고 있다. 실제 미국은 그동안 내부 회의체나 공식행사에서 한국을 포함하여 공공연하게 '유엔사 18개 회원국'으로 명명하고 있으며, 한국이 유엔사 공식 회원국의 일환으로서 유엔사와 관련한 제반 활동에 적극적이고도 능동적으로 참여해 주기를 바라고 있다. 미국은 1953년 7월 27일 정전협정 체결 당시 유엔군사령관이 한국군까지를 포함한 대표자 자격으로 협정에 서명한 것이라면서 한국이 '유엔사 회원국'에 포함되는 것이 마땅하다고 생각한다. 또 1991년도 이후부터 한국군 장성이 유엔사 군정위 수석대표로 임무를 수행하고 있고, 유엔사 참모부에 다수의 한국군 장교들이 참여하고 있는 점 등을 들어 한국 역시 마땅히 유엔사 회원국 일원으로서 각종 유엔사 활동에 적극 동참해 줄것을 바라는 것이다.

유엔사가 회원국들과의 결속력을 다지고 이들의 한미연합연습 참여를 독려하는 이유 역시 전작권 전환 이후 한반도 평화체제 논의에 대비하여 유엔사가 전시에 수행할 임무를 부각하고, 혹여 발생할 수도 있는 한반도 유사시를 대비하기 위한 것으로 볼 수 있다. 지금도 세계 곳곳의 분쟁지역에 개입하여 전쟁을 치르고 있는 미국으로서는 한반도 유사시 함께 싸울 유엔사 회원국들의 뇌리에서 워싱턴 선언 당시의 약속이 잊혀져 가고 있지나 않을까 염려하는 듯하다. 사실 워싱턴 결의는 당시 전력을 제공했던 국가들의 '약속' 내지는 '다짐(promise)' 수준이었기에 이를 강제할 국제법적 구속력(legal binding force)은 없다고 봐야 한다. 그리고 정전협정을 체결한 지 벌써 70년째를 맞고 있는 이 즈음에서 당시 워싱턴 결의에 동참했던 회원국들의 다짐이 약화 내지는 희석되지 않았을까 염려하는 것은 어쩌면 당연한 일이다.

또 미국은 유엔사를 주도하는 입장에서 한미연합연습을 통하여 전시 다국적 연합군 전력의 효율적인 통합과 함께 원활한 작전 수행능력이 보다 극대화되길 바라고 있다. 이를 위해서는 상호 정보공유 및 긴밀한 작전협조는 필수이다. 미국은 평시 한미연합연습에 참여하는 전력 제공국들이 상호 연습상황을 공유한 상태에서 실전적인 연합작전 절차를 숙달할 수 있도록 연습 참가국가와의 방문부대지위협정(VFA) 체결은 필수이며, 이들에게 연합C4I시스템(Centrix-K)에 탑재된 연습작전 계획을 비롯하여 부록에 대한 접근 권한과 정보공유 범위를 확대해 주길 원하고 있다. 이 두가지 요청사항은 한국정부의 협조가 필수적이다. 2017년 5월 당시 유엔사 군정위 비서장이었던 스티브 리 대령(한국명, 이승준)은 필자와의 인터뷰에서 "전력을 제공하는 유엔사 회원국들과 한국 정부 간 방문부대지위협정 체결은 한국의 주권을 침해하는 것이 아니라 오히려 한국방위에 절대적인 도움이 될 것"이라면서 한국 정부와 한국군의 보다 전향적인 검토를 희망하였다. 그런데 한국군은 국가기밀 유지와 군사보안을 이유로 들어 일부 국가들과는 방문부대지위협정 체결이나 구체적 연습작계의 공유 확대는 현실적으로 매우 제한될 수밖에 없다면서 난색을 표하는 분위기이다.

② 한국, 유엔사 본연의 임무에 충실할 것을 강조

한국 정부는 미국이 추구하는 유엔사 재활성화의 전반적인 방향성에 대해서는 외형적으로 큰 이견을 내놓지 않고 있으나, 내면적으로는 많은 부분에서 의견을 달리하고 있다. 2014년 7월 스카파로티 유엔군사령관은 한국 국방부로 보낸 서신을 통해 "재활성화된 유엔사는 한반도의 평화와 안보를 위한 다국적 수행자로서 능력을 확장시킬 것이며, 대한민국 방위를 위해 다국적 작전을 수행함으로써 지속적으로 정전을 유지하는 동시에 ① 적대행위를 적극적으로 억제하고, ② 확전을 방지하며, ③ 위기에 효과적으로 대응할 것"이라고 언급한 것에 대해 한국 국방부는 위기 시 유엔사의 대응에 대해 우려를 표명하였다. 이에 유엔사 기획참모부장 오웬스 장군이 2015년 3월 재차 서신을 통해 "유엔사 재활성화는 단지 현재 유엔사의 권한 범위 내에서 유엔사의 효과를 최적화하는 것일 뿐, 이를 핑계로 유엔사의 임무 및 권한을 확장하는 일은 결코 없을 것이며, 유엔사 재활성화를 통해 정전협정 관리, 전력 제공국의 기여, 전략적 여건 조성, 억제, 긴장 고조 관리, 침략에 대한 대응 등 다양한 분야에서 한미동맹의 능력을 더욱 향상시킬 수 있을 것"이라는 해명을 내놓기도 하였다.

이러한 유엔사의 거듭된 해명을 접한 한국 국방부는 2015년 6월 유엔사의 미래 발전방향에 대한 일종의 가이드라인 성격으로 유엔사가 지향해야 할 중장기 단계별 요망전략을 담은 '유엔사 파트너십'을 유엔사에 통보하였다. '유엔사 파트너십'에 명시된 개념은 "재활성화된 유엔사는 한반도 통일여건 조성에 기여하고, 북한의 도발과 침략을 억제하는 동맹의 노력을 지원하며, 전작권 전환 이후에도 미래연합사를 지원할 수 있는 역량을 유지해야 한다"면서 전·평시 유엔사가 수행해야 할 본연의 역할과 기능을 재강조하는 수준의 원론적인 내용을 담고 있다. '유엔사 파트너십'에 담긴 추진 방향을 보면 크게 3단계로 구분하여 유엔사에 대한 한국 국방부의 기대치가 담겨져 있다. 제1단계인 평시에는 유엔사가 실질적인 정전관리 주체로서 본연의 역할에 전념할 것, 제2단계 전시 또는 유사시에는 국제적 지지와 함께 효과적인 전력제공 능력을 확보토록 할 것, 제3단계는 미래지향적으로 한반도 평화통일의 매개체 내지는 조력자 역할을 감당할 것에 주(主) 노력을 지향해 주길 바란다는 내용이었다. 또한 한국 국방부는 이러한 파트너십을 통하여 재활성화된 유엔사가 대한민국의 안보와 안정 유지에 긍정적으로 작용해야 하고, 한미동맹과 미래연합사의 전구작전을 효율적으로 지원함과 아울러 국제사회가 대한민국을 지지하도록 유도함으로써 한반도 통일을 위한 여건 조성 및 통일 실현에 기여해 줄 것을 최종상태(End State)로 제시하고 있다.

하지만 한국 국방부가 유엔사에 제공한 '유엔사 파트너십'은 지극히 '개념(concept)' 수준에 머물러 있고 이를 구현하기 위한 세부 추진방향이나 구체적인 방안은 전혀 담겨 있질 않아서 논의 자체가 불가할 정도였다. 다만 전반적인 논리와 흐름만을 놓고 보았을 때 유엔사 재활성화에 대한 공감보다는 미국이 일방적으로 추진하고 있는 유엔사 재활성화 방향에 대한 한국군의 의구심 내지는 일종의 경계심을 간접적으로 담고 있으며, 미국이 유엔사 재활성화를 추진함에 있어 지향해야 할 방향성에 대해 한국 정부가 보내는 일종의 가이드라인에 지나지 않았다. '유엔사 파트너십'에 담긴 한국 국방부의 의도를 굳이 직설적으로 표현하자면, 한 마디로 유엔사가 '평시 정전협정 관리' 및 '유사시 전력제공'이라는 본연의 임무에만 충실해 주길 바란다는 원론적 내용에 불과하였다. 즉 "재활성화된 유엔사가 한국의 안정과 평화회복을 위해 강화된 역량을 보유함은 물론, 지속적인 다국적군을 운용하여 미국과 한국, 그리고 우방국 간 협력 및 지원을 강화하는데 기여해야 한다"고 강조함으로써, 유엔사가 새로운 변혁보다는 지금까지 담당해 온 고유 임무에 매진해 주길 바라는 메시지를 간접적으로 표명한 수준 정도라는 것이다.

사실 한국은 유엔사 재활성화를 추진하는 방향성 면에서 미국과는 근본적으로 다른 몇 가지의 의구심 내지는 고민을 안고 있다. 첫째, 한국은 유엔사의 역할 및 기능 강화로 인해 유엔사의 전략적 무게중심이 한국작전구역(KTO) 범위를 벗어나 주변지역으로 확장될 수도 있다는 우려를 하고 있다. 즉 주한미군의 전략적 유연성을 우려하는 한국으로서는 유엔사의 활동 영역이 한반도를 벗어나 동아시아지역, 나아가서는 아시아-태평양지역 전체로까지 확장될 것을 경계한다. 더욱이 전작권 전환 이후의 신(新) 연합방위체제 아래에서는 미군 4성 장군이 미래연합사 부사령관을 맡게 되어 한반도 전구작전 지휘에 대한 부담감이 현재에 비해 크게 줄어드는 만큼 자연스럽게 유엔사의 관심 또한 한반도 밖으로 지향하지나 않을까 염려하는 것이다.

둘째, 한국이 '유엔사 회원국의 정식 구성원' 자격으로 각종 유엔사 활동에 적극적으로 동참해 주길 바라는 미국 및 유엔사 회원국들의 여망(輿望)에 어느 정도로 부응할 것인가의 문제이다. 아직 이 문제는 한국과 미국 사이에 정식으로 공론화되지는 않고 있지만, 인식 정도에 미묘한 차이를 보이는 가운데 유엔사와 한국 국방부 내부에서는 이미 오래전부터 상대방의 생각을 탐색하는 수준에 머물러 있는 상태이다. 일반적인 의미로 '유엔사 회원국'은 6.25 전쟁 당시에 전투병력을 파견하거나 의료장비 및 물자를 지원한 나라 중에서 현재 유엔사 군정위에 연락단을 운영하면서 한반도에서 다시금 전쟁이 발발할 경우 전력을 제공하기로 약속한 국가(Sending States)들을 지칭하며, 공식적으로 한국은 그 구성원에서 빠져있다. 한국은 유사시 유엔사가 제공하는 전력을 운용하는 '전쟁 당사국(Host Nation)' 내지는 '전력 사용국(Using Nation)'의 위치에 있으므로 '전력 제공국(Sending States)'과는 구분되어야 한다는 것이 내부적인 견해이다. 또 한국은 'Sending States'란 용어를 '유엔사 회원국'이 아닌 '전력 제공국'으로 해석하는 것이 더 적절하다는 견해이며, 양국 간의 어떠한 공식적인 합의 문서에도 이를 규정한 것이 없음을 들어 미국이 한국을 유엔사의 정식 구성원으로 간주하는 것에 부담스러워한다. 그러면서도 왜 한국이 유엔사 회원국에 포함될 수 없는지, 또는 왜 포함되어서는 안 되는지 그 이유에 대해서는 분명한 입장을 표명하지 않고 있다. 아마도 조만간 전작권을 환수함으로써 전평시 독자적인 안보 주권을 갖게 될 한국이 공식 유엔사 회원국으로 포함될 경우 유엔사에 부정적인 시각을 가지고 있는 중국이나 북한과의 관계가 불편해질 것을 의식했을 수도 있다. 또 혹여 유엔사가 후방기지를 중심으로 활동 영역이 한국작전전구 밖의 지역으로까지 확장될 경우 그로 인해 한국 안보가 포기와 연루의 위험에 빠지게 될 것을 염려하는 것으로도 해석할 수 있는 부분이다. 어찌 되었건 이러한 한국군의 소극적인 태도는 스스로 유엔사에 대한 접근을 어렵게 만들 뿐더러, 그동안 미국 주도로 추진해 온 유엔사 재활성화에 대해 의견을 개진할 여지조차 놓치게 만드는 요인이 되었다.

셋째, 유엔사가 회원국들이 한미연합연습에 참여하는 것은 유사시 함께 싸울 우방국들과 연합작전능력을 배양한다는 차원에서 바람직한 모습이다. 모든 회원국이 연합연습에 자유롭게 참여하기 위해서는 유엔사뿐만 아니라 한국과 방문부대지위협정(VFA)을 체결해야 한다. 그래야 연습참가국들이 연합 C4I 시스템(Centrix-K) 내에 구축된 연습작전계획과 부록 등의 군사비밀 자료에 대한 접근이 허용된다. 그러나 한국은 정보 공개범위를 확대할 경우 전시 한미 공동작전계획과 관련된 핵심정보가 제3국으로 유출될 것을 우려하는 등 안보상의 이유로 난색을 표명하고 있다. 사실 일부 유엔사 회원국 및 중감위 국가의 경우 한국과 북한 양쪽과 동시에 외교 관계를 맺고 있어 한국으로서는 모든 유엔사 회원국과 방문부대지위협정을 체결한다는 것에 고민이 클 수밖에 없다.

넷째, 대다수의 한국군 간부들, 특히 비무장지대(DMZ)나 북방한계선(NLL) 일대에서 근무하는 지휘관들은 평시 유엔사의 정전관리 권한이 지나치게 과도하다고 인식하는 경향이 있다. 한국군 간부들은 유엔사가 평시 임무인 '정전협정 관리'의 주체라는 이유만으로 한국군의 사소한 정전협정 위반행위까지 사사건건 따지고 시정요구를 남발하는 '성가신 간섭자'로 인식하고 있다. 한국군의 불만은 유엔사가 비무장지대 또는 NLL 해상에서 자행되는 북한군의 도발에 대해서는 현실적으로 어떠한 제재도 가할 수 없으면서 유독 군사분계선 이남 지역의 한국군에게만 엄격한 잣대로 감독과 통제, 시정요구를 하는 등 '불공평한

룰(rule)'을 강요하고 있다는 것이다. 즉, 유엔사가 '정전교전규칙(AROE: Armistice Rules of Engagement)'을 과도하게 엄격히 적용함으로 인하여 한국군이 북한의 기습도발에 대비한 생존성 보강을 위한 대피호나 공용화기 진지 구축 등 최소한의 방어적 준비태세조차 제대로 갖출 수 없다는 것이다. 사실 유엔사에 대한 한국군의 불편한 시선 중 상당부분은 한국군 간부 대다수가 한미연합사나 유엔사에서 근무한 경험이 없는 데에서 생긴 오해에서 비롯된 것이다. 필자의 경험으로는 군정위에 근무하는 장병들은 정전협정과 정전교전규칙을 매우 중시하는 편이다. 다시 말하여 정전교전규칙 그 자체가 엄격한 것이지 군정위 요원들이 필요 이상으로 과도하게 한국군을 통제하는 것은 아니라는 의미이다.

2. 재활성화된 유엔사는 한미동맹의 공동자산

유엔사는 유엔안보리 결의를 거쳐 설치된 합법적 기구이자 유엔으로부터 일체의 권한을 위임받은 미국 합참이 직접 작전지침을 부여하는 통합사령부의 성격을 갖고 있다. 따라서 유엔사의 유지 또는 해체, 조직 및 기능의 강화 등은 전적으로 미국 정부가 재량권을 가지고 있다. 따라서 한국으로서는 미국이 주도적으로 추진해 온 유엔사 재활성화에 대해 제동을 걸거나 관여할 수 없는 현실적인 어려움이 있다. 더욱이 그동안 미국 주도하에 추진되어 온 유엔사의 여러 가지 변혁들에 대해 세세히 관심을 기울이지 못했던 한국으로서는 미국과 진지한 대화와 협상을 통해 해결하는 것 외에는 딱히 마땅한 방법이 없는 실정이다.

① 한미 간 진지한 협의로 갈등 해소

유엔사의 역할 및 기능 강화는 한미동맹이 서로 조금씩 양보하는 선에서 충분히 조율할 수 있는 문제이다. 우선 한국은 국익 차원에서 유사시 유엔사 회원국의 전력제공 기능을 확고히 하고자 하는 미국의 노력에 힘을 합치는 자세가 필요하다. 미국이 한반도 유사시 전구작전에 원활하게 할 수 있도록 유엔사의 임무와 기능을 강화하고자 하는 것에 한국으로서는 하등 반대할 명분이 없다. 다만 유엔사의 역할 및 기능 강화가 주한미군의 전략적 유연성을 부추길 수 있다는 우려는 불식시킬 필요가 있다. 사실 이 문제는 2015년 3월 23일 당시 유엔사 기획참모부장인 오웬스(Christopher S. Owens) 미 해병 소장이 한국 합참 전략기획부장에게 보내는 서신에서 "유엔사의 재활성화가 유엔사의 효과를 최적화하는 것뿐이며, 한미 간에 여타 어떠한 영향도 미치지 않을 것"이라고 해명을 한 바가 있다. 그러므로 한미 간 협의를 통해 그 당시의 약속을 명문화하고 이에 대한 분명한 이행을 촉구하면 될 일이다.

유엔사가 정전협정 이행을 명목으로 군사분계선 이남 지역에서 행해지는 한국군의 자위권적 방어조치까지 과도하게 간섭하는 문제는 현실적으로 개선할 필요가 있다. 북한의 경우 조·중 측의 군정위와 중감위가 해체된 지 이미 오래여서 군사분계선 이북 지역에서 북한군이 자행한 정전협정 위반행위에 대해서는 유엔사를 통한 간접적인 항의 외에는 사실상 마땅한 제재나 시정조치가 이루어지지 못하고 있다. 이러한 상황에서 유엔사가 유독 한국군에게만 정전협정 이행을 강요하는 것은 형평성 면에서 보더라도 불합리한 처사이다. 실제적 예로 2010년도에 발생한 천안함 폭침 도발(3월)이나 연평도 포격 도발(11월), 그리고 2015년 8월에 전방 1사단 비무장지대 내에서 발생한 목함지뢰 도발(8월) 등 북한군이 저지른 다분히 계획적이고 의도적인 고강도 도발 행위들에 대하여 유엔사는 북한에 대해 그 어떠한 제재도 할 수 없었다. 이미 유엔사를 상당한 수준으로 무력화시켜 버린 북한이 유엔사 측의 항의나 조사 요구에 제대로 응할 리가 만무하기 때문이다.

북한이 자행한 일련의 고강도 도발로 큰 피해를 받은 한국군은 2011년도에 접어들면서 긴급 예산을 들여 비무장지대 내 유개화 진지 및 대피호, 화기호 등을 대대적으로 보강 및 신축하는 작업에 착수하였다. 이것은 어디까지나 북한의 기습도발에 대비한 순수하게 생존성 보강과 즉응태세 구비를 목적으로 추진한 사업이었다. 그러나 정기적인 순찰을 통해 이를 인지한 유엔사 군정위는 새로이 신축한 대피호 및 화기진지를 정해진 기한 내에 모두 철거할 것을 요구하였다. 이유는 한국군이 비무장지대 내 유개화된 진지를 임의로 구축하지 못하도록 규정한 '유엔사 정전교전규칙'을 위반하였다는 것이다. 정전협정 체결 이후 지난 63년 동안 단 한 번도 먼저 북측에 의도적 도발을 한 적이 없는 한국군 입장에서는 빈번하면서도 점차 수위가 높아져 가는 북한군의 기습도발에 대비하기 위한 방호목적의 준비태세 행위까지 유엔사가 일일이 통제하는 것을 매우 불합리한 간섭으로 받아들였다. 유엔사의 통제가 정전교전 규칙에 근거한 적법행위라는 점은 인정하지만, 북한군의 다분히 의도적이고 계획적인 기습도발에 대비하여 최소한의 필수적인 전투력 보존과 즉각 대응을 목적으로 하는 자위(自慰)적인 전투준비태세 강화 조치는 어느 정도 자율성이 보장되어야 한다는 것이 한국군의 입장이었다.

차제에 향후 남북 간 어느 정도 군사적 신뢰가 조성되고 긴장이 완화되는 시기가 도래한다면, 유엔사가 수행하는 정전협정 관련 임무 대부분을 한국군이 인수하는 것도 신중히 검토할 필요가 있다. 정전협정 관리 관련 임무를 한국군이 넘겨받는다면 유엔사는 평시 한반도 전체의 평화협정 준수에 대한 감시 역할과 전시 전력제공 임무에 훨씬 더 전념할 수 있을 것이다. 한국군으로서도 북한의 도발수위에 맞게 대응정도를 조절할 수가 있을 것이다. 다만 정전협정 관련 임무를 한국군이 전담할 경우 북한으로부터 묵시적인 동의라도 얻어내는 것이 우선인데, 이 역시 현재 향후 남북관계가 진전되어 군사적 긴장이 다소 완화된다면 의외로 쉽게 풀릴 수도 있을 것이다.

② 유엔사 회원국에 대한 포괄적 정의 필요

한국은 평소 유엔사나 각 회원국이 주최하는 대부분의 활동에 참여하면서도, '유엔사 회원국'으로 포함되는 것에는 부정적인 태도를 견지하고 있다. 그러나 한국이 유엔사의 정식 구성원으로 참여할 것인가의 문제는 국가의 핵심이익을 강화하는 차원에서 보다 전향적인 자세로 검토할 필요가 있다. 왜냐하면, 한미 동맹은 앞으로도 유사시 회원국들이 제공하는 다국적군 전력을 운용하여 함께 연합작전을 수행해야 하며, 전시 연합작전의 효율성을 증대시키기 위해서는 평시 공고한 유대감을 기반으로 공동의 계획을 발전시키고 팀웍을 견고히 하는것은 필수이기 때문이다. 회원국의 전력 창출 및 제공은 유엔사에 부여된 고유의 몫이고, 미래연합사는 유사시 이를 넘겨받아 '운용'만 하면 된다는 기존의 태도는 전력을 제공하는 미국이나 여타 회원국들로서는 납득하기 어려운 변명으로 비추어질 여지가 있다.

또한 '전력제공국(Sending States)'과 '전력사용국(Host Nation)'은 엄연히 구분되어야 한다는 논리로 유엔사 정식 회원국에 포함되기를 꺼리는 한국의 태도는 과거 한국이 취한 모습과 비교해 볼 때 매우 이율배반적이라는 비판에 직면할 수 있다. 1991년 유엔사가 한국군 장성을 유엔사 군정위 수석대표로 임명했을 때 북한이 이에 반발하여 "남조선은 정전협정 당사자가 아니므로 유엔사 구성원으로 인정할 수 없다"고 주장하면서 각종 남북군사회담에 한국 대표의 참석을 보이콧 하곤 하였다. 그때마다 한국은 "6.25 전쟁 당시 한국군 역시 다른 참전국들과 마찬가지로 유엔사로부터 통합지휘를 받았으며, 정전협정 당시에도 유엔군사령관이 한국군까지를 포함한 참전 16개국을 대표하였으므로 한국은 엄연히 유엔사의 일원이자 정전협정의 당사자이다"라고 반박하였었다. 이처럼 그 당시에는 한국 스스로 '유엔사의 일원이자 정전협정 당사자'로 강변했으면서 지금에 와서 '한국은 유엔사 회원국이 아니다'라고 고집하는 자체가 앞뒤가 맞지 않는 모순적 태도라는 것이다. 그렇다면 한국이 유엔사의 회원국에 포함되기를 주저하는 이유는 무엇일까? 첫째는 앞에서도 언급하였지만, 한국이 정식으로 유엔사 회원국에 가입할 경우 자칫 북한이나 중국을 자극할 수 있다는 것을 의식했을 수 있다. 둘째는 한국이 유엔사 회원국임을 인정할 때 전작권 전환 이후 동맹국 미국으로부터 새로운 차원의 포기와 연루의 위험성에 빠질 수 있다는 것을 우려하기 때문일 수 있다.

그러나 한국은 전작권 전환이나 북핵 협상 등 변화하는 안보 상황을 직시하면서 유엔사 회원국에 대해 유연한 태도를 보일 필요가 있다. 그러기 위해서는 무엇보다도 '유엔사 회원국'에 대한 정의를 보다 포괄적 관점에서 재정립할 필요가 있다. 즉 '유엔사 회원국'의 개념을 '전력을 제공해주는 국가'와 '전력을 사용하는 국가'로 구분할 것이 아니라, 아래 그림에서 보는 것처럼 이 두 가지를 합친 광의(廣義)의 개념으로 받아들이는 것이 한국 국익에 훨씬 유리하다는 것이다.

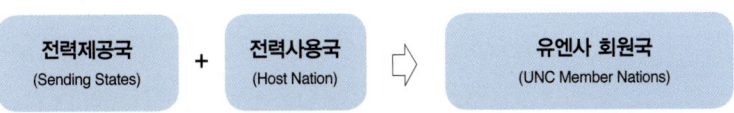

전작권 전환이후 한국은 유사시 미래연합사를 지휘하는 주도국이면서 유엔사가 제공하는 전력을 사용하여 연합작전을 구사해야 할 주체이다. 유엔사 재활성화가 전작권 전환 이후 한반

도 유사시 임무의 효율성 증대에 중점을 두고 추진되고 있는 만큼, 한국 스스로 유엔사 정식 구성원으로서 각종 유엔사 활동에 적극적으로 참여함은 물론 개별 회원국들과도 활발한 교류와 친선을 강화해 나가는 것이 바람직하다. 전작권 전환 이후 예측할 수 없는 미래의 안보 상황과 예기치 못할 한반도 유사시를 염두에 둔다면, 한국은 스스로 '전쟁 당사자'이면서 '전력사용자'이며, 다른 한편으로는 '전력을 제공하게 될 유엔사 회원국과 함께 싸우는 연합군의 일원'으로서의 양면적인 위치를 갖는 것이 국익 차원에서 훨씬 바람직하다는 의미이다.

③ 한국, 유엔사 내 입지 강화 노력

한반도 유사시 원활한 연합작전 수행을 보장하기 위해서라도 평시부터 유엔사 참모부에 한국군을 포함한 다수의 회원국이 참여하는 다국적 통합사령부 형태로 강화하는 것은 매우 바람직한 방향이다. 필자는 2019년 4월 에이브럼스(Robert B. Abrams) 유엔군사령관 주관으로 개최된 제4회 역대 군정위 수석대표 포럼에서 유엔사에서 검토 중인 '미래 유엔사 참모부 편성안'에 관해 개략적으로 브리핑을 들은 적이 있다. 유엔사에 이어 미래연합사의 모체가 될 한미연합사까지 평택으로 이전하기로 최종 결정됨에 따라 향후 유엔사 참모부의 구성을 미군과 한국군, 그리고 회원국의 비율을 어떻게 할 것인지는 한미 간에 논의가 더 필요한 부분이다. 한국은 간부 정원 구조상 융통성이 다소 제한되는 측면이 있긴 하지만 유엔사 내 한국의 입지를 강화하기 위해서,

또 유사시 임무 수행을 보다 원활하게 수행할 수 있도록 가급적 보다 많은 인원을 유엔사 참모부에 확대 보직할 필요가 있다.

한가지 심각한 것은 에이브람스 대장이 주한미군사령관겸 유엔군 사령관으로 재직하는 동안 돌연 유엔사 참모부 내 모든 한국군 장교들을 편성에서 제외했다는 사실이다. 에이브람스가 왜 그런 무리수를 두었는지 그 이유는 분명하지가 않다. 다만 문재인 정부의 유엔사 홀대와 해체 주장에 대해 에이브람스의 심기가 매우 불편하였다는 점에서 한국정부의 유엔사에 대한 간섭을 차단하기 위한 불가피한 조치였다고 해석하는 시각이 있다. 유엔사 내 한국군 장교들의 참여가 완전 배제되는 것은 한국정부의 유엔사에 대한 접근을 더욱 어렵게하는 요인이 될 것이다. 마침 한국에서는 한미동맹을 중시하는 윤석열 정부가 들어섰고, 에이브람스 후임으로 라캐머러 대장이 부임한만큼 유엔사 내 한국군 참모 재보직 및 확대를 놓고 한미정부 간 긴밀한 협의를 재개해야 할 것이다.

한때 유엔사 참모부에 제법 많은 한국군 영관장교들이 편성되어 있었지만, 이들은 어디까지나 실무자일 뿐 유엔군사령관이 주관하는 중요 회의나 의사결정 과정에 참여할 수 있는 대상은 아니었다. 그동안 유엔사 지휘부에 한국군 장성이 편성되지 못함으로 인하여 독자적으로 유엔사 재활성화를 추진해 온 미국의 속내를 제대로 파악조차 할 수 없었을 뿐만 아니라, 당연한 결과로 유엔사 재활성화에 관한 한국 정부나 한국군의 생각을 적극 개진조차 할 수 없었다. 향후 전작권이 전환되고 새로운 한미 연합지휘구조가 들어서더라도 유엔사 지휘부에 한국군 장성이 편성되지 못한다면 앞으로도 한국군은 유엔사 내부 상황 파악이나 유엔사 관련 주요 이슈에 접근하기가 쉽지 않을 것이다.

이런 이상한 현상을 극복하기 위한 시급한 과제는 우선적으로 한국이 정식 유엔사 회원국의 일원이 되는 것이다. 그런 다음에 유엔사 지휘부에 한국군 장성을 보직하는 문제를 두고 미국과 긴밀히 협의해 나가야 한다. 즉 현재의 한미연합사와 유사한 형태로 유엔사의 지휘부에도 한국군 부사령관 또는 참모장, 그리고 장성급 참모가 포함시켜야 한다는 것이다. 만약 한국이 유엔사의 회원국이 된 상태에서 유엔사 지휘부에 장성급 참모를 보직시킬 수 있다면 유엔사 관련 주요 정책에 관한 의사결정에도 직접 참여할 수 있으며, 평시 유엔사의 일반적인 활동 외에도 회원국의 전력 이동 등 세세한 움직임까지도 파악할 수 있는 이점이 있다. 또 다소 늦은 감은 있지만, 유엔사가 추진해 온 재활성화 과정에 동참하여 한국의 의견을 일정 부분 반영할 수도 있을 것이다. 사실 한국이 좀 더 일찍 유엔사 회원국으로 참여하였더라면, 이미 오래전에 유엔사 지휘부에 한국군 장성이 포함되었을 수도 있었을 것이다. 최근 유엔사 참모부에 다수의 회원국이 참여하고 있어 다국적 통합사령부를 지향해 온 미국이 캐나다, 호주에 이어 영국의 3성(星) 장군을 유엔사 부사령관으로 내정한 이유 역시 따지고 보면 한국이 유엔사 회원국 가입 권유에 줄곧 부정적으로 임했기 때문에 내려진 불가피한 조치가 아니었을까?

한국은 이와는 별개로 주일 유엔사 후방지휘소에도 평시에 한국군 참모장교 또는 연락관을 상시 파견하여 운용하는 방안을 협의해 나가야 한다. 주지하다시피 주일 유엔사 후방기지는 미군 및 회원국의 전력들이 빈번히 출입하는 곳이다. 하지만 현실적으로 한국은 회원국이 아니므로 유엔사 후방기지에 인원을 상주시킬 수 없다. 그러다 보니 그곳에서 어떤 상황이 일어나는지 전혀 알 수가 없는 실정이다. 만약 후방기지에 한국군 참모 요원이나 연락관을 상주시킬 수 있다면, 유엔사 후방기지를 출입하는 미군 및 회원국의 전력 상황을 실시간으로 파악할 수가 있다. 특히 전시에는 유엔사 후방기지를 통해 한반도로 전개하는 회원국 전력을 사전 파악함으로써, 이들 전력이 한국에 도착하기 전에 한미연합사령관(미래연합사령관)이 주한미군사 및 유엔사와의 충분한 협의를 거쳐 이들에 대한 지휘 관계를 수립하고 작전간 어떻게 운용할 것인가를 미리 구상하고 협조할 수 있는 이점을 가지게 될 것이다. 당시 유엔사 군정위 비서장이었던 스티브 리(한국명 : 이승준) 대령은 유엔사 후방기지에 한국군 참모장교나 연락장교를 운용하는 것과 관련하여 "평시 유엔사 후방기지에 회원국이 아닌 한국군이 근무하는 것에 대해 일본이 쉽게 동의하진 않을 것"이라고 언급한 바 있다. 그렇다면 한국이 유엔사 정식 회원국으로 합류할 경우 일본으로서도 굳이 반대할 명분이 없을 것이다.

④ 유사시 함께 싸울 우방국과의 정보공유는 필수

미국이 워싱턴 선언 당시 회원국들의 결의가 퇴색되지 않도록 결속력을 다지는 이유는 유사시 전력제공에 대한 차질을 방지하고 매년 실시하는 한미연합연습에 많은 회원국이 참가한 가운데 전시 실질적인 연합작전 수행능력을 갖추는 데 있다. 그러나 연습에 참여하는 회원국들이 연합작전계획 및 부록 등 주요 정보에 대한 접근이 너무 제한적이어서 연습에 한계가 있다고 토로한다. 한미연합연습에 참여하는 회원국들은 한국이 '연합 C4I 시스템(Centrix-K)'에 대한 접근을 지나치게 통제하고 있다며 불만을 표한다. 전 중립국감독위원회 스웨덴 대표였던 잉그만(Mats Engman) 공군 소장은 2018년도 UFG 연습 참관 소감으로 "한미동맹이 유사시 다국적 전력의 창출을 위해서는 무엇보다도 전력을 제공하는 회원국과 원활한 정보 교류 및 협조체계 구축이 필수인데, 이를 지나치게 간과하고 있다"라고 지적하면서, "한국이 연합연습 간 회원국들과의 정보공유를 꺼리면서 전시 모든 참가국이 제반 연합작전 수행능력을 능숙하게 발휘하기를 기대하는 것은 넌센스"라고 꼬집었다. 이같이 한국이 평시 북한 또는 제3국으로의 군사기밀 유출을 우려하여 유사시 함께 싸울 우방국에 작전계획을 비롯한 필수적인 정보공유마저 지나치게 제한하는 것은 문제가 있다는 지적이다. 이러한 통제가 지나칠 경우 한국은 우방국들로부터 신뢰를 잃게 될 뿐만 아니라 회원국들의 재참전 의지를 약화시키는 부정적인 요인으로 작용할 수도 있을 것이다.

따라서 한국은 매년 정기적으로 한미연합연습에 참여하는 회원국들과 정보공유를 확대하고, 방문부대지위협정(VFA)을 체결하는 문제를 순수한 국익 차원에서 긍정적으로 검토할 필요가 있다. 한국으로서는 중요한 군사자료들이 북한 또는 제3국으로 유출되는 것을 우려하는 것이 나름 일리가 있다. 그렇지만 극히 민감한 정보는 제외하더라도 기본적으로 이들이 참가하는 주요 국면에 관한 정보만큼은 서로 공유할 수 있도록 선별적으로 확대할 필요가 있다. 아울러 평시 유대감 형성을 위하여 재참전을 결의한 회원국들과는 먼저 군사비밀 정보보호 협정과 방문부대 지위협정을 조속히 체결하는 것도 전향적으로 검토해야 한다. 유엔사 회원국들과 연습 작전계획의 공유를 확대하거나 방문부대지위협정을 체결하는 것은 단기적으로 일부 군사기밀 유출 우려 등 민감한 부분이 있긴 하지만, IT 강국인 한국과 미국이 연합 C4I 시스템상에 기술적 보완을 한다면 우려하는 바를 충분히 해소할 수 있을 것이다.

참전국 기념비(전쟁기념관)   참전국 기념비(판문점)   영국군 참전비(런던)

23 유엔사 전투사령부화 논란

1. 유엔사 전투사령부 對 단일지휘체제 논란

미국이 전작권 전환에 대비하여 유엔사가 전시지휘조직을 갖추어야 할 필요성을 강조한 속내에 대해 여러 가지 억측이 있는 것이 사실이다. 일각에서는 미국이 한미연합사 해체 이후 줄어드는 주한미군의 임무와 역할을 대신하기 위해 유엔사의 역할을 강화하려 하는 것이 아닌지, 혹은 유엔사가 한반도 유사시에 병력과 물자 보급 등에 대한 작전지휘권을 가지고 회원국이 제공하는 일부 전투병력을 통제하여 별도의 독립작전을 수행할 수 있도록 스스로 권한과 임무, 역할을 강화하려는 '특정한 의도'가 있는 것이 아닌지 등에 대해 의구심을 표현한다. 한국은 한반도 유사시 미래연합사에 회원국 전력을 제공하는 지원 임무를 수행하게 될 유엔사가 '전시 지휘조직'을 갖춘 상태에서 모든 유엔 회원국이 지원하는 전력에 대한 '작전지휘권' 까지를 보유해야 한다는 미국의 주장에 대해 매우 예민하게 반응한다. 이 역시 미래 한미동맹 간 중요한 쟁점이 될 수 있는 만큼 사전 논의와 협상을 통해 전작권 전환 이전에 명확히 결론지어야 할 주요 이슈이다.

① 미국, 유엔사 작전지휘 기능 보유 필요성 주장

2006년 7월 13일 당시 벨 연합사령관은 "미국은 전작권 이양과 함께 현재의 한미연합사를 해체하게 되면 2개의 각각 '독립된 전시사령부(independent wartime command)'를 구성하는 방안을 검토하고 있다"라고 언급하여 논란을 야기하였다. 그는 또 2007년 1월 18일 "유엔사 후방기지를 통해 전시 유엔사 회원국 전력을 지원하는 현재의 메카니즘(Mechanism)을 유지하는 것이 무엇보다 중요하며, 이를 위하여 유엔사는 모든 유엔사 지원전력에 대해 '작전지휘권'을 보유해야 한다"고 주장하였다. 이러한 그의 주장을 뒷받침이라도 하듯이 미국은 '유엔사가 창설되면서부터 이미 전시사령부로서 작전지휘 기능을 보유하고 있다'는 여러 가지 근거를 제시하기 시작하였다. '관련 약정 및 전략지시 2호(TOR/SD#2)'에 의하면, 연합사령관은 유엔군사령관에게 전투부대를 포함한 지원을 하도록 임무를 명시하고 있다. 그리고 유엔군사령관의 임무 및 기능, 지휘 관계 등을 규정한 '유엔군사령관을 위한 관련 약정(1983. 1. 19)'에 의하면, "유엔군사령관은 유엔사로 예속된 모든 부대에 대하여 작전통제권을 행사하며, 가용할 경우 한국군 및 미군을 제외한 제3국의 군을 유엔사 예하 구성군사령부에 예속시키고, 필요한 경우 해당 미군 부대에 배속 한다"라고 명시하고 있다. 또한 "전쟁이 재발될 경우 유엔사와 연합사는 별개의 법적·군사적 체제로 유지하면서 유엔사 부대를 운용한다"고 규정하고 있다. 그리고 '유엔사 일반명령 제1호(1988. 2. 27)'에서는 유엔군사령관 예하에 미8군사령관을 유엔사 지구사령관에, 주한 미 공군사령관과 주한 미 해군사령관, 주한 미 해병대사령관, 주한 미 특전사령관을 각각 유엔사의 공군구성군사령관, 해군구성군사령관, 해병대구성군사령관, 특전구성군사령관에 임명하는 등 소위 '유엔구성군사령관'을 임명하여 유엔사 회원국 부대의 수용과 현존하는 사령부에 통합하는 것을 촉진하는 임무를 부여하고 있다. 아울러 '유엔사 전력통합예규(2011.8. 11)'에는 유엔군사령관 명령을 통해 전력제공국에 대한 지휘 권한을 위임하도록 규정하고 있다.

유엔사에 근무하는 주한미군 관계관들은 위에서 나열한 내용만 보더라도 유엔사가 회원국의 전력을 통합하고 제공하는 임무를 수행할 때 전시 지휘조직을 갖추거나 유엔사 회원국이 제공하는 전력에 대해 작전지휘권을 행사하는데 아무런 문제가 되지 않는다고 말한다. 그리고 앞에서 언급한 여러 근거만으로도 유엔사가 전시 대비 지휘조직을 지닌 전투사령부 기능을 이미 보유하고 있다고 주장한다. 게다가 한미연합사가 창설되면서 유엔사가 한미연합사에 인계한 것은 '한반도 방어 임무'이지 '전투사령부의 기능을 포기한다'는 내용 자체가 어디에도 명문화된 것이 없다는 것이다. 그러면서 '유엔사 일반명령 제1호'에서 유엔사 예하에 각 구성군사령관을 임명한 것도 유엔사가 이미 전시 지휘조직을 갖춘 집단임을 나타내는 중요한 근거로 내세우고 있다. 벨 사령관이 "연합사가 해체되면 유엔사의 임무 및 역할, 구조에 대한 검토가 이루어져야 하며, 연합사령관이 비무장지대와 다른 지역에 배치된 한국군 전투부대에 대한 접근 권한이 없어지는 점을 고려하여 유엔사가 유엔 지원전력에 대한 작전지휘권을 보유할 것임"을 역설한 것도 이를 의식한 것으로 봐야 한다.

그러나 벨 전 유엔군사령관이 한미 간에 전작권 전환이 본격 거론되기 시작했던 시기와 거의 때를 같이 하여 유엔사 '전시 지휘조직 보유' 발언을 한 것은 연합사 해체 이후에도 유엔사가 독립된 전투사령부로서 미래연합사와 협조 없이도 주한미군 또는 회원국이 제공하는 전력의 일부를 활용하여 한국작전전구(KTO) 내에서 특정 작전을 수행하고자 하는 의도적인 발언으로 비추어질 수 있는 대목이어서 갈등의 단초를 제공한 셈이 되었다. 미국은 2006년 벨 사령관이 "유엔사가 전시 지휘조직을 가져야 한다"는 원론적 수준의 언급을 한 이후 현재까지 이와 관련하여 더 이상의 긍정도 부정도 하지 않고 있으며, 유사시 유엔사가 회원국이 제공하는 지원전력에 대한 작전지휘권 보유를 주장하는 배경 및 필요성 등에 대해서도 구체적인 속내를 드러내지 않고 있다. 에이브람스 주한미군사령관이 2020년 11월 20일 취임 2주년을 맞아 가진 언론 인터뷰에서 "유엔사가 전투사령부로 회귀하는 일은 결코 없을 것"이라고 선을 그은것도 더 이상 이러한 논란이 확산되는 것을 차단하기 위한 것으로 보인다.

② 한국, 단일전구 내 두 개의 전투사령부 우려

한국은 유엔사가 전시 지휘조직을 갖춘 전투사령부를 지향하려는 것에 대한 의구심과 가능성에 대해 내심 우려하면서도 외형적으로는 이에 대해 어떠한 문제도 제기하지 않고 있다. 미국의 공식 입장이 없는 상태에서 굳이 반대하는 목소리를 표면화할 경우 오히려 이 문제가 불거져 갈등으로 번질까 노심초사하는 모습이다. 한국이 유엔사의 전시 지휘조직 보유를 반대하는 내면적인 이유는 무엇보다도 전작권 전환 이후 한국군이 주도하는 미래연합사 중심의 단일 지휘체계가 시작도 하기 전에 불필요한 마찰이 생기는 것을 원하지 않기 때문이다. 미국이 잠자코 있는 상황에서 한국이 굳이 들춰냄으로써 괜히 긁어 부스럼을 만들고 싶지 않다는 의미이기도 하다. 그러면서도 유엔사의 태동에서부터 연합사 창설 이후 현재에 이르기까지 유엔사와 관련하여 미국과 지속 협의를 해 온 한국으로서는 그간의 여러 관련 근거를 놓고 봤을 때 '유엔사가 이미 전투사령부로서 기능을 보유하고 있다'는 미국의 주장에 대해 완전히 부정하지는 못하고 있는 듯하다. 다만 한국군 내부의 분위기는 유사시 KTO라는 단일전구 내에 두 개의 전투사령부가 존재할 경우 지휘의 혼선이나 우군 간에 피해가 발생할 수 있다는 점에서 반대 의사를 분명히 하고 있다. 유사시 유엔사가 한국작전전구 내에서 미래연합사의 지휘 범위를 벗어난 상태에서 별도의 특수작전을 수행하는 것 자체가 지휘의 단일화에 어긋나고 작전 수행에서도 혼선이 생기게 되어 이를 받아들이기 어렵다는 것이다.

    미국은 전작권 전환 이후에도 연합사 해체 후 새로이 창설되는 미래연합사와 기존의 주한미군사, 그리고 유엔사라는 3개의 독립된 전구급 사령부를 한반도 전구 내에 유지할 것이다. 그리고 특별한 경우가 아니면 현재 한미 간에 논의 중인 미래연합사 '관련 약정 및 전략지시 3호(TOR/SD#3)'에도 이러한 내용이 반영될 것으로 보인다. 그 중 주한미군사는 미 태평양사령관 명을 받아 한반도에 전개하는 미군 전력에 대한 '수용, 전개, 전방 이동 및 통합(RSOI)'을 수행함으로써 주로 미래연합사를 지원하는 역할에 머물 것이다. 주한미군사는 이들 미군 전력을 한미연합사(미래연합사)에 제공하기 이전까지 일시적으로 작전통제를 한다. 반면 유엔사는 회원국이 참여하는 다국적 연합전력을 유엔사 후방기지에서 일시적으로 수용하면서 필요한 전투근무지원을 제공하고 이후 한반도까지 전개하는 임무를 담당한다. 그리고 이들 전력에 대한 지휘 관계가 확정되어 한미연합사(미래연합사)에 최종 인계되기 이전까지 작전통제권을 행사하게 된다. 한국 정부 및 한국군 일각에서는 바로 이 점 때문에 유엔사가 '전투력을 공급하는 전투지원사령부'가 아니라, 전시에 별도의 지휘조직을 가지고 미 합참 또는 미 인도태평양사령관의 지침을 받아 미래연합사와는 별개의 단독작전을 수행하는 '독립된 전투사령부'로 변모할 수 있다고 의심한다. 한국군의 우려는 대략 다음과 같다.

첫째, 한국은 과거 연합사 창설과 동시에 유엔사의 '한국방위' 임무가 해제된 만큼 전작권 전환 이후에도 '평시 정전체제 관리'와 '한반도 유사시 전력제공 임무'라는 본연의 임무에 충실하길 바라고 있다. 앞서 언급한 바와 같이 한국 국방부가 유엔사에 제시했던 '유엔사 파트너십'에 한국정부의 입장이 반영되어 있다. 한국은 유엔사가 전투지원사령부로서 후방기지를 경유하는 회원국의 전력을 일시적으로 수용 및 대기한 후 한반도로 이동시키는데 필요한 지휘조직을 갖는 것에는 반대하지 않지만, 이들 다국적 연합전력들이 한반도에 도착한 이후에도 유엔사가 작전지휘권을 지속적으로 행사하는 것은 전구작전 수행에 문제가 된다고 생각한다. 또 유엔사가 향후 한국군 4성 장군이 맡게 될 미래연합사령관을 '패싱(passing)'한 상태에서 모종의 단독작전을 할 의도가 있는지를 의심한다. 만약 그렇다면 유엔사가 전시에 미래연합사로부터 어떠한 승인절차나 사전 협조 없이 주한미군 전력이나 회원국이 제공하는 특수전력과 자산 등을 이용하여 별도의 독립된 작전을 수행할 가능성을 충분히 유추해 볼 수 있다. 미국이 유엔사를 활용하여 북한에 분산 배치된 핵무기(물질) 저장시설을 독자적으로 선점 또는 확보한다거나, 핵무기 발사 명령 권한을 가지고 있는 김정은을 비롯한 북한 정권지도부 제거 내지는 신병 확보를 위한 특수작전 수행을 염두에 두고 있을 수도 있을 것이다.

둘째, 전작권 환수 후 미래연합사령관을 맡아 전구작전을 지휘하게 될 한국군 입장에서는 '한국작전전구(KTO)'라는 단일전구에 2개의 독립된 전투사령부가 존재할 경우 여러 가지 혼란이 발생할 것을 우려할 수밖에 없다. 무엇보다도 한반도처럼 좁은 전구일수록 지휘체제의 단일화는 필수적이다. 그런데 사이즈가 작은 한국작전전구(KTO) 내에 미래연합사와 유엔사라는 두 개의 독립된 전투사령부가 제각기 별도로 독립된 작전을 수행할 경우 지휘 및 통제에 문제가 생기고 작전 수행 간에도 혼선이 발생할 가능성이 매우 커지기 마련이다. 또 유엔사 통제를 받아 모종의 특수작전을 은밀히 수행하는 과정에서 예기치 않은 시간과 장소에서 미래연합사 예하 한국군 또는 연합군 작전부대와 조우할 경우 피아 식별이 제한됨으로 인해 자칫 우군 간의 교전이 발생할 위험성도 있다. 이런 경우에는 대개 우군끼리 엄청난 피해가 발생하기 마련이다. 우군간 오인으로 인한 오폭 또는 교전으로 인한 피해발생을 우려하는 이유는 과거 한국전쟁뿐만 아니라 현대전을 비롯한 세계전쟁사에도 이런 사례가 심심치 않게 발생했기 때문이다.

한편 한국 내 일각에서는 전혀 다른 이유로 유엔사가 작전지휘권을 가지고자 하는 것에 대해 비판하는 목소리를 내기도 한다. 김용환은 유엔사를 한미연합사에 비해 장차 훨씬 더 위험한 존재로 지목하면서 "한미연합사는 비록 형식적이지만 한국 대통령이 어느 정도 영향력을 발휘할 수 있는 공간이 있다. 반면 유엔사는 한국 대통령이 전혀 영향력을 행사할 틈새조차 없다"라고 비판하면서, 유엔군사령관이 유엔사 예하 모든 전력에 대해 작전지휘권을 보유해야 한다고 언급한 것에 대하여 "한국군도 유엔군의 일부이므로 유엔사가 전작권을 계속 보유하기 위해 전시 지휘조직을 갖추려 한다"고 주장하였다. 일각에서는 미국이 이라크전쟁에서 얻은 교훈을 상기하면서 한반도에서 전쟁을 수행하려면 미래연합사보다 유엔사 주도로 한 다국적군 작전이 훨씬 효과적이라고 판단하여 유엔사의 역할 확대를 추진한 것으로 평가하기도 한다. 전시 북한지역 통치를 고려하여 유엔사 이름으로 전쟁을 수행할 가능성, 그리고 개전 초 미래연합사가 아닌 유엔사 중심의 단일 지휘체제로 재전환하여 전쟁을 수행할 가능성 등을 제기하면서 전작권 전환은 하나의 명분에 불과하다는 주장을 제기하기도 한다.

2. 유엔사 작전지휘 기능의 전략적 활용

'관련 약정 및 전략지시 2호(TOR/SD#2)'와 '유엔군사령관을 위한 관련 약정(1983. 1. 19)', 그리고 '유엔사 일반명령 제1호(1988. 2. 27)', '유엔사 전력통합예규(평문, 2011.8. 11)' 등을 고려할 때, 일반적으로 유엔사가 전쟁지원사령부로서의 성격을 갖는 것은 사실이다. 그렇다 하더라도 다국적군 전력들이 후방기지를 떠나 한반도로 이동하는 동안, 그리고 한국 도착 후 미래연합사가 이들 전력을 인수하여 새로운 지휘관계를 확정하기 이전까지 일시적인 작전지휘는 보장되어야 한다. 반면 유엔사가 전시 지휘조직을 갖춘 '전투사령부'로서, 게다가 미래연합사와는 별개로 유엔사 예하 구성군사령부를 통해 주한미군 전력 또는 회원국이 제공하는 연합 전력의 일부를 작전지휘하여 모종의 독립된 작전을 수행할 가능성이 조금이라도 있다면 장차 전작권을 환수하게 될 한국으로서는 받아들이기가 어렵다. 이 문제 또한 동맹 간에 갈등으로 확대될 소지가 있는바, 한미 간에 긴밀한 대화와 협상을 통해 전작권 전환 이전에 해결해야 한다. 한국은 이 문제에 관한 한, 눈 앞의 이익보다는 한반도 유사시를 염두에 두고 보다 긴 안목에서 국가이익 차원의 전략적인 유연성을 가질 필요가 있다.

① 전시 유엔사 작전지휘 기능 제한적 인정

유엔으로부터 유엔사에 관한 일체의 권한을 부여받은 미국이 유엔사를 단순히 전력제공만 하는 전투지원사령부가 아니라 전시 지휘조직을 갖춘 전투사령부를 지향한다면 이 또한 유엔사에 대한 통제 권한이 없는 한국으로서는 마땅히 제재할 방법이 없다. 그러나 유엔사가 전시 전투사령부로서 회원국이 제공하는 전력에 대해 작전지휘 기능을 보유하고자 할 경우 한국은 전략적인 안목으로 이를 유연하게 받아들일 필요가 있다. 미국이 유엔사가 전투사령부를 지향하는 것에 대해 일부 우려스러운 부분을 해소하면서, 미래연합사의 전구작전에 유용하게 활용할 수 있는 방안을 모색하는 것도 그리 나쁘지 않은 방법이기 때문이다.

한반도 유사시에 지원되는 미군과 유엔사 회원국의 전력은 대부분 일본에 있는 유엔사 후방기지를 경유하게 되고 한반도로 이동하기 전 그곳에서 장비 및 물자 등 수송과 작전 수행에 필요한 모든 지원을 받게 된다. 그리고 한반도로 전개하기 전에 부대 이동계획에 따라 임무를 부여하고, 이동 간 제대 편성을 하며, 지휘통제 및 통신 등이 포함된 부대 이동 명령을 하달한 후 필요한 협조를 하게 된다. 군사교리에 의하면 부대 규모와 관계없이 어느 부대가 한 곳에서 다른 곳으로 전개하고자 할 때는 통상적으로 이동수단을 제공하는 부대의 지휘관이 모든 제대를 지휘하도록 규정하고 있다. 예를 들어 유엔사 회원국들이 제공하는 모든 지원전력은 후방기지에서 해상 또는 공중으로 이동하여 지정된 한국의 양륙 공항 및 항만에 도착하기까지 이동수단을 제공하는 부대장의 지휘를 받는 것이다. 일반적으로 유엔사 전력이 한반도 이외의 지역에서 이동할 경우 미 수송사령부와 참전국, 그리고 주한미군 전략전개반과 협조하게 되는데 자체 수단이 아닌 미국이 제공하는 전개 자산을 이용할 경우 미 전략사령관이 작전통제를 하게 된다. 물론 참전국 중 자체 수단을 이용하는 경우는 해당 국가가 자체적으로 지휘하게 될 것이지만 한반도 상황에 익숙하지 않은 국가가 유사시에 자력으로 한반도로 전력을 이동시키기에는 현실적으로 무리이며, 대부분 미 전략사령부의 통제와 보호 속에 안전하게 전개하기를 원할 것이다. 또 각 회원국이 한반도에 전력을 전개하는 과정에서 자국의 자산이나 미국의 수송자산 중 어느 수단을 이용하든 관계없이 한국작전전구(KTO) 내로 진입하는 순간부터 모든 전력은 유엔군사령관의 작전통제를 받게 되며, 추후 유엔군사령관과 참전국 간 사전 협의한 이행협정대로 지휘관계를 다시 설정한다.

　유엔사 전력통합예규에 따르면, 유엔사 예하 각 구성군사령부는 모든 지원전력이 한반도 역외에서 한국으로 이동하는 동안에 이를 협조 및 지원할 책임이 있다. 그러기 위해서는 모든 지원전력을 대상으로 이동 제대 편성 및 교육, 지휘체계 구성, 이동 간 우발상황에 대한 대비계획 등에 관한 조언 및 지원을 하게 되며, 그리고 이동 실시간 상황 유지와 연합전시증원 등을 협조하도록 규정하고 있다. 만약 유엔사 회원국을 비롯한 모든 지원 전력이 유엔사 후방기지를 출발하여 전략적인 이동을 하는 도중 KTO 밖의 특정 지역에서 예기치 않은 우발상황에 직면할 경우 자체 지휘계통을 가동하여 스스로 전투력 보존 및 전투행위를 해야 할 수도 있을 것이다. 예를 들면, 공해(公海)상에서 국적 불상의 해상 또는 공중 세력으로부터 불의의 기습공격을 받거나, 북한 또는 주변 제3국의 개입으로 정상적인 부대이동에 방해를 받아 자체방호에 위협을 느낀다면 부득이 자위권 차원에서 전투행위를 할 수도 있다. 이런 상황이라면 당연히 미 전략사령관 또는 유엔군사령관이 지정한 예하 구성군사령관이 이동 제대를 지휘 및 통제하여 적절한 대응을 해야 마땅하다. 이런 경우를 고려해 본다면 유엔사가 전투사령부이든 전투지원사령부이든 할 것 없이 일시적 기간이나마 정상적인 지휘조직을 갖추는 것은 필수이며, 상황에 따라 유엔사 예하 구성군사령부의 지휘를 받아 자위권 차원의 전투행위를 해야 하는 것은 너무나 당연하다.

② 유엔사 작전지휘 기능을 전략적으로 활용

만약 유엔사가 KTO 내에서 별도의 독립된 전투사령부 자격으로 미군 또는 회원국이 제공하는 일부 전력을 작전지휘하여 독자적으로 특정의 작전을 강행하고자 할 경우는 미래연합사와 사전 충분한 논의 및 협조가 필수적이며, 이를 판단하기 위해서는

KTO를 기준으로 작전영역을 구분하여 생각해 볼 필요가 있다.

우선 유엔군사령관으로 하여금 KTO 밖의 영역에 대한 일부 작전을 수행토록 허용함으로써 전구작전을 지휘하는 미래연합사령관의 작전지휘 부담을 그만큼 경감시키는 방안을 고려할 수 있겠다. 한국군 4성 장군이 맡게 될 미래연합사는 KTO내의 전구작전에 집중해야 할 것이다. 미래연합사가 KTO 밖의 영역에서 발생하는 우발상황까지 지휘하기에는 통제범위가 벅차고 또한 가용자원 면에서도 제한되기 때문이다. 예를 들어 제3국이 KTO 밖 공해 또는 공중에서 군사적 개입 목적 또는 자국민 철수를 명분으로 자국의 함정과 선박, 항공기로 KTO 내로 강제 진입을 시도할 경우, 또는 공해상에서 대량의 탈북난민들이 선박을 이용하여 KTO 내로 진입하는 등의 다양한 우발상황에 직면할 수가 있다. 사실 이런 경우에는 미래연합사보다는 유엔사가 KTO 밖 공해상에서 이들을 제지 및 차단하는 것이 국제적 명분 면에서 훨씬 더 자연스러울 것이다.

반면 KTO 내에서는 원칙적으로 미래연합사령관 주도의 단일 지휘체제를 고수할 필요가 있다. 특히 하나의 작전전구에서 유엔사와 미래연합사가 제각기 전투사령부로서 독립된 작전을 수행하는 이원화된 지휘체제는 작전 수행 간 많은 혼선과 위험 부담을 야기할 수 있어 신중해야 한다. 혹여 미국이 북한지역에 산재한 핵무기 및 핵 관련 시설을 확보한다거나 북한의 주요 핵심시설을 타격할 목적으로, 또는 김정은 정권지도부를 제거하거나 신병(身柄)을 확보하고자 하는 등 전략적인 목표를 달성하기 위하여 유엔사 예하 구성군사령부 중에서 연합특수전력을 활용하여 은밀히 독립작전을 시도할 수도 있을 것이다. 그러나 한반도라는 비교적 좁은 작전지역에서 2개의 독립전투사령부가 제각기 분리된 독립작전을 수행할 경우 작전지휘의 혼선으로 인해 많은 문제점과 위험성을 내포하게 된다는 점을 미국 또한 모를 리 없다. 이런 이유로 미래사의 승인 및 협조 없이는 유엔사가 임의로 독자적인 작전 수행을 절대 용납해서는 아니 되며, 부득이 유엔사가 주도하여 별도의 작전을 수행해야 할 경우 반드시 미래연합사령관의 사전 승인을 거치도록 의무화해야 한다. 또 작전 개시 전부터 종료 시까지 유엔사 소속 투입부대의 이동 경로 및 활동지역 일대에 배치된 우군 부대들과 사전 충분히 협조토록 규정화함으로써 상호 오인 또는 우군 간 교전이 발생하지 않도록 조치하여야 한다.

한편으로는 KTO 내에서도 미래연합사령관 통제하에 유엔사가 제한적으로 독자적인 작전 수행을 허용할 필요가 있다. 예를 들면, 중국 및 러시아와 인접한 국경선 지역에서의 집단 탈북난민을 통제하거나 반대로 제3국의 개입을 차단하기 위한 감시활동, 해상을 통해 유입되는 대량 탈북난민을 통제 또는 수용하는 작전, 군사분계선 이북 수복지역에서의 인도적 지원 및 평화재건 등의 임무는 미래연합사보다는 유엔사가 통제하여 수행하는 것이 국제적으로도 '평화유지군'으로서 이미지에 더 어울리며, 북한 주민들의 반감을 줄일 수 있는 효과적인 대안이 될 수 있을 것이다. 결론적으로, 한국은 유엔사의 전시 전투사령부 기능 보유를 유연하게 받아들임으로써 한미동맹 간의 갈등 소지를 해소하고 미래연합사의 전구작전에 도움이 될 수 있도록 전략적으로 활용하는 방안을 모색해야 한다. 유사시 정보자산이나 전력 규모 면에서 한국보다 훨씬 우수한 역량을 가진 미국이 유엔사 통제하에 고도의 특수작전을 수행할 소지와 명분을 어느 정도 허용함으로써 유사시 승리에 기여토록 해야할 것이다. 이러한 한국의 선택은 평소 전쟁의 원칙과 전술 교리를 중시하고 사전 치밀한 워-게임(war-game)을 통해 세부 작전 수행절차를 발전시키는 미국으로서도 충분히 받아들일 수 있는 합리적인 방안이 될 것이다.

일명 '블루 브리지'(Blue Bridge)로 불리는 판문점 도보다리

24 유엔사 전력제공 전망

1. 유엔사 전력제공 전망에 대한 시각차

유엔사는 한반도 유사시 미국을 포함한 17개의 유엔사 회원국과 희망하는 기타 우방국들로부터 전구작전 수행을 위해 필요로 하는 긴요한 전력들을 창출하여 한미연합사(미래연합사)에 제공해주는 '전력제공자(Force Provider)'로서 기능을 수행한다. 이러한 기능은 전작권 전환 이후에도 변함이 없을 것이다. 미국은 이를 염두에 두고 평소에도 자국을 포함한 17개 유엔사 회원국들 간의 파트너십 제고에 다양한 노력을 기울이고 있다. 미국이 이처럼 회원국들과 결속력을 다지기 위해 애쓰는 배경은 유사시 미국의 군사적 행동에 대한 국제적 지지와 다국적군 전력 구성에 차질을 방지하고자 하는 이유 때문이다. 미국은 2000년대 전후로 치른 걸프전이나 아프간전, 그리고 이라크전을 통하여 유엔안보리 결의채택과 다국적군 전력창출에 상당한 어려움을 겪은 바 있다.

오늘날 전쟁 양상은 점점 더 과학적이고 지능적으로 진화하고 있다. 2000년도 전후 미국이 주도하여 치른 주요 현대전쟁들을 살펴보면 무기체계 면에서나 전술 면에서 제2차 세계대전 때와는 비교조차 할 수 없을 정도로 완전히 다른 양상을 보여주었다. 만약 강대국들의 각축장인 한반도에서 전쟁이 재발한다면 그

양상은 더 한층 달라질 것이다. 디지털화된 첨단과학과 장거리 정밀타격 능력, 인공지능형 전투 수행 체계와 장비들, 그리고 대량살상무기까지 융합된다면 지금까지 있었던 그 어떤 전쟁들과는 비교조차 되지 않을 정도로 단기간 내 치명적인 인명 살상을 유발할 것이며, 상상을 초월할 정도로 심대한 물적피해를 야기할 것이다. 더욱이 미국, 일본, 중국, 러시아 등 군사 강대국들의 전략적 이해관계가 첨예하게 대립하는 지역의 특성상 세계의 최첨단 전력이 이 지역에 모두 투사될 가능성이 높다. 따라서 비록 단기간 전쟁이라 할지라도 승자와 패자 할 것 없이 대량 인명 피해는 물론 국토 대부분이 초토화 되는것은 감수해야 할 것이다.

이런 미래전의 특성을 감안한다면 한반도에서 전쟁이 재발할 경우 유사시 유엔사 고유의 몫인 '전력 제공(Force Provider)' 기능에도 부정적인 영향을 초래할 개연성이 높다. 한마디로 한반도 유사시 미국을 제외한 16개의 유엔사 회원국들이 자국의 참전 반대 여론과 대량 인명 피해 등 정치적 위험을 무릅쓰고 69년 전 워싱턴에서 결의한 약속을 이행한다는 의무감만으로 한반도라는 '끓는 불가마' 속으로 전투병력을 선뜻 제공할 것이라고 낙관할 수만은 없게 되었다.

① 미국, 유사시 유엔사 전력 창출에 차질 우려

미국은 1990년대 걸프전을 비롯하여 이라크전에 이르기까지 세 번의 전쟁 경험을 통하여 유엔안보리 결의를 포함한 국제적 지지 획득이 얼마나 어려운지, 또한 다국적군 전력 구성과 필요한 재정 확보 등 장기간 전쟁을 지속할 수 있는 능력을 갖추는 것이 얼마나 중요한지를 익히 잘 알고 있다. 미국은 세 차례에 걸친 전쟁에서 통해 다국적군을 구성하는데 이미 많은 어려움을 겪었다. 특히 이라크전의 경우 전쟁을 개시하기 이전 두 차례에 걸쳐 유엔안보리 결의안 채택을 시도했으나 끝내 무산되었고, 우방국을 비롯한 많은 국가의 반대와 비난에 직면하여 국제적으로 전쟁 명분조차 제대로 갖출 수가 없었다. 이런 연유로 미국은 국제분쟁 개입을 정당화하기 위한 유엔안보리 결의 채택 등 국제적 지지와 전쟁 명분을 획득하는 것과 다국적군 전력을 구성하는 것이 얼마나 어려운지를 잘 알고 있다.

한반도 유사시 재참전을 결의했던 16개의 유엔사 회원국이 워싱턴에 모여 결의한 약속이 국제법적으로 아무런 구속력이 없다는 것도 미국은 잘 알고 있다. 한국전쟁에 참전했던 국가 중에서 미국을 제외한 나머지 나라들은 이미 한반도에서 철수한 지 오래되었고, 더욱이 유엔사에 대한 법적 지위에 대한 정당성도 시시비비 중에 있어 해체 논란이 언제 또다시 불거질지 알 수 없는 상태이다. 그런 만큼 워싱턴 선언이 미국에 주는 의미는 매우 절실하다. 이들 회원국은 이미 오래전에 자국 전투병력이 철수한 상태이지만 현재까지 유엔사 구성원으로 남아 유엔사의 국제법적 지위와 정통성을 변함없이 뒷받침해 주고 있는 든든한 존재이기 때문에 이들에 대한 애정이 각별할 수 밖에 없다. 더욱이 유엔사 회원국의 워싱턴 결의는 전작권 전환 이후 지금까지 유엔사와 주일 후방기지를 존속시킬 수 있는 근거와 명분을 제공하고 있다.

미국은 각종 유엔사 활동에 회원국의 참여를 적극적으로 권장하거나 회원국들의 파트너십 제고를 위한 다양한 활동을 활성화하기 위해 노력 중이다. 미국이 이처럼 유엔사 회원국에 각별한 공(功)을 들이는 이유는 모든 회원국에 워싱턴 선언 당시의 결의를 상기시킴으로써 한반도 유사시 '전력 제공자'로서의 약속을 이행하는데 차질이 없도록 하기 위한 전략적 포석일 것이다. 특히 한반도에는 이미 유엔으로부터 승인받아 법적 지위를 갖춘 유엔사가 주둔하고 있으며, 유엔사 회원국들이 결의한 워싱턴 선언 역시 여전히 유효한 상태이므로 유사시 별도로 유엔안보리 결의 채택이나 자국 의회의 승인 등 부가적인 절차 없이도 최단기간 안에 회원국들이 주축이 되고 일부 우방국들이 추가적으로 참여하는 다국적군 전력을 구성하여 한반도에 투사할 수 있는 이점(利點)이 있다는 점을 미국이 간과할 리 없다.

그러나 미국은 이라크전을 겪으면서 내심 워싱턴 선언이 제대로 이행되지 않을 수도 있다는 초조감을 느꼈을 것이다. 워싱턴 선언이 당시 참전국들의 의지가 담긴 일종의 약속이지, 참전을 의무화할 수 있는 국가 간의 강제조약은 아니기 때문이다. 따라서 미국으로서는 어떠한 형태로든지 유엔사 회원국들을 하나의 집단안보공동체로 묶어 그 관계를 지속 유지해 나가고자 한다. 만약 유엔사 회원국 중 일부 또는 다수 국가가 탈퇴하거나 유사시 전력제공을 회피할 경우, 유사시 전력 창출에도 악영향을 주게 될 것이다. 유사시 유엔사 회원국들로부터 전력을 창출해야 하는 미국의 보이지 않는 고민은 바로 여기에 있다.

② 한국, 유엔사 전력 제공을 낙관

한반도 유사시 전력제공에 차질이 생길것을 우려하는 미국에 비해 한국군이 유엔사를 바라보는 시각은 비교적 무덤덤하고 낙관적이다. 대부분의 한국군 간부들은 유엔사에 대한 이해가 깊지 않은 편이어서 미국의 고민에 공감할 수 있는 마음의 준비가 되지 않은 상태이다. 한국 국방부와 합참, 그리고 한미연합사 등에 근무하는 한국군은 평소 유엔사 주관으로 열리는 각종 회의체나 다양한 행사에 비교적 잘 참여하는 편이다. 그러나 유엔사와 업무적으로 관련이 있는 부서의 한국군 실무자들은 자신의 재임 기간 중 유엔사가 제기하는 골치 아픈 의제와 마주하기를 싫어하였다. 한마디로 머리 아픈 의제는 가능한 회피하려는 성향이 있었기 때문이다. 한국군에 이러한 현상이 나타나는 이유는 카운터 파트너(counter partner)인 미군들에 비해 상대적으로 짧은 보직 기간으로 인해 전문성이 떨어질 뿐만 아니라 한국군 내부 결심단계의 복잡성, 언어소통 능력 결여 등에 기인한다. 한국군의 경우 통상 1개 직책에 1~2년 정도의 비교적 짧은 기간을 근무한 후 다른 자리로 옮기기 때문에 한 직책에서 수년을 근무하는 주한미군들보다 전문성이 떨어지는 것은 당연한 결과이다. 이러한 약점들로 인한 한국군의 모면주의(謀免主義)는 미국을 비롯한 회원국들과의 소통을 그만큼 더 어렵게 할뿐더러 유엔사 내부 사정에 어둡게 만드는 결과를 자초했다.

한국군은 한반도 유사시 유엔사 회원국들의 전력제공에 대해 대체로 낙관적으로 생각한다. 일반적으로 한국군은 다국적군 전력 창출 및 제공은 '유엔사가 알아서 할 몫'으로 간주하는 경향이 있다. 아울러 전시 유엔사 회원국을 중심으로 한 국제적 지지와 전력제공은 변함없을 것이라고 낙관한다. 즉, 한국군은 유엔사 전력제공을 기정사실로 한 상태에서 제공될 전력의 '운용'에 더 관심을 두고 있다. 이처럼 한국이 유엔사 전력제공을 지나치게 낙관하는 현상은 지난 60여 년 동안 장기간 정전상태가 지속되면서 생긴 '전쟁이 없을 것'이라는 막연한 기대감과 이로 인해 무디어져 버린 한국 국민들의 안보 불감증과도 무관치 않다. 전작권 전환 이후 미래연합사가 창설되더라도 한반도 유사시 유엔사가 회원국 및 우방국들로부터 필요로 하는 전력을 창출하여 적기에 제공하는 것이 매우 긴요한 만큼 양자 간에 사소한 인식 차라도 존재한다면 심각한 일이 아닐 수 없다. 장차 한반도에서 전쟁이 일어나지 않으리라는 보장이 없는데, 유사시 전구작전을 주도해야 할 한국군이 동맹의 고민을 마치 강 건너 불구경하듯이 방관하는 이상한 현상이 발생하고 있다.

사실 한국정부가 미국의 고민을 전혀 이해하지 못하는 것은 아니다. 한국 합참은 이미 미국이 치른 현대전쟁 등을 분석하여 자체 교훈을 도출하였다. 이를 통하여 미국이 세계 분쟁지역에 개입하면서 국제적으로 전쟁의 명분을 확보하고 다국적군 결성과 재정적 지원 확보를 위해 겪었던 많은 어려움을 어느정도는 알고 있다. 그런데도 한국이 스스로 '유엔사 회원국'으로 간주하지 않고 '전력 제공국'과 '전쟁 수행 당사자'를 엄격한 잣대로 분리하며, 한반도 전구작전에 필요한 전력제공 임무를 유엔사가 알아서 해야 할 당연한 몫으로만 인식하는 것은 아이러니한 현상이 아닐 수 없다. 유엔사가 '전력 제공자' 역할을 제대로 감당해 주길 바라면서, 정작 스스로는 유엔사 정식 구성원에 포함되는 것 자체를 부담스러워하는 것은 '전쟁 수행 당사자'로서 이치에 맞지 않는 처신이라는 비판에서 자유롭지 못할 것이다.

2. 주요 현대전쟁을 통해 본 유엔사 전력 창출 전망

유엔사의 전력 창출 문제는 솔직히 한미 간의 쟁점이라기보다는 한반도 유사시에 대비하여 함께 싸울 한미동맹이 직면할 공동의 당면과제라고 하는 것이 옳을 것이다. 한미 양국 모두 전시 유엔사의 전력제공 필요성을 공감하지만, 전력 창출에 대한 전망 측면에서 다소간의 인식차가 있을 뿐이다. 만약 한반도에서 전쟁이 재발한다고 가정할 경우 미국은 유엔안보리를 통한 국제사회 지지와 전쟁의 명분을 획득함과 동시에 유엔사를 매개로 회원국들이 주축이 되는 다국적군 전력을 적기에 창출하여 최단기간 내에 미래연합사에 제공하려 할 것이다. 한반도 유사시 미국의 다국적군 전력 창출 과정은 미국이 치른 가장 최근의 주요 현대전쟁들에서 나타난 형태와 유사하게 재현될 가능성이 있다. 현대전쟁 사례를 분석해 보면 한반도 유사시 유엔사 회원국의 전력제공 가능성을 어느 정도 전망해 볼 수 있을 것이다. 그래서 미국 주도로 발생한 걸프전쟁(1991)과 아프간전쟁(2001), 그리고 이라크전쟁(2003)을 통하여 미국이 어떻게 다국적군을 결성하게 되었는지, 각국이 미국 주도의 다국적군에 참여하게 된 목적과 배경, 그리고 그 과정에서 어떠한 제한요소가 있었는지를 살펴보기로 한다. 참고로 본 내용은 필자가 2018년에 발표한 연구논문 "한반도 유사시 유엔사(UNC)의 전력 창출에 관한 연구" 중에서 일부 내용을 발췌하여 요약 정리한 것이다.

① 걸프전쟁 (1991. 1)

걸프전쟁은 1990년 이라크가 쿠웨이트를 불법 침공한 후 자국 영토로 합병을 선언하자 미국을 비롯한 연합국가들이 이라크를 상대로 벌인 전쟁이다. 미국은 걸프전을 준비하면서 세계의 50여 개 국가에 파병을 요청하였는데, 그중 38개 나라가 참전에 응하였다. 이는 제2차 세계대전 이후 가장 거대한 규모의 연합전력으로 평가받고 있다.[36] 당시 걸프전에 참여한 다국적군 전력의 규모만 해도 총 59개 사단 103만 5천 명에 달하였다. 주로 미국을 비롯하여 영국, 프랑스, 사우디아라비아가 파견한 병력이 모두 69만 7천 명이었으며, 그중 미군 병력이 54만 명으로 절대적인 비중을 차지하였다.[37] 한국 역시 전투부대는 아니지만, 베트남전 이후 최초로 다국적군의 일원으로 의료지원단 154명을 사우디아라비아에, C-130수송기 5대와 공군수송병력 314명을 아랍에미리트연합(UAE)에 각각 분산 파병하였다. 또한 미국이 전투병력과는 별개로 각국에 전쟁비용 분담을 요청함에 따라 사우디아라비아가 연합군 전체가 필요로 하는 소요군사비용 600억 달러 중 무려 60%에 달하는 360억 달러를 부담하였고, 다음으로는 쿠웨이트, 일본, 독일, 한국 순이었다.

걸프전에 참여한 국가들의 참전 배경과 과정을 살펴보면 각양각색이다. 먼저 프랑스는 미국을 견제할 목적으로 참전한 대표적인 경우였다. 프랑스는 아랍세계와 걸프 지역에서 미국 주도의 일방적인 패권주의를 견제하고, 프랑스 권익을 보호할 목적으로 자발적인 참여를 하였다.[38] 1982년 레바논 위기에서 미국의 편에 섰다가 아랍 국가들의 반감을 불러일으켰던 적이 있는 프랑스로서는 어쩔 수 없이 미국과 협력관계를 유지하면서도 유엔에서 미국이 내세운 대(對)이라크 해상봉쇄 안(案)에 대해 반대 의사를 표명하는 등 독자적인 노선을 펼침으로써 미국의 반(反)이라크 강경 노선과는 일정한 거리를 유지하며 균형을 유지하고자 하였다.

반면, 캐나다는 경제적 이익을 추구하기 위해 자국민의 반대 여론을 무릅쓰고 참전하였다. 캐나다의 경우 유엔안보리 결의안 제678호가 통과된 직후 자체 갤럽조사를 한 결과 자국민의 56퍼센트가 참전에 반대하였고, 찬성은 불과 36퍼센트에 지나지 않았다. 이러한 국내 여론 악화는 캐나다로 하여금 전쟁이 개시되기 전부터 걸프전에 깊이 개입하지 못하도록 만든 직접적인 요인이 되었다. 자국에서 생산하는 물품의 1/3에 해당하는 물량을 중동에 수출하는 캐나다는 원유 가격이 폭등할 경우 당할 자국의 경제적 불이익을 우려하였다.[39] 만약 이라크가 쿠웨이트의 원전을 차지할 경우 이라크의 원유 매장량은 1,000억에서 1,997억 배럴로 급격히 증가하게 되며, 이는 세계 원유 매장량의 20퍼센트에 해당하는 비율로서 사우디아라비아(세계 1위, 25.5 퍼센트)에 이어 세계 2위가 된다. 세계 경제의 안정을 바라는 캐나다가 걸프전에 참여하게 된 현실적인 이유이기도 하다. 캐나다는 개전 초기에는 걸프만에 있던 자국 함선 3척에 대한 보호 활동 위주로 소극적인 참여를 했다. 그러면서 자국민의 여론만을 살피던 중, 걸프전 개전 한 달 후인 2월 중순 무렵 이라크 공군이 무력화되고 레이다 시스템이 불능화(不能化)되자 비로소 공격적 전투태세로 전환하였다.

일본은 미국의 요청에도 불구하고 자국의 부정적인 여론을 의식하여 시종일관 소극적으로 임한 케이스이다. 일본은 최초 미국 상원의원들의 거듭되는 재정적 지원 요청에 최초 10억 달러의 재정적 지원과 의료 지원 등 비군사적 지원을 약속하였다. 그러나 부시 행정부가 일본이 더 큰 역할을 분담할 것을 요구함과 동시에 걸프 지역에 최소 30억 달러의 지원을 재차 요청하자,[40] 미국의 강압에 못 이긴 일본은 결국 30억 달러를 연합국에 지원할 것을 약속할 수밖에 없었다. 그러나 걸프전이 장기화 조짐이 보이자 자국의 반대 여론을 의식한 일본의회는 의도적으로 안건 표결을 지연시켰으며, 결국 전쟁이 끝난 이후까지도 이를 비준하지 않았다.[41] 이러한 일련의 소극적인 태도는 미국이 보기에 일본이 미국의 강요 및 압력에 비위를 맞추기 위해 마지못해 취한 행동으로 비추어졌다. 종전(終戰) 이후 미국이 자국의 신문들에 참전국들에 대한 감사를 표하는 광고를 게재하였을 때, 일본의 명단을 대상에서 아예 빼버렸을 정도라고 한다. 당시 미국의 심기가 얼마나 불편했는지를 짐작할 수 있는 부분이다.

반면, 직접 참전은 하지 않았지만 자국의 안전과 이익을 고려하여 대(對) 이라크 제재에 동참한 나라들도 있었다. 사우디아라비아는 이라크와 국경을 접한 국가로서 자국의 안전을 우려하여 군사기지와 항공로를 연합군에 제공하였으며, 6만 명 이상의 전투병력과 360억 달러에 달하는 전쟁비용까지 부담하였다.[42] 터키는 미국으로부터 '이라크와 터키를 가로지르는 송유관 작동을 중지할 것'과 '지리적으로 이라크를 압박하기에 매우 유리한 지역에 있는 인설릭(Incirlik) 공군기지 사용을 허용할 것'을 요구받았다.[43] 이러한 미국의 제안은 터키의 국익에 반하는 것으로서 당시 터키 외무부와 군부, 의회를 비롯하여 국민 여론까지도 대부분 중립을 지키자는 쪽이었다. 그러나 오잘(Ozal) 대통령은 미국과 터키의 관계를 강화함으로써 EU 가입 협상을 유리하게 이끌어가기 위한 절호의 기회로 보았으므로 결국 미국의 요구를 수용하였다. 터키는 이 결정으로 말미암아 단기적으로는 70억 달러, 장기적으로는 150~200억 달러 정도의 손해를 보았다. 그 대신 미국과 걸프 주변국들로부터 85억 달러에 달하는 원유와 물자를 지원받았고, 세계은행으로부터 20억 달러를 차관받았으며, 미국으로부터도 2억8천만 달러를 지원받을 수 있었다.

이렇듯이 미국은 걸프전에서 이라크의 쿠웨이트 침공 직후 다수 국가와 다양한 방법으로 대규모의 반(反)이라크 동맹을 결성할 수 있었다. 그러나 이 동맹은 자발적인 의지에서 이루어진 것이라기 보다는 대부분 미국에 의한 정치, 외교, 경제적 보상 약속이나 압력에 의한 것이었기 때문에 전쟁이 장기화할수록 동맹의 결속력이 떨어질 소지를 다분히 안고 있었다. 또 참전국 중 다수가 미국과는 상반된 이해관계에 있었으므로 상호 이해관계가 대립될 때에는 언제든지 무너질 수 있을만큼 동맹을 결속시키는 이념과 원칙의 고리는 매우 취약한 편이었다.

② 아프간전쟁 (2001. 10)

2001년 9월 11일 알카에다 조직이 민항기를 탈취하여 美 세계무역센타(WTC) 빌딩과 펜타곤 건물에 자살 충돌을 감행함으로써 세계 80여 국가 3,225명이 사망하는 테러가 발생하였다. 미국은 아프가니스탄의 탈레반 정권에게 테러의 배후로 지목되는 알카에다 지도자 '오사마 빈라덴'의 신병 인도를 요구하였으나, 아프가니스탄은 이를 정면으로 거부하였다. 이에 미국은 9월 12일 유엔안보리를 소집하여 만장일치로 '반테러 성명'을 채택하고 전 세계적인 지지 아래 유럽연합과 일부 아시아, 그리고 중동의 국가들까지 참전 및 지원을 한 가운데 같은 해 10월 8일 대(對)테러전을 시작하였다.

세계무역센타(WTC) 빌딩과 펜타곤 건물 자살 충돌 (2001. 11) (출처 : 제이위키)

아프간전에 참여한 주요 나라들의 다국적군 참여 배경 또한 제각각이었다. 그중 영국은 미국과의 동맹국이라는 연대 책임 의식을 느끼고 자발적으로 참전한 나라이다. 2002년도 '발리 폭격'과 2005년도에 발생한 '런던 폭격'과 같은 고강도 테러공격에 심한 공포감을 경험한 영국은 평소 알카에다 집단의 대량살상무기 확보와 탈레반 집단의 마약 거래행위를 자국에 대한 심각한 위협으로 인식하고 있었다.[44] NATO가 '집단안전보장조약(Article 5)'을 발동하자 NATO와의 다국적 동맹 관계에 대한 강한 책임감을 가지고 있던 영국은 지체하지 않고 미국 주도 연합세력에 참여하였다. 영국은 아프간전에 특수부대 300명을 비롯하여 1개 항모단과 함정 4척, 전투기 12대, 그리고 다수의 정찰기와 공중급유기, C-130 수송기들을 파견하였다.

독일은 미국과는 주요 동맹국이면서 북대서양조약기구(NATO : North Atlantic Treaty Organization)의 상임이사국이었지만, 자국 헌법의 제약을 핑계삼아 아프간전에 소극적으로 참여하였다. 독일 헌법이 '선택적 안보' 달성을 위한 목적에만 군사력 사용을 허용하고 있으며, 공격을 목적으로 하는 참전은 금지하고 있다는 이유에서였다. 그러나 NATO의 'Article 5' 발동은 상임이사국인 독일이 동맹의 결속력을 유지하기 위해서라도 파병을 하지 않을 수 없게 만들었다. 독일 의회는 참전을 승인하면서도 공격전(攻擊戰)과 같은 전투에는 병력을 투입해서는 아니 되며, 오직 자위권적 방어와 동맹군 지원에 국한하여 전투력을 사용할 것을 명령하였다. 독일은 이러한 헌법상의 제약을 이유로 내세워 일부 지상군 병력만을 파병하여 UN 예하 국제안보지원군(ISAF : International Security Assistance Force) 지휘 아래에서 비교적 안전한 아프가니스탄 방위 재건 위주로 임무를 수행하였다. 독일은 실제 전투병력으로 불과 100여 명 정도의 특수전 병력만 파병하여 그나마 미군의 지휘 아래 두게 하였는데, NATO 상임이사국의 위상에 비하면 참여 정도가 매우 초라한 역할이었다.

파키스탄은 아프가니스탄 남동부 산악지역과 국경선을 접하고 있어 아프간전을 주도하는 미국의 입장에서는 전략적 가치가 매우 지대하였다. 파키스탄은 직접 파병은 하지 않았으나 미국의 요청에 따라 군사작전에 필요한 지원을 함으로써 경제적·안보적 보상을 받았다. 파키스탄은 미국의 요구를 받고 협상 끝에 미 지상군과 공군에게 기지 사용 승인과 영공비행 허가, 그리고 미군과 NATO군에 대한 군수지원 등을 제공하였다. 특히 15만 명 정도의 병력으로 북서 산악지역에 1,000여 개의 경계초소를 설치하여 국경을 봉쇄함으로써 도주하는 알카에다 세력을 차단 및 격멸하는 반(反) 게릴라 작전을 수행하였다. 이러한 파키스탄의 협조는 자국 북서지역의 안정화와 함께, 다국적군의 작전을 보완하는 데 큰 도움이 되었다. 불행히도 파키스탄은 아프간전에서 2만 명 이상의 민간인과 2,500명 이상의 군 병력을 테러로 인해 잃었다. 그러나 미국을 도운 대가로 약 200억 달러 규모의 경제적·군사적 지원과 민감한 군사적 기술 제공, 그리고 파키스탄이 비(非) 북대서양조약기구 연합국의 지위를 획득하는 데 필요한 결정적인 도움을 받았다.[45]

그 밖에 폴란드는 참전을 통해 미국으로부터 많은 재정적 보상을 받았으며, 걸프 지역의 주변국으로서 아프간전에 협조하였던 터키와 요르단, 그리고 수에즈 운하 사용을 허가한 이집트 역시 미국으로부터 많은 원조를 받았다. 다음 표는 이집트와 요르단, 터키에 대한 보상 성격으로 미국이 제공한 연도별 원조 규모를 보여주는 것이다.

걸프지역 주변국에 대한 연도별 미국의 지원

State	2001	2002	2003	2004	2005	2006	2007
Egypt	1,715.6	2,202.2	2,226.1	1,957.6	1,563.2	1,787.2	1,972.1
Turkey	6.5	278.3	1,028.6	50.3	53.6	23.4	29.7
Jordan	271.9	339.1	1,697.3	638.3	682.3	562.0	560.3

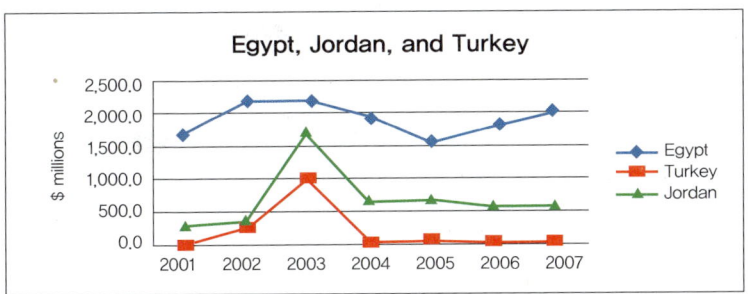

출처 : Combined U.S. aid and coalition troops data charts(2002-2006)

지금까지 살펴본 바와 같이 9.11 테러는 아프간전을 이끄는 미국의 입장을 강화하면서 국제사회의 각성을 촉구할 수 있는 명분이 되기에 충분하였다. 유엔안보리 결의안 통과로 부시 행정부는 국제적으로 아프간전의 정당성을 확보하였으며, 이에 힘입은 미국의 신속하고도 효과적인 대처는 관련 국가들로부터 아프간에서의 군사작전 수행에 필요한 자발적인 참여와 공조를 끌어내는 데 절대적인 도움이 되었다. 이처럼 미국이 NATO로 대변되는 유럽국가들, 특히 이슬람권 국가들로부터도 대규모 협력을 이끌어낼 수 있었던 것은 굳이 국익이라는 현실주의적 논리가 아닐지라도 인류 공동의 적으로 등장한 테러리즘(terrorism)에 대한 응징의 성격을 갖는 아프간전에 국제사회가 반대할 명분이 없었기 때문이었다.

③ 이라크전쟁 (2003. 3)

2001년에 발생한 미국의 대(對)아프간전은 자연스럽게 이라크전쟁으로 이어졌다. 부시 행정부는 취임 직후부터 이라크 문제를 중시하였고, 대 테러전은 이라크전의 대외적 명분이 되었다. 미국은 후세인이 권좌에 남아 있는 한 이라크가 미국식 가치의 투영을 거부하고 미국에 적대적인 영향력을 행사하는 장애물로 생각하였다.[46] 이에 미국은 걸프 지역의 균형과 안정 유지 명목으로 이라크라는 국가의 틀은 그대로 두되, 민족주의를 앞세운 후세인 정권만큼은 반드시 제거하고자 하였다.[47] 그러나 이라크전은 유엔을 비롯한 국제사회로부터 정당성을 부여받기에는 많은 어려움이 따랐으며, 시작부터 국제적 지지 획득이나 다국적군 구성 등에서 만만치 않은 변수에 봉착하였다.

미국은 유엔안보리 결의 채택이 여의치 않게 되자 자발적 연합을 모색하기 위해 동맹국들을 대상으로 막후 압박과 회유를 병행하기 시작했다. 미국은 동맹국들에 대하여 "미국과 테러리스트 중에 택일(擇一)하라"는 식의 일방적인 강요로 연합국의 숫자를 늘리는 데 집중하였다. 그러나 전반적인 국제여론은 미국이 이라크를 공격하는 것에 매우 비판적이었다. 결국 미국은 유엔안보리 결의도 채택 받지 못한 상태에서 미군과 영국군이 주축이 된 연합군과 일부 전쟁에 동조하는 주변 국가들만이 참전한 가운데 전쟁을 개시할 수밖에 없었으며, 강대국 미국의 강요와 회유에 한국을 비롯한 다수의 동맹이 이에 순응하였다. 미국과의 동맹의식에서 자발적 참여를 결정한 영국을 비롯한 일부 자발적 동맹국은 알바니아와 불가리아, 크로아티아, 에스토니아, 라트비아, 리투아니아, 마세도니아, 루마니아, 슬로바키아 및 슬로베니아 등 신(新) 유럽국가들로서, 과거 바르샤바 조약국 중 NATO 가입 및 미국과의 관계 확대를 원하여 자발적으로 연합에 가입했다. 그 외에 터키와 필리핀, 코스타리카 등은 경제적 이유로 참전한 나라들이다.[48]

그러나 유엔안보리 상임이사국이면서 이라크와 긴밀히 상업적 제휴를 유지하고 있던 프랑스, 중국, 러시아 등은 사담 후세인을 제거하고자 하는 미국에 반대 의사를 표명함으로써 미국의 일방주의(一方主義)를 경계하였다. 더욱이 앞선 아프간전에서 적극적으로 협력하였던 유럽국가들 중 대부분이 '미국이 명분보다는 자국의 실리와 국제무대에서의 헤게모니(Hegemony) 장악을 위해 침략을 강행했다'라면서 전쟁 반대 의사를 표명했다. 이러한 움직임은 기존의 많은 국가들이 아프간전에서 보여준 지지 표명이나 국제기구(NATO, EU, ASEAN 등)들의 동조와는 전혀 다른 상황이었다.[49] 또 사우디아라비아, 쿠웨이트, 바레인, 카타르, 요르단, 오만, 아랍에미레이트 등 중동의 왕국들은 대미 군사 의존도가 매우 높은 나라들임에도 불구하고, 절대군주제를 유지하기 위해 이라크전쟁에 대해서 만큼은 만장일치로 반대 의사를 표명했다. 다만 이들은 미국에 대해 기지 제공 및 영공통과 허용 등 간접적으로 비공식 지원은 하였는데, 이는 국제사회에 미치는 미국의 힘을 무시할 수 없었기 때문이었다.

한편, 미국은 한국을 비롯한 호주, 이탈리아, 덴마크, 일본, 필리핀, 네델란드, 스페인 등 30여 개의 국가로부터 이라크 무장해제에 대한 지지는 받았지만, 이는 어디까지나 국제적으로 침공 명분을 쌓기 위한 것에 불과했다. 이들 중 대부분 국가는 단순히 미국과의 동맹 관계에 종속되었거나 경제이익 추구, 국내정치의 국면 전환을 위해 전쟁 지지와 협조를 선언했던 국가들이었다. 실제로 이들은 자발적으로 미국과 공조 내지는 연합하였다기보다는 자국의 안보 또는 경제적 이유로 강요받거나 매수된 것에 불과하였다.[50]

이상에서 살펴본 바와 같이 이라크전은 걸프전이나 아프간전과는 달리 유엔을 비롯한 국제사회로부터 전쟁의 명분과 정당성을 부여받기에는 매우 어려움이 컸던 전쟁이었다. 미국을 절대적으로 지지했던 영국과 우호적이었던 오스트리아와 폴란드, 그리고 유럽연합(EU : European Union) 중 이탈리아와 스페인 등 일부 국가들의 참여와 협조는 끌어낼 수 있었지만, 유럽연합의 주축인 프랑스와 독일로부터는 어떠한 공조조차 얻어내지 못하였다. 유럽의 핵심국가로서 여러 경제적 이권이 걸려있는 중동지역에서 미국과 첨예하게 대립할 수밖에 없는 프랑스와 독일의 반대와 불참으로 인해 유럽연합 차원에서의 공동 지지와 협조를 끌어내기에는 한계가 있었던 것이다. 이를 의식한 미국이 국내 여론의 지지와 환기를 위해, 그리고 국제공조를 과시하기 위해 자발적 동맹국들을 동원하는 과정에서 초강대국이라는 경제적·군사적 위상을 최대한 활용할 수밖에 없었으며, 결국 미국이 주도한 인위적 국제주의의 배후에 각국의 경제·군사적 이해관계가 복잡하게 얽혀 있었다는 것을 보여주었다.

④ 유엔사 회원국의 전력제공 제한요소

미국이 치른 주요 현대전쟁 사례에서 나타난 바와 같이 각 전쟁에 참여한 주요 국가들이 미국 주도 다국적군에 참전하게 된 배경에 대해 살펴본 결과 한반도 유사시 유엔사 회원국들의 전력제공 가능성을 어느 정도 유추할 수 있다. 한반도에서 전쟁이 재발될 경우 유엔사 회원국들은 다음과 같은 몇 가지 이유로 참전을 주저할 수 있다.

첫째, 대량인명 피해 발생을 우려하는 각국의 정치적 부담이다. 걸프전은 참전국 수나 전력 규모에 비해 다국적군의 피해는 비교적 적은 편이었다. 하지만 이 전쟁에서 미군 148명을 포함하여 292명이 사망하였고, 미군 467명을 포함한 776명이 부상을 입었다.[51] 특히 아프간전에서는 표에서 보듯이 무려 3,407명의 연합군 전사자가 발생하였다. 이 중 한국전쟁 당시 정전협정 체결 직후 워싱턴 선언에 참여한 유엔사 회원국 중 미국을 비롯한 11개의 국가가 아프간전에 참전하였는데, 이들의 피해는 모두 3,115명으로서 전체 전사자 수의 91퍼센트를 상회하였다.[52] 뒤이어 발생한 이라크전쟁에서는 미군 4,486명을 비롯하여 영국군 179명, 기타 국가39명 등 4,804명이 전사함으로써 가장 최근의 전쟁일수록 전사자 수가 점점 더 증가하는 추세를 보였다.[53]

아프간전쟁 당시 연합군 전사자 현황

■ : 유엔사 회원국

미국	2,271	영국	453	캐나다	158	프랑스	88
독일	57	이탈리아	53	폴란드	44	덴마크	43
호주	41	스페인	35	조지아	31	네델란드	25
루마니아	23	터키	15	체코	10	뉴질랜드	10
노르웨이	10	에스토니아	9	헝가리	7	스웨덴	5
라트비아	4	슬로바키아	3	핀란드	2	요르단	2
포르투갈	2	한국	2	알바니아	1	벨기에	1
몬트네그로	1	리투아니아	1			계	3,407

출처: 합참, 「아프간 전쟁 종합분석」, 2006. 6, p. 20.

전문가들은 만약 한반도에서 전쟁이 재발하게 된다면 최근의 어떠한 현대전보다 훨씬 더 큰 피해가 생길 것으로 보고 있다. 2005년 미국의 국방위협감소국(DTRA)은 서울 용산에 20킬로톤급 핵폭탄이 지상에서 폭발할 경우를 가정하여 컴퓨터 시뮬레이션을 통해 분석한 결과 서울 인구의 최대 20% 이상이 사망할 수 있다는 데이터를 내놓았다. 또 2010년 미국 랜드연구소가 발표한 '북핵 위협의 불확실성'이란 연구 자료에 의하면 북한이 야간에 10킬로톤급 핵폭탄을 서울지역에 투하할 경우 최소 12만 5천 명에서 최대 20만 명 정도가 사망할 것으로 예측하였다.54) 이를 볼 때, 대량 인명피해가 자명한 한반도지역 전장(戰場)에 유엔사 회원국들이 정치적인 부담을 무릅쓰고 선뜻 자국 전투병력 투입을 결단할 수 있을 것인지는 미지수이다.

둘째, 유엔사 회원국들이 참전을 망설이게 하는 또 다른 요인은 자국의 참전 반대 여론일 것이다. 한 국가가 영토 밖의 특정 분쟁지역이나 교전 지역에 전투병력을 파병할 것인지를 결정하는 데 있어서 중요한 변수 중의 하나가 자국 여론이며, 자국군의 안전에 대한 불확실성이나 전투지역의 위험성 정도가 클수록 참전을 반대하는 여론은 더 커질 수밖에 없다. 이 점은 과거의 한국 역시 예외가 아니었다. 한국은 2002년 11월 이라크전 발발 직후 미국으로부터 전투병력 파병 요청을 받은 이후 파병 여부를 결정하기까지 국내에서는 찬반 여론이 첨예하게 대립하였다.55) 대부분의 국내 보수단체들이 동맹국 미국과의 관계를 고려하여 참전의 타당함을 주장하는 데 비해, 국내 350여 개에 이르는 시민단체들은 연일 파병 반대 시위를 벌이며 정부를 압박함에 따라 한국 정부로서는 한때 진퇴양난에 빠졌던 적이 있었다. 최종적으로는 동맹 관계와 국익을 고려하여 애초 요청받은 것보다 훨씬 적은 수와 규모로 파병을 하긴 했지만, 이 과정에서 국론이 두 갈래로 분열되는 진통을 겪어야 했다. 이러한 국내 사정을 고려할 때 자국 군대의 안전이 불확실한 상황에서 참전 반대 여론까지 고조될 경우 국제적 약속을 이행한다는 이유로 인명 피해와 위험이 도사리고 있는 분쟁지역에 자국 전투병력 파병을 결정하기란 결코 쉬운 일이 아니다.

셋째, 중국과 러시아 등 제3국의 전쟁 개입과 참전국들에 대한 정치·경제적 보복을 들 수 있다. 미국 랜드연구소 소속 브루스 베넷(Bruce W. Bennet) 박사는 "중국은 북한이 위기에 처하거나 전쟁에 돌입할 경우 중국의 안보와 경제적 이익을 고려하여 자동개입을 할 수밖에 없을 것"이라고 예측하였다. 1961년 7월에 체결한 '조·중 동맹조약'을 근거로 하여 중국이 한반도 전쟁에 개입할 가능성은 매우 높다. 따라서 유엔사의 법적 지위를 인정하지 않고 줄곧 해체를 주장하는 북한의 편에 서 있는 중국이 유엔사 회원국들의 전력제공을 좌시하지만은 않을 것이다. 회원국들의 입장에서는 강대국들의 각축장인 한반도에서 자칫 핵으로 무장된 북한군 및 중국군과 맞서 싸워야 하는 것 자체가 매우 두려운 요소로 작용할 수 있다. 아울러 군사 강국이자 세계 2위 경제 대국인 중국이 정치·외교적으로 전 방위적인 압력을 가하거나, 강력한 무역 제재 등 경제보복을 가할 경우, 이러한 현실적인 도전요소는 유사시 유엔사 회원국들이 전투병력 파병을 주저하게 만드는 충분한 변수가 될 것이다.

그 밖에 일부 유엔사 회원국 중에서는 한국전쟁 참전 당시와 비교해 군사력이나 경제력 면에서 국력이 크게 쇠퇴하여 현실적으로 워싱턴 선언 약속을 제대로 이행할 수 없는 국가들도 있을 수 있다. 회원국 중에서 전력을 제공할 능력이 없는 나라들은 미국과의 관계를 고려하여 국가적 지지를 보내는 선에서 또는 소규모의 제한된 지원 활동만으로 전력제공 약속을 갈음하려 할 가능성이 크다.

3. 한미동맹, 유엔사 전력 창출위해 적극 공조

주지하다시피, 한반도 유사시 국제적 지지와 함께 유엔사 회원국이 제공하게 될 지원전력은 한국방위에 없어서는 안 될 매우 중요한 국가전략자산이다. 유엔사의 국제법적인 지위와 한국전쟁 참전국들의 워싱턴 결의에 근거하여 미국이 한반도 유사시 유엔사 회원국들의 전력제공을 기정사실로 천명하기 위한 다각적인 노력을 고려할 때, 만약 한반도에서 전쟁이 발발하더라도 유엔사가 회원국들을 주축으로 다국적 연합군을 결성하는 데 있어 외형적으로는 크게 제한이 없어 보인다. 그러나 앞서 살펴본 주요 현대전쟁에서 살펴본 바와 같이 유엔사의 전력 창출에 예상치 못한 의외의 변수들이 발생할 가능성을 배제할 수 없다. 유사시 유엔사 회원국의 지지와 전력제공은 전략적으로 한국방위에 매우 중요한 자산이 될 것이지만 예상되는 여러 가지 현실적인 장애 요소와 변수에 충분히 대비해야 한다.

① 유엔사 회원국의 전력제공 의지는 점차 약화될 것

북한이 핵을 보유한 상태에서 대남적화통일 전략을 포기하지 않고 있는 이상 한반도에서 전쟁이 발발할 가능성은 상존한다. 중동지역과는 달리 강대국들의 전략적 이해관계가 첨예하게 얽혀 있는 한반도 특유의 지리적·전략적 환경은 전력제공을 약속한 회원국들의 참전 의지를 크게 위축시킬 수 있다. 첨단과학과 대량살상무기가 융합된 미래전 양상은 원거리 정밀타격과 다수 표적에 대한 동시타격을 통해 가공할만한 수준의 살상 효과를 나타냄으로써 그 치명성은 지금껏 있었던 여타의 현대전쟁들과는 비교조차 할 수 없을 것이다. 비록 단기간 내 전쟁이 종결되더라도 승자와 패자 할 것 없이 엄청난 인적·물적 피해를 감수해야 한다는 것도 참전국으로서는 큰 부담이다.

솔직히 1953년 7월 워싱턴 선언 당시만 해도 한반도 정전체제가 이처럼 오랜 기간 지속할 것이라고는 그 누구도 예상치 못했다. 당시 워싱턴 선언은 정전협정 체결 후 짧게는 수개월, 길어도 1~2년 이내에 북한군이 재침공할 가능성을 차단하기 위하여 유엔사 회원국들이 공산 진영에 보내는 경고 성격의 메시지였다. 그러나 한반도 정전체제가 69년이 훌쩍 지난 지금까지 장기간 지속되다 보니 막상 한반도에 전쟁이 발발할 경우 실제 전력제공으로 이어질 것인지에 대해서는 솔직히 현재로서는 미지수이다. 장기간 정전체제가 지속되면서 유엔사 회원국의 전력제공 의지가 약해지지 않을까 하는 미국의 조바심도 엿보인다.

지금으로서는 솔직히 회원국들의 전력제공 의지가 실제로 차질없이 이행될 것인지, 아니면 강대국 미국과의 평시 관계를 고려한 단순 외교적 수사(修辭) 수준인지는 가늠할 수 없다. 다만

한 가지 분명한 것은, 앞에서 분석한 바와 같이 한반도 유사시 유엔사 회원국의 전력제공 의지가 시간이 흐를수록 점점 약해질 가능성이 높다는 사실이다. 유엔사를 주도하여 유사시 한미동맹이 필요로 하는 국제적 지지와 필요한 전력을 창출해야 하는 미국의 고민은 바로 여기에 있다. 그러나 이것은 더이상 미국만의 문제가 아니다. 한국방위와 직결되는 중요한 사안인만큼 결국 한미동맹이 공동으로 극복해야 할 과제이다.

② 유사시 전력 창출 위한 한미공동의 노력 긴요

한미동맹은 한반도 유사시에 대비하여 회원국의 전력을 차질 없이 제공받기 위해서는 무엇보다도 한국이 유엔사의 전력 창출 노력과 활동에 전폭적으로 힘을 실어주는 자세가 필요하다. 더욱이 한국은 가까운 미래에 전작권 환수를 앞두고 있으며 전작권 환수 이후에는 독자적인 작전 수행을 위한 '태세'와 '능력'을 조기에 갖추어야 하는 중요한 과제를 안고 있다. 명실공히 주권국가로서 전·평시 작전통제권을 회복하게 되는 만큼 한반도 및 주변국의 안보환경 변화를 능동적으로 관리하고 대처해야 하며, 국가의 존망이 달린 안보문제를 언제까지 미국에 의존할 수는 없게 되었다.

무엇보다도 한국은 유엔사의 전력 창출에 대한 미국의 부담을 덜어 주고, 그 가능성을 조금이라도 더 높이기 위하여 함께 노력해야 한다. 유사시 유엔사 회원국들의 지지와 차질 없는 전력제공이 한국방위에 매우 긴요한 만큼 한국은 전시 전력제공 임무가 순전히 미국과 유엔사의 몫으로만 생각해서는 안 된다.

아울러 유엔사가 제공하는 전력을 단순히 '운용한다'는 수동적 입장에서 탈피하여 함께 싸울 동맹으로서 힘을 합쳐 미래 전력 제공에 대한 불안감을 해소해 나가야 한다. 회원국들의 전력제공을 확고히 하고자 하는 동맹국 미국의 노력에 적극 동참 및 조력하는 것은 한미동맹 관계를 더욱 다지는 길이면서 미래전의 승리를 뒷받침하는 중요한 초석이 될 것이다.

아울러 한국은 유사시 유엔사 회원국들이 전구작전에 필요한 전력을 적기에 제공해주길 바란다면 평시 회원국들과도 개별적인 친선 및 유대관계를 보다 강화할 필요가 있다. 한국전쟁에 참전한 세계 각국의 베테랑들 중에서 생존자 수가 점점 더 감소하는 추세를 볼 때, 정부 차원의 의례적인 보훈 행사에만 의존하지 말고 군사교류와 경제 분야 협력, 기술지원, 그리고 문화교류에 이르기까지 다방면에 걸친 유대 강화 및 우호협력 활동 등 회원국들과 실질적인 유대 강화를 위해 더욱 노력한다면 결국 유사시 '동맹 시너지 효과'를 상승시키는 강력한 힘으로 나타날 것이다.

판문점 공동경비구역 내 T-1회의실

25 한반도 종전선언과 유엔사

1. 종전선언의 국제이슈화

문재인 전 대통령이 2020년 9월 21일 제76차 유엔 총회 연설을 통해 '한반도 종전선언'을 국제사회에 재차 이슈화함에 따라 한동안 찬반 양론이 뜨거웠었다. 비록 '정치적 선언'이긴 하지만 종전선언이 북한 비핵화와 깊게 연관되어 있고, 한국전쟁에 참전한 당사자들의 생각 또한 제각기 다른 상태에서 한반도에서 전쟁을 영구히 종식하고 새로운 평화의 시대를 열고자 하는 열망은 현실적으로 많은 어려움에 직면케 하고도 남음이 있었다. 70여 년 전에 발발한 한국전쟁을 영구히 종결한다는 것은 여러모로 크게 환영할 만한 일이지만 지나치게 현실과 동떨어진 상황 인식과 다분히 정치적인 논리에 함몰된 주장은 배경과 실현 가능성에 의구심을 유발하기에 충분하였다.

'북한 비핵화' 과제를 선결해야만 북한체제 보장을 위한 종전선언이나 평화협정 체결 논의가 가능하다는 미국의 입장과 선(先) 제재 해제와 단계적 비핵화라는 '벼랑 끝 전술'로 일관하며 종전선언 이전에 미국의 대(對)북한 '적대시 정책'과 '이중기준'부터 먼저 철폐하라는 북한의 주장이 첨예하게 대립한 가운데, 중국 역시 참전 및 정전협정 체결 당사자 자격으로 한반도 평화체제 논의에 절대 빠질 수 없다는 입장이어서 종전선언을 북한 비핵화를 위한 입구로 삼아 '한반도 평화 프로세스'에 추동력을 살리고자 했던 문재인 정부의 구상은 사실상 좌절되고 말았다. 그러나 이러한 돌출적인 상황은 한반도와 주변국의 이해관계에 따라 언제든지 재현될 수 있다는 차원에서 경각심을 주고도 남음이 있다.

한반도가 처한 안보상의 여러 가지 특성을 고려하더라도 종전선언을 평화협정으로부터 분리하여 북한 비핵화를 촉진하고자 하는 특이한 형태의 전쟁종결 방식은 안보상으로도 많은 위험성과 한계를 가지고 있다. 더욱이 미국과 북한 간의 비핵화 협상이 장기간 진전 없이 교착되고 있고, 북한의 군사적 위협 역시 전혀 감소하지 않고 있는 등 현실적으로 종전선언에 대한 최소한의 '필요충분조건'조차 조성되지 않고 있다. 이런 상황에서 만약 종전선언이 가시화될 경우 유엔사 해체 및 주한미군 철수 논란으로 이어져 한미동맹이 약화될 수 있다는 우려의 목소리 또한 커졌다.

2. 전쟁 당사자들의 동상이몽(同床異夢)

① 한국: 선 종전선언으로 북한 비핵화 촉진

문재인 전대통령은 2018년 4월 27일 김정은과의 남북정상회담을 통해 '판문점 선언'을 채택하고, "정전협정 65년이 되는 올해(2018년) 중으로 종전을 선언"하기로 북한과 합의했다. 아울러 같은 해 9월 평양회담에서 판문점 선언 부속서인 '남북 군사 분야 합의서'를 체결하고 이를 사실상의 종전선언이라 평가하며 "남북 간 적대관계가 해소되었다"고 선언하였다. 또한 2019년 6월 30일 판문점에서 남북미 정상 회동이 성사되자, "트럼프 대통령과 김정은이 회동한 그 자체만으로 북미 간에 이미 종전선언이 성사된 것이나 다름없다"라는 성급한 평가를 내놓기도 하였다. 그리고 그로부터 2년이 지난 2021년 9월 21일 제76차 유엔총회에서는 "종전선언이야말로 한반도에서 화해와 협력의 새로운 질서를 만드는 중요한 출발점"이라 강조하면서 "남북미 3자 또는 중국이 포함된 4자가 모여 한반도에서 전쟁이 종료되었음을 선언할 것"을 재차 국제사회에 제안하였다. 문재인 전 대통령은 자신의 임기 5년 동안 다섯 번 유엔 총회에 참석하여 무려 네 번에 걸쳐 종전선언을 국제사회에 화두(話頭)로 던질만큼 종전선언에 집착하였다.

문재인 전 대통령이 잔여임기를 얼마 남겨두지 않은 시점임에도 마지막까지 종전선언을 국제사회에 이슈화하려던 의도는 크게 두 가지로 정리할 수 있다. 첫째는 북미 간 대화 중재를 통해 이미 오래전에 동력을 상실해 버린 '한반도 평화 프로세스'를 재가동할 수 있는 추동력을 만들어 내고자 했기 때문이다. 문재인 정부는 종전선언을 평화협정 체결 논의를 위한 '입구'로, 그리고 북한이 핵을 폐기하는 마지막 단계에서 실제 평화협정을 체결하는 것을 한반도 평화 프로세스를 마무리하는 '출구'로 인식하였다. 2018년 초부터 잇달아 열린 남북정상회담과 북미정상회담에서 잠시 논의되었다가 별 성과 없이 흐지부지되었던 종전선언을 국제사회에 재차 이슈화한 것은 '한반도 평화 프로세스'의 첫 단계로 여겼던 종전선언이 단 한 발자국도 진전을 보이지 못한 데 따른 일종의 조급함 때문이었다. 두 번째는 지난 2022년 3월 초 대선을 앞둔 시점에서 남북관계를 정략적으로 활용할 경우 정치적 중립 논란을 비켜 가면서도 자연스럽게 여권의 정권 재창출을 측면 지원할 수 있는 매력 만점의 카드로 인식했을 가능성이다. 공교롭게도 2018년도에 두 번의 남북정상회담 직후 문 대통령 자신은 물론 여당의 지지율 모두 수직으로 상승했기 때문에 2022년 3월 대선에서 정권 재창출을 위한 간접적인 기여를 염두에 두었을 것이다. 그러나 진정성이 결여된 그의 바람은 결국 정권교체로 이어지면서 실패로 돌아가고 말았다.

② 북한: 종전선언 이전 적대시 정책과 이중기준 우선적 철폐

북한은 현재의 남북관계와 북미관계로는 종전을 선언하기에 적절하지 않다고 생각하면서도 외형적으로 딱히 거부감을 보이지는 않았다. 2007년 당시 김정일 국방위원장은 노무현 대통령과의 남북정상회담에서 "종전선언이 한반도 문제의 해결책은 아니지만 하나의 시작이 될 수는 있을 것"이라며 미지근한 반응을 보였었다. 문재인 대통령의 제76차 유엔 총회 연설 직후인 2021년 9월 24일 북한 김여정이 보인 반응 역시 이와 유사하였다. 김여정은 "종전선언은 흥미 있는 제안이자 좋은 발상"이라고 평가하면서도, "북한에 대한 미국의 편견적 시각과 지독한 적대시 정책, 불공평한 이중기준부터 철회되어야 한다"고는 언급하였다. 또 이튿날인 9월 25일에는 "조선반도에서 군사력의 균형을 파괴하려 들지 말라"는 두 번째 성명을 발표하기도 했다. 김여정의 연이은 발언은 앞서 북한의 리태성 외무부 부상이 "미국의 대조선 적대시 정책과 불공평한 이중기준 철회가 우선이며, 그렇지 않다면 종전선언은 허상에 불과하다"고 주장한 것에 힘을 실어주는 것에 불과했다. 북한은 문 대통령의 종전선언 제의에 대해 시큰둥한 반응을 보이면서 북한에 대한 미국의 전향적인 태도 변화를 선결 조건으로 제시한 것이다. 북의 입장이 문재인 정부의 대 한반도 구상과 크게 어긋나 있음을 보여주는 대목이다.

여기서 북한이 말하는 '적대시 정책'이란 외부에서 북한의 생존권을 위협하는 일체의 요소를 뜻한다. 즉, 북한체제에 위협을 주는 미국의 대북 제재와 정례적인 한미연합훈련, 미국 전략자산의 한반도 전개, 한국의 첨단무기 도입 등을 통칭하는 의미이다. 아울러 북한은 자신들이 미국의 군사적 위협에 대처하기 위한 차원의 정당한 핵 및 미사일 개발은 '도발'로 간주하면서, 정작 한미동맹의 군비 증강은 '억제력 확보'로 간주하는 '이중기준'을 철폐할 것을 주장하였다. 예를 들어 미국이 자신들이 미제 침략에 대비한 자위(自衛)적 방편으로 실시한 SLBM과 탄도미사일 시험 발사는 '도발'로 규정하면서, 정작 남한의 SLBM 시험 발사에 대해서는 '전쟁을 억지하는 수단'으로 평가하는 태도 자체가 동일 사안에 대한 '이중잣대'라는 것이다.

종전선언과 평화협정에 대한 북한의 속내를 두 가지로 정리할 수 있다. 첫째, 북한은 자신들의 체제가 확실히 보장되지 않는 상태에서는 종전선언이나 평화협정이 사실상 아무런 의미가 없다고 인식하고 있다. 최근의 북한 반응들을 종합적으로 볼 때 무엇보다도 비핵화 협상의 맞상대인 미국이 자신들에 대한 적대시 정책을 철회하지 않는 이상 종전선언에 호응할 생각이 없다는 기존 입장을 재확인시켜 주었다. 둘째, 그러면서도 북한은 종전선언이나 평화협정에 대해 어느 정도의 논의 여지를 남겨둠으로써 한국이 미국을 움직여 대북한 적대시 정책을 철회 내지는 완화시키는 데 일정 부분 기여해 줄 것을 바라고 있다. 북한의 궁극적인 목표는 핵보유국으로서 지위를 그대로 유지하면서 미국과의 평화협정 체결을 통해 체제 보장을 더욱 견고히 하겠다는 전략적 의도가 깔려 있으며, 여기에 실질적으로 도움이 된다면 얼마든지 종전선언 논의에 임할 수 있다는 것이다. 김여정이 최근 "조선반도에서 군사력의 균형을 파괴하지 말라"고 요구한 것에 종전선언이나 평화협정을 논의하려면 먼저 대북 제재부터 풀고 자신들의 핵 보유를 인정하라는 주문이 깔려 있다.

③ 미국: 북한 비핵화로 전쟁위협 제거가 우선

트럼프 대통령은 한때 북한 비핵화 조치 이전에 이를 촉진할 생각으로 종전선언을 검토한 적이 있었다. 그러나 미 국무부를 비롯한 내부의 전반적인 분위기는 종전선언을 법적 구속력이 없는 정치적 선언으로 보지 않고 평화협정과 동일시하는 분위기가 강했다. 그러므로 미 의회의 입장은 북한이 가시적인 비핵화 조치 이전에는 종전선언을 논의할 수 없다는 것이었다. 한국의 노무현 전 대통령이 2006년 종전선언 구상을 제안한 이후부터 지금까지 미국은 "북한이 완전하고 검증 가능한 수준으로 핵을 폐기하기 전까지는 종전선언을 할 수 없다"는 일관된 입장을 보였다. 그동안 문재인 정부가 '한반도 종전선언'에 대해 다각도로 미국을 설득했음에도 불구하고 워싱턴의 반응은 대체로 '시기상조'라는 평가가 지배적이다. 미국은 종전선언이 정치적 선언에 불과하다지만 이는 곧 유엔사 해체 및 주한미군 철수 주장으로 이어져 궁극적으로 한미동맹 약화로 이어질 것을 경계한다. 바이든 정부 역시 종전선언 논의에는 '열려 있다'는 입장이지만 아직은 원하는 조건이 충족되지 못하고 있다고 평가한다.

이처럼 종전선언이나 평화협정에 대한 미국 입장은 매우 간명하면서도 단호하다. 미국은 종전선언과 평화협정을 분리하여 고려하는 것이 아니라 북한 비핵화와 연계한 일괄타결 방식의 동시 개념으로 인식하고 있다. 즉 북한 비핵화가 전제되지 않는 종전선언에는 응하지 않겠다는 것이다. 미국은 "종전선언을 지지한다" 또는 "북한을 적대시하지 않는다"라고 원론적으로 대응하면서 적극적인 반응은 보이지 않고 있다. 미국이 "종전선언을 지지한다"라는 반응은 "지금 당장 종전선언에 응하겠다"라는 것보다 "종전선언에 대한 논의 자체를 회피하지 않겠다"는 의미가 더 크다. 그러면서도 한결같이 "단, 북한이 핵을 폐기한다면"이라는 단서를 붙여 왔다. 미국은 핵 무력을 강화하며, 비무장지대 인근에 각종 전투부대가 밀집 배치된 상태에서 북한과 한반도 평화를 논하는 것은 동맹인 한국 안보를 위태롭게 할 뿐만 아니라 유엔사 해체 빌미만 제공하게 될 것이라는 우려 때문이다. 또 종전선언에 대한 워싱턴의 회의(懷疑)적인 시각은 한국 정부가 '종전'과 '선언'의 인과관계를 잘못 인식하고 있다는데 기인한다. 즉 '선언'을 통해 전쟁이 끝나는 것이 아니라, 전쟁 위협이 사라질 때 비로소 종전선언이 가능하다는 입장인 것이다.

아울러 미국은 종전선언에 이어 비핵화 협상 시작, 그리고 평화협정 체결이라는 복잡한 절차가 비현실적이며 아직은 때가 성숙하지 않았다고 인식하고 있다. 현실적으로 정전협정이 유지되고 있는 상황에서 정치적 의미가 담긴 종전선언에 선뜻 동참할 경우 현실과의 괴리감이 매우 클 것이기 때문이다. 또 종전선언 이후 비핵화 협상이 원활하지 않고 장기화할 경우 초래될 부작용을 우려하는 측면도 있다. 무엇보다도 종전선언 이후 북한이 요구할 것으로 예상하는 한미연합연습 중단 및 전략자산의 한반도 전개 반대, 나아가서는 유엔사 해체나 주한미군 철수 주장 등이 비핵화 협상을 가로막을 수 있고, 종전선언이 된 이후에 북한이 비핵화에 응하지 않는다면 미국이 취할 군사적 옵션이 크게 제한된다는 것이다.

이처럼 미국이 북한을 불신하는 가장 큰 이유는 그동안 북미 협상에서 북한으로부터 속아왔다는 것을 인식한데다, 무엇보다도 북한 배후에 있는 중국에 대한 불신이 겹쳐 있기 때문이다. 사실 미국은 한반도 문제를 늘 미중 간 전략적 관계의 틀 안에서 해석해 왔다. 따라서 미국은 북미정상회담의 실질적 승자는 중국이며, 중국은 한반도 긴장 완화를 통해 한미동맹 약화는 물론 궁극적으로는 북한의 주한미군 철수 주장에 힘을 실어주고 있다고 생각한다.[56] 이런 연유로 종전선언은 비핵화 마지막 단계에서 평화협정의 일환으로서만 가능하다는 것이 미국의 입장이다. 종전선언이 단순히 정치적 선언에 불과하다지만 일단 종전선언에 동의하게 된다면 그 이후 북한의 돌출적인 반응에 직면하게 되더라도 도중에 발을 빼기가 쉽지 않을 것이다. 그리고 문재인 대통령이 발언했던 것처럼 북한이 도중에 종전선언을 취소 내지는 번복할 경우 미국의 국제 리더십에도 심대한 타격을 받게 될 것이라는 사실을 미국이 간과하지 않을 것이다.

④ 중국: 쌍중단(雙中斷)과 쌍궤병행론(雙軌丙行論)

중국은 종전선언이 남북미 3자 간에 이루어질 가능성이 대두되자 한반도에 대한 영향력 약화로 이어질 수 있다는 강한 경계심 속에서 남북미중이 참여하는 4자 종전선언을 거듭 주장해 왔다. 중국은 2018년 남북 정상이 판문점 선언을 통해 "올해(2018) 중으로 종전을 선언하고 정전협정을 평화협정으로 전환하며 항구적이고 공고한 한반도 평화체계 구축을 위한 남북미 3자 또는 남북미중 4자 회담을 적극 추진한다"고 밝힌 것에 대하여 불편한 기색을 감추지 않았다. 중국은 문재인 대통령의 유엔 총회 연설 직후인 2021년 9월 22일 외교부 대변인 정례 브리핑을 통해 "중국은 관련국들의 노력을 지지하며, 한반도 문제와 관련한 중요한 한 나라이자 정전협정을 체결한 당사자로서 역할을 계속할 것"이라고 밝혔다. 지금까지 중국은 한반도 평화체제 논의와 연계하여 평화협정과 비핵화 논의를 병행하는 쌍궤병행론을 주장해 왔다. 이른바 쌍중단, 쌍궤병행이라는 해법을 제시한 국가로서 당연히 종전선언의 당사자가 되어야 한다는 것이다. 중국은 한반도 정전협정 서명국이면서 한국전쟁에서 수십만 명의 중국군이 희생된 역사적 아픔(?)을 갖고 있어 남북미중 4자가 함께 종전선언과 평화협정을 논의해야 한다는 입장이며, 그 과정에서 한반도 비핵화, 유엔사 해체 및 주한미군의 역할 및 지위 문제 등 한반도 관련 모든 안보 이슈 등을 테이블에 올려놓고 4자 간 본격적인 협상과 논의를 할 것을 제안한 바 있다.[57]

중국은 미국이 종전선언에 동의할 경우 한국 내 유엔사를 더 이상 존속시킬 수 없게 되거나, 주한미군이 주둔할 명분을 잃게 될 것으로 내심 기대한다. 또 평택의 캠프 험프리스와 제주 해군기지, 그리고 김천에 배치된 사드(THADD) 등 막강한 주한미군 전력에 더하여 유엔사를 매개로 한 주일 유엔사 후방기지의 능력과 태세 등이 중국의 아시아 태평양지역 진출을 방해하고 있다고 인식한다. 중국은 외형적으로는 종전선언을 지지하지만, 미중 패권 다툼의 열세를 만회할 수 있는 전략적 야심에서 내심 북한이 요구하는 방향으로 종전선언이 이루어지길 바라고 있다.

3. 종전선언의 허와 실, 그리고 유엔사

70년 전에 발생한 한국전쟁의 산물인 정전협정에 종지부를 찍고 하루속히 '항구적이며, 완전하고도, 검증 가능하며, 불가역적인 한반도 평화체제'로 전환하는 것은 우리 국민 모두의 염원이다. 하지만 앞에서 지적한 바와 같이, 현실적으로 한반도에서 전쟁을 영구히 종식하고 당장 평화체제로 갈 수 있을 정도의 필요충분조건을 충족하지 못한 상태에서 당장 실행에 옮기기엔 너무나 많은 제약이 있다. 이들 선행조건의 충족 여부를 제대로 검증하지도 않고 예상되는 제한요소들을 간과한 상태에서 종전선언이나 평화협정 논의에 함몰되어서는 안되는 이유이다.

북한 비핵화 협상이 장기간 교착되고 있는 가운데, 때 이른 종전선언 논의는 한미동맹을 와해시키는 '잘못 꿴 첫 단추'가 될 것이다. 무엇보다 준비가 덜 된 상태에서 종전선언을 강행할 경우 한동안 잠복하고 있던 유엔사 해체 논란을 다시금 수면 위로 떠올리게 할 것이다. 만약 한반도에서 종전선언이 성사되면 북한이 가장 먼저 취하게 될 행동은 '유엔사 해체' 요구일 것이며, 다음 순서는 자연스럽게 '주한미군 철수' 주장으로 이어질 것이다. 문재인 전 대통령은 2018년 9월 20일 제3차 남북정상회담 이후 프레스센터에서 가진 기자간담회에서 "종전선언이 마치 정전체제를 종식하는 효력이 있어서 유엔사의 지위를 해체하게 한다거나 주한미군 철수를 압박한다는 의미가 아니다"라면서 이러한 우려를 불식시키려는 듯한 발언을 하였다. 그러나 지난 2021년 12월 제76차 유엔 총회 연설을 마친 직후에 가진 기자회견에서는 "종전선언은 주한미군 철수와는 무관하다"면서도 유엔사의 거취에 대해서는 단 한마디도 언급하지 않았다. 향후 비핵화 입구로 생각하는 종전선언이 가시화되면 비핵화를 촉진하는 과정에서 유엔사 해체 문제가 얼마든지 연루될 개연성을 엿볼 수 있는 미묘한 변화였다.

　북한은 2018년도 북미정상회담에서도 종전선언을 논의하면서 유엔사 해체를 우선적인 조건으로 내걸었다. 북한은 그동안 유엔사는 유엔(UN)과 무관한 불법적 간섭 도구이므로 종전선언이 되면 평화협정과 무관하게 해체되어야 한다고 일관되게 주장해 왔다.[58] 종전선언을 하게 되면 유엔사가 고유의 임무인 '정전협정 관리자'로서의 기능을 상실하게 된다는 것이 그들의 오래된 주장이었다. 이에 호응이라도 한 것인지는 모르겠지만 문재인 정부가 출범하면서 유엔사에 대한 시선이 예전 같지가 않아졌다. 문재인 대통령의 안보특보를 지낸 문정인은 "유엔사는 창립근거 자체부터 문제가 많은 조직"으로 치부하며 논의자체를 회피하였고, 더불어민주당 송영길 대표는 "유엔사는 족보가 없는 조직"으로 폄훼함으로써 세간의 논란을 불러일으켰다. 국책연구기관인 통일연구원 또한 '한반도 평화협정 시안'이라는 문건을 통해 "북한 비핵화가 절반 정도 진척된 시점에 평화협정을 체결하고, 이 협정의 발효 이후 90일 이내에 유엔안보리 결의를 통해 유엔사를 해체하며, 북한 비핵화가 완료되기 이전에 주한미군의 단계적 감축에 관한 협의에 착수하는 방안"을 제시하였다.[59] 이러한 사실만 보더라도 문재인 정부가 유엔사를 얼마나 하찮고 불편한 존재로 인식하고 있었는지를 짐작케 한다. 만약 유엔사 해체에 이어 주한미군 철수까지 현실화한다면 북한의 대남 무력적화통일전략 여건을 조기에 충족시켜주는 도화선(導火線)이 될 전망이다. 설상가상으로 북한이 핵을 포기하지 않은 상태에서 종전선언을 매개로 유엔사 해체까지 성공한다면 그들이 공언한 바와 같이 '강위력(强威力)한 핵 무력'을 앞세워 대남적화통일을 달성하는데 필요한 모든 혁명역량을 갖추게 되는 제2의 남침 시나리오 완결판이 될 것이다.

만약 항간의 주장대로 유엔사가 현 상태에서 끝내 해체된다면 한국방위에 어떤 영향을 미치게 될까? 우선 평시 정전협정 관리 및 유지를 위한 북한과의 대화 통로가 상실됨으로써 크고 작은 정전협정 위반사항이나 도발이 발생할 경우 현장조사나 쌍방 간 중재 및 협의 등 상황관리가 제한된다. 그동안 북한이 정전협정 당사자가 아니라는 이유로 한국을 대화 상대에서 배제해 왔던 것을 보면 충분히 짐작할 수 있는 부분이다. 그렇다면 유엔사가 부재(不在)한 상황에서 북한이 과거 천안함 공격이나 연평도 포격 도발과 같은 고강도 도발을 자행할 경우 추가 도발이나 확전 등으로 이어져 자칫 한반도가 더 큰 위기상황에 빠질 위험성이 있다. 이에 한발 더 나아가 핵을 보유한 북한군이 의도적으로 계획적인 고강도 도발을 자행할 경우 한국군의 대응카드는 극히 제한될 수밖에 없다.

북한이 유엔사 해체를 주장하는 주된 이유 중의 하나는 한반도 유사시 유엔사가 수행하게 될 '전력 제공자(Force Provider)' 기능을 두려워하기 때문이다. 만약 한반도에서 전쟁이 재발하더라도 지금처럼 유엔사가 존재하는 한 별도의 유엔안보리 결의안 채택 없이도 미군 전력을 포함한 다국적군 전력을 신속히 구성하여 한미연합사(또는 미래연합사)가 수행하는 전구작전을 즉각 지원할 수 있다. 그러나 유엔사가 해체되고 난 이후에는 상황이 완전히 달라진다. 미국을 비롯한 우방국들이 한국에 전력을 제공하고 싶어도 유엔안보리 결의안 채택을 통해 먼저 국제적인 합법성을 확보해야 하고, 참전을 희망하는 우방국들이 전력을 제공하기 위해서는 제각기 자국 의회의 승인을 득해야 하므로 시간적으로든 물리적으로든 신속한 다국적군 전력 창출은 기대하기 어려워진다. 게다가 전통적으로 북한과 우호 관계에 있는 중국과 러시아가 유엔안보리 상임이사국으로 있는 한, 과거처럼 유엔안보리 차원의 결의안을 채택하는 것은 불가할 것이다. 더욱이 유엔-일본 간 SOFA(1954. 2. 19) 제24조와 25조에 명문화되어 있는 것처럼 유엔사가 해체되고 나면 주일 유엔사 후방기지 역시 90일 이내 철수하게 되어있어서, 해외에서 증원되는 전력들이 한반도로 전개하기 이전에 최종적인 투입 준비와 필요한 지원을 받게 되는 중간기지 또한 사라지게 된다. 만약 유엔사 후방기지가 폐쇄될 경우 전시 한반도에 둘 수 없는 전략자산의 전진배치라든가, 한반도에 출동한 부대 및 자산에 대한 지속적인 지원에도 심대한 차질이 발생할 수 밖에 없다.

또 한 가지 더 유념할 것이 있다. 비록 종전선언을 하더라도 법적 효력이 없으므로 평화협정으로 완전히 대체될 때까지는 현재의 정전체제가 정상적으로 작동되어야 하는데, 자칫 유엔사가 관장하는 현 정전체제가 소홀하게 취급될 수 있다는 것이다. 정전협정문에 의하면, 설사 평화협정 체결을 염두에 두고 있다 하더라도 어느 일방이 정전협정을 마음대로 파기할 수 없도록 규정하고 있다. 정전협정 제61항엔 '정전협정 수정은 반드시 쌍방이 합의를 거쳐야 한다'고 명시하고 있으며, 제62항엔 '정전협정은 쌍방의 정치적 수준에서의 평화적 해결을 위한 적당한 협정으로 명확히 교체될 때까지 계속 효력을 가진다'라고 명시하고 있다. 그러나 북한은 정전협정이 유엔군 측 대표와 조·중 측 대표 간에 체결한 엄연한 국제적인 협정임에도 지난 69년 동안 끊임없이 훼손하였을 뿐 아니라, 정전협정 관리의 주체인 유엔사를 부정하는 등 상황에 따라 아전인수(我田引水)격 행동을 서슴지 않았다. 북한은 1991년 한국군 황원탁 육군 소장을 유엔사 군정위 수석대표에 임명한 것을 트집 삼아 조·중 측 군정위를 해체하였고, 이후 중감위 대표국가인 체코와 폴란드 대표단을 강제 축출하는 등 본격적인 정전협정 무실화(無實化)에 돌입하였다. 게다가 북한은 북핵 문제로 국제사회로부터의 비난과 압박에 직면하게 되자, 2013년 3월에 두 차례에 걸쳐 일방적으로 '정전협정 폐기'를 선언한 적이 있었다. 북한의 이러한 무례한 태도는 1992년 9월 제8차 남북 고위급회담을 통해 쌍방이 합의하여 남북기본합의서에 명문화한 '정전협정 준수' 의지와도 정면으로 배치되는 도발적 행위이다.[60] 정전협정을 훼손하고 부정해 온 그간의 전력(前歷)을 볼 때, 과연 북한이 종전선언을 존중하고 제대로 이행할 것인지에 대한 염려와 의구심을 갖게 한다. 북한이 진정으로 한반도 평화를 원한다면 종전선언을 요구하기 이전에 오히려 그동안 자신들이 훼손시킨 정전체제부터 원상으로 복구시킨 상태에서 이를 적극적으로 이행하는 진정성을 보임으로써 국제사회로부터 신뢰를 회복하는 것이 급선무일 것이다.

4. 어설픈 평화놀음 보다 튼튼한 국가안보가 우선

　70년 전에 발생한 한국전쟁의 산물인 정전협정에 종지부를 찍고 하루속히 '항구적이며, 완전하고도 검증 가능하며, 불가역적인 한반도 평화체제'를 정착시키는 것은 대한민국 국민이라면 누구나 바라는 한결같은 염원이다. 하지만 앞에서 지적한 바와 같이 현실적으로 한반도에서 전쟁을 영구히 종식하고 당장 평화체제로 갈 수 있을 정도의 '필요충분조건'을 갖추지 못한 상태에서 종전선언이나 평화협정 체결을 서두르기에는 너무나 많은 위험성과 현실적 한계를 안고 있다.

　첫째, 한미동맹은 종전선언이나 평화협정을 논의하기에 앞서 이를 실행에 옮길 수 있는 '필요충분조건'부터 먼저 검토해야 하며, 그 이전까지는 현재의 정전협정을 충실히 이행하도록 북한을 압박할 필요가 있다. 그렇다면 현재의 정전협정 서언에 명기하고 있는 '최후적이고 완전한 평화'에 합당한 필요충분조건은 무엇일까? 앞서 이미 언급한 바대로 ① 북한이 완전히 비핵화되고, 남과 북이 일체의 상호 적대행위를 영구 중단하는 등 한반도에서 군사적 긴장이 먼저 해소되어야 하고, ② 남북이 장기간 교류와 협력을 통해 상호 충분한 신뢰가 형성되어야 하며, ③

북한이 정상적인 국제사회 일원으로서 주어진 책임을 충실히 이행하는 정도는 되어야 할 것이다. 특히 북한의 일방적인 군사 도발과 위협이 완전히 해소되려면 가장 시급하게 해결해야 할 것은 당연히 '북한 비핵화'이다. 북한이 핵을 포기하지 않은 상태에서 종전선언과 평화협정을 체결할 경우 한국은 남북관계에서 영구히 주도권을 상실하게 될 것이다. 특히 종전선언과 평화협정 이면(裏面)에 감춰진 북한의 대남 무력적화통일을 위한 시간 벌기용 기만 전략에 대해서도 대비해야 한다.

둘째, 종전선언과 평화협정의 순서 및 절차의 문제이다. 항간의 주장대로 한반도의 특수성을 고려하여 남과 북이 먼저 종전선언을 통해 국제사회로부터 신뢰를 획득하고, 그 신뢰가 성숙했다고 판단되는 적정한 시기에 정전협정을 평화협정으로 대체하는 순차적 실행도 나름 일리는 있다. 그러나 전후 70년 동안 남과 북이 적대관계 속에서 늘 긴장국면으로 대치해 왔던 역사적 사실을 고려할 때, '판문점 선언'에 명시된 바대로 단기간 내에 종전선언과 평화협정 체결을 달성하기에는 여러 가지로 한계가 있다. 왜냐하면, 종전선언만으로는 북한 비핵화를 촉진하기가 어렵고, 전쟁을 완전히 종식할 수 있는 법적 구속력도 갖고 있지 못하기 때문이다. 따라서 종전선언과 평화협정은 어느 정도 여건이 조성되었을 때 원스톱(one stop) 개념으로 동시에 추진하는 것이 바람직하다. 즉 북한 비핵화 등 소위 '필요충분조건'이 충족되는 시기에 평화협정의 가장 서두부분에 종전을 포함하여 동시에 선언하는 것이다. 따라서 문재인 정부가 지향했던 북한 비핵화와 연계한 '입구' 및 '출구' 개념은 두번 다시 거론되어서는 안된다. 또 북한이 과거 자신들이 동의했던 정전협정마저 부정하고 제대로 이행하지 않는 엄연한 현실을 직시할 때, 반드시 정전협정 체결 및 전쟁 수행 당사자들이 모두 참여한 가운데 제반 절차를 진행함으로써 국제법적인 정당성과 강제성을 확보해야 한다. 이 경우 협상은 남과 북이 주도하되, 정전협정 서명국이자 전쟁당사자인 미국과 중국이 참여함으로써 단순한 정치적 선언이 아닌 돌이킬 수 없는 수준의 완전한 전쟁 종식 선언이 되도록 해야 할 것이다.

셋째, 전작권 전환을 앞둔 현시점에서 종전선언과 연계하여 섣불리 유엔사 거취를 논하는 일이 없도록 매우 신중한 접근이 필요하다. 사실 정전협정문 그 어디에도 '종전선언이나 정전체제 종료와 동시에 유엔사를 해체한다'라는 문구는 포함되어 있지 않다. 오히려 정전협정 서언에는 "쌍방에 막대한 유혈을 초래한 한국 충돌을 정지시키기 위하여서와, 최후적인 평화적 해결이 달성될 때까지 정전협정이 유효한 것"으로 명시하고 있으며, 말미(末尾)에 "순전히 군사적 성질에 속하는 것"으로 규정하고 있다. 이를 유추해 보면, '군사적으로 최후적인 평화적 해결'이 없는 상태에서 유엔사 해체를 고려하는 것 자체가 위험하고 부적절한 행위라는 의미를 내포하고 있다.

넷째, 만약 평화협정을 체결하더라도 평화체제가 제대로 이행되는지를 관리 감독하고, 이를 조정 및 통제하는 '국제 감시 기구'가 반드시 필요하다는 점이다. 그러나 주변국의 제각기 다른 이해관계가 복잡하게 얽혀 있는 한반도의 안보정세를 고려할 때, 한반도 평화협정 체결과 때를 같이 하여 이를 관리하는 새로운 국제기구를 적시에 조직하여 정상적인 기능을 발휘할 것이라고 기대하기 어렵다. 또한 현실적으로 남과 북 그리고 주변국의 이해관계를 모두 충족하는 국제 감시기구를 만드는 과정도 결코 순탄치 못할 것이다. 그렇다면 지난 70년간 '정전협정 관리자'로서 한반도 상황을 안정적으로 관리해 왔고, 무엇보다 한반도와 주변 정세에 익숙한 유엔사가 '평화협정 관리자'로서 역할을 감당할 수 있도록 유엔사의 임무를 시대에 맞게 최적화시켜 나가는 것도 현실적으로 매우 효과적인 방법이 될 것이다.

마지막으로, 만약 어느 한쪽이 일방적으로 종전선언이나 평화협정을 파기하거나 침략을 위한 기만용으로 악용할 경우, 국제사회가 이를 즉각 응징할 수 있는 합법적이고도 강제성 있는 제재수단을 강구할 필요가 있다. 즉, 일방적으로 어기는 측에 대하여 국제사회가 즉각 응징을 가할 수 있는 조항을 협정문에 명문화함으로써 기만적 위장평화의 위험성을 감소시키는 방안을 모색해야 한다는 의미이다. 예를 들어 어느 한 편이 고강도의 군사적 도발이나 무력에 의한 기습공격을 자행함으로써 평화체제를 파괴하고자 시도할 경우 국제사회가 유엔안보리 결의 없이 즉각 개입하여 응징할 수 있도록 규정하되, 일방적으로 파기한 쪽에 대해서는 일체의 외부적 군사적 개입이나 지원을 하지 못하도록 협약에 명문화함으로써 국제법적인 정당성과 강제성을 동시에 갖추는 방안이다.

지금까지 살펴본 바와 같이, 종전선언은 한반도에서 전쟁을 종식하고 항구적인 평화를 지향하는 일차적 관문의 성격이라지만, 현실적으로 많은 위험성과 한계를 내포하고 있다. 북한이 핵보유국으로서 인정받길 원하면서도 집요하게 종전선언과 평화협정 체결을 요구하는 것은 '대남 무력 적화통일'이라는 국가전략을 달성하기 위함이며, 이를 위한 대전략은 '한미동맹 와해'이고, 이는 결국 '유엔사 해체'와 '주한미군 철수'로 귀결된다. 이러한 사실을 알면서도 북한의 주장을 그대로 답습하는 것은 결코 용납될 수 없는 행위이다. 섣부른 종전선언 논의로 한국방위가 약화할 뿐만 아니라 자칫 국가 존망과도 직결되는 중요한 이슈인 만큼 국가안보 차원의 심사숙고와 검증, 그리고 예상되는 위험에 대비한 충분한 국제적 안전장치의 마련이 선행되어야 한다. 무엇보다도 정치적 선언에 불과한 종전선언에 집착할 것이 아니라, 한미동맹을 더욱 견고히 한 상태에서 한반도 평화체제 달성을 위한 점진적인 여건 조성 노력과 함께, 그러한 과정에서 예상되는 위험성 및 한계를 극복하기 위한 국가안보 차원의 심사숙고와 충분한 검증, 국제적 안전장치 마련 등에 제반 노력을 기울여야 할 것이다.

제7부
글을 마치며

26. 유용한 국가전략자산, 유엔사
27. 대한민국에 특화된 맞춤형 안전보장보험
28. 유엔사의 미래, 한미동맹의 선택

만약 한국에 유엔사가 없는 상태라고 가정하면
상임이사국의 구성과 그간의 성향에 비추어
유사시 다국적군 전력 구성을 위한 안보리 결의 채택은 불가할 것이다.
유엔사는 최악의 안보 리스크를 해소할 수 있는
유용한 안보전략자산으로서 국가 차원에서 특별관리해야 한다.

유엔사는 국제연합이 대한민국에 준 특별한 선물이자,
한반도 평화를 위해 특화된 '맞춤형 특별안전보장보험'이다.
지난 70년 동안 한반도 상황을 안정적으로 관리해 온 만큼
유엔사의 위상과 가치에 대해 마땅히 재평가해야 하며,
필연적으로 다가올 한반도 평화 시대에 대비하여
그 역할과 기능을 시대에 맞게 최적화시켜 나갈 필요가 있다.

재활성화된 유엔사는 한미 양국의 국익에 도움이 되어야 하며,
유엔사 관련 이슈들이 새로운 차원의 동맹 딜레마로 확대되지 않도록
상호 허심탄회하고 진솔한 협의를 통해 해결해 나가야 한다.

26 유용한 국가전략자산, 유엔사

제2차 세계대전 종료 직후인 1945년 10월 24일 국제연합(UN : United Nations, 이하 유엔)이 창설되었다. 국제연합(UN)은 두 차례의 세계대전을 겪은 후 전쟁의 참상으로부터 인류를 보호하며 전 세계적으로 평화를 유지하고 인류의 복지향상을 도모하기 위하여 만들어진 범세계적 기구이다. 제1차 세계대전 이후 발족한 국제연맹(LN : League of Nations)은 제안국인 미국마저 고립주의를 택하여 아예 가맹하지 않았고, 독일이나 소련의 가입도 애초 받아들여지지 않았다. 또 국제연맹(LN)은 평화유지를 위해 발생한 기구였지만 군사력 동원이 불가하여 평화유지의 목적을 충분히 달성할 수 없는 약점이 있었다. 이에 반해 국제연합(UN)은 국제연맹(LN : League of Nations)의 실패를 교훈으로 삼아 항구적인 국제평화와 안전보장을 도모하고 국가 간의 분쟁을 평화적으로 해결하기 위해 더한층 발전된 개념의 집단안전보장 체제를 지향하였다. 즉 군사력의 동원이 가능하고, 상임이사국과 총회가 분리되었으며, 총회에서 의결한 사항에 대해서 상임이사국이 거부권을 행사할 수 있었다. 유엔이 집단안보(集團安保) 개념에 토대를 둔 것은 세력 균형이나 동맹체제와 같은 전통적 방법이 아닌 조정이나 중재를 통해 국제분쟁을 해결하려는 의도였다. 유엔은 안전보장이사회(안보리), 총회, 경제사회이사회, 신탁통치이사회, 국제사법

재판소, 사무국 등 6개의 주요 기관을 두고 있으며, 이 가운데 안보리는 국제평화와 안전의 유지를 책임지고 총회에 앞서 분쟁 문제, 유엔 가입 문제 등을 다루는 중심 기구였다.

국제연맹(LN)과 국제연합(UN)의 로고

1950년 6월 25일 소련의 사주와 중공의 지원 약속을 등에 입은 북한이 기습남침을 감행하여 한국전쟁이 발발하자 유엔은 한반도 문제에 발 빠르게 개입하여 평화적으로 이를 해결하고자 하였다. 그러나 북한이 38도선 이북으로 군대를 철수하라는 유엔의 권유에 불응하고 계속 무력남침을 강행함에 따라 국제연합(UN)은 집단안보 개념에 따라 첫 번째로 국제적 공권력을 발동하게 되었다. 이처럼 유엔사는 유엔이 지향하는 집단안보 개념에 따라 '국제연합군 총사령부 설치'에 관한 유엔안보리 결의안 제84호와 유엔사 일반명령 제1호에 근거하여 창설된 세계 최초의 국제연합군이다. 즉, 대한민국은 유엔이 설립된 이후 역사상 세계 최초로 '집단안보' 수혜를 입은 첫 번째 나라이자 지금까지 유일한 나라가 되었다. 한국전쟁 이후에도 지구상에 수차례의 크고 작은 지역분쟁들이 발생했지만, 유엔사와 같은 다국적 통합사령부는 유엔 역사상 두 번 다시 만들어지지 못했다.

유엔군(UN Forces)은 남수단이나 동티모르, 소말리아 등에서 활동하는 유엔 평화유지군(UN Peace Keeping Forces)과는 차원이 다르다. 유엔 평화유지군(UN PKF)은 세계 평화와 안전유지를 위한 유엔의 평화유지활동(PKO)을 수행하기 위해 유엔이 특정지역에 파견하는 다국적 군대를 말하는데, 일반적으로 민간인 또는 군사요원으로 구성하여 무력의 사용이 없이 분쟁지역의 평화를 유지하거나 회복을 돕기 위한 활동을 펼치게 된다. 미국이 중동국가들을 상대로 벌인 가장 최근의 현대전쟁들 모두 미국 주도로 다국적군 전력을 구성하긴 했지만 모든 전쟁이 유엔안보리 결의를 거쳐 국제사회로부터 전쟁 명분을 확보한 것은 아니었다. 그 중 걸프전쟁(1991)과 아프간전쟁(2001)은 각각 이라크의 불법 쿠웨이트 점령과 미 무역센터에 대한 항공기 자살공격 테러로 인해 국제사회로부터 지탄받게 됨에 따라 그나마 비교적 쉽게 유엔안보리 결의를 채택 받을 수 있었다. 그러나 이후 발생한 이라크전쟁(2003)은 동맹들마저 미국이 '후세인 제거'라는 미명(美名)을 내세우며 실제는 중동의 유전을 차지하려 한다는 비난 속에 등을 돌림으로써 결국은 유엔안보리 결의를 채택받지 못한 상태에서 영국군과 연합으로만 서둘러 이라크를 공격해야 했다.

한국전쟁 초기 유엔이 적기에 안보리 결의 제 82, 83, 84호를 채택한데 이어 매우 신속히 유엔사를 창설할 수 있었던 것은 미국이 매우 적극적으로 유엔을 움직였을 뿐만 아니라, 당시 유엔 주재 말리크 러시아 대사가 대만이 중국을 대표한다는 것에 불만을 품고 표결에 불참함으로써 기권으로 처리되는 등 약간의 행운이 작용하였다. 그러나 현 유엔안보리 상임이사국의 구성과 국제정치 성향을 고려할 때 향후 국제사회에 어떠한 새로운 분쟁이 발생하더라도 유엔사와 유사한 성격을 띤 새로운 다국적 통합사령부가 만들어질 가능성은 극히 희박하다. 왜냐하면, 현재의 유엔안보리에서 내리는 모든 결정은 5개 상임이사국 전부 찬성에 더해 모두 9개국 이상이 찬성이 필요한데, 이들 상임이사국 중 어느 한개 국가라도 거부(비토)권을 행사하면 결의 자체가 성립되지 않는 '특권적 표결권'을 가지고 있기 때문이다. 이러한 우려는 현재 지속중인 러시아·우크라이나 전쟁을 보더라도 쉽게 예견할 수가 있다. 유엔안보리 상임이사국인 러시아는 우크라이나 침공을 정당화 하려했고, 유엔안보외 상임 및 비상임 이사국은 '상임이사국 만장일치' 조항에 가로막혀 러시아에 대한 그 어떤 결의나 제재를 가하지 못했다. 이를 볼 때, 만약 한반도에 다시 전쟁이 재발한다면 과거 한국전쟁 때와 같이 유엔으로부터 집단안보 혜택을 받을 수 있는 행운은 두 번 다시 오지 못할 것이다. 공산권의 종주국이면서 국제사회에서 줄곧 북한의 입장을 옹호하고 있는 러시아와 중국이 유엔안보리 상임이사국이기 때문이다. 만약 북한이 다시 무력남침을 기도할 경우 이들 중 어느 한 개 국가라도 거부권을 행사한다면 한국을 돕기 위한 유엔안보리 결의는 무산될 수밖에 없다.

    한반도 유사시 이러한 최악의 모든 안보 리스크를 한꺼번에 해소할 수 있는 것이 바로 '유엔사(UNC)'이다. 정전협정 체결 이후 69년 동안 유엔사가 한국에 존재하고 있고, 한반도 유사시 전력을 제공한다는 '워싱턴 선언'이 여전히 유효하며, 유엔사를 지원하기 위한 주일 유엔사 후방기지 역시 건재하기 때문이다. 주지하다시피 유엔사는 이미 유엔안보리 결의를 거쳐 설립된 국제기구이자, 다국적군 구성을 위해 전력제공을 약속한 유엔사 회원국들이 주축이되는 다국적 통합사령부이다. 따라서 한반도에서 혹여 전쟁이 재발하더라도 별도의 유엔안보리 결의를 거칠 필요가 없다. 한마디로 유엔사는 유엔이 인정하는 국제법적 지위와 유엔이 추구하는 집단안보 개념을 이미 충족하고 있는 국제기구이다. 그래서 한반도에서 전쟁이 재발하더라도 국제법적 정당성을 가지고 있는 유엔사를 통해 한미동맹이 필요로 하는 전투병력 및 장비, 물자들을 즉각적으로 제공받을 수가 있다. 그런 의미에서 유엔사는 지구상에 단 하나밖에 없으면서 오직 한반도 평화와 안정만을 위해 존재하는 매우 소중한 국가전략자산으로서의 유용성을 지니고 있다. 특히 일본 본토 및 오키나와에 산재한 일곱 곳의 주일 유엔사 후방기지는 전체 89개에 달하는 주일 미군기지 중에서도 가장 전략적인 요충지에 자리 잡고 있으며, 유사시 전력제공 기능을 통해 한반도 전구작전을 견인하는 중요한 거점 역할을 하게 된다. 그러나 만약 유엔사가 해체된다면 이 모든 혜택과 기회는 단숨에 사라지고 만다.

한국에서 중립국감독위원회(NNSC) 스위스 대표로 다년간 근무했던 거버(Urs Gerber) 장군은 2021년 2월 워싱턴 소재 아시아태평양전략센터(CAPS : Center for Asia Pacific Strategy) 주관으로 열린

'유엔사 관련 라운드 테이블'에서 "앞으로는 지구상에 유엔사와 같은 조직을 다시 만든다는 것은 사실상 불가능하다. 정전협정 체결이후 지금까지 무려 70년 가까이 유엔사가 존속하고 있다는 것 자체가 한국으로서는 정말 큰 행운이 아닐 수 없다. 한국은 북핵 문제를 비롯하여 전작권 전환, 종전선언 및 평화협정 체결 논란 등으로 안보적으로 매우 중대한 도전에 직면해 있다. 한국으로서는 지금이야말로 그 어느때보다 유엔사가 절실히 필요한 시기이다"라고 언급하면서 유엔사의 전략적 가치를 높이 평가한 바 있다. 또 주한 영국 국방무관이자 유엔사 군정위 영(英)연방 대표를 지냈던 클리프 장군(Andy Cliffe) 장군 또한 같은 라운드 테이블에서 "유엔사는 한반도라는 전략적으로 중요한 지역에서 효과적인 위기 대응능력과 억제 효과를 발휘함으로써 한반도뿐만 아니라 역외의 안정과 평화에도 크게 기여하고 있다"면서, "한반도에 완전한 평화가 정착될 때까지 앞으로도 유엔사의 역할은 더할 수 없이 커질 것"이라면서 유엔사의 유용한 가치를 강조하였다. 한국은 이러한 유엔사가 평시 한반도 정전협정 관리와 유사시 전력제공 기능을 유지함으로써 궁극적으로는 한반도 평화와 안정에 기여할 수 있는 유용한 국가전략자산으로서 특별히 관리할 필요가 있다.

27
대한민국에 특화된 맞춤형 안전보장보험, 유엔사

유엔사는 국제연합(UN)이 오직 대한민국을 위해 보내준 특별한 선물과도 같은 존재이다. 필자는 유엔사가 가지는 전략적 가치에 대한 이해를 돕기위해 시중에 출시되는 보험 상품에 비유하여 설명하고자 한다. 좀 장황한 표현이지만 한국에 있어 유엔사란 '국제연합(UN)이 집단안보 개념을 적용하여 오직 대한민국만을 위해 출시한 세계 최초이자 지금까지 유일한 장기 맞춤형 특별 안전보장보험'으로 표현할 수 있을 것이다. 그 이유를 설명하자면 다음과 같다.

첫째, 유엔안보리 결의로 탄생한 세계 유일 조직인 유엔사는 대한민국 안보와 방위, 즉 전·평시 한반도의 평화와 안정에 기여 하는 것에 그 임무와 기능이 특화되어 있다. 유엔사는 한국전쟁 당시 북한의 침공으로부터 한국의 자유민주주의를 회복시켜 준 이후 지금까지 70여 년 가까이 한국에 머물면서 평시에는 정전협정 관리자로서 역할을 충실히 수행하고 있으며, 유사시 대비 전력 제공자(Force Provider)로서 임무를 준비하고 있어 존재 자체로 전쟁 억지에 기여하고 있는 셈이다. 유엔사는 1953년 7월 정전협정 체결 이후 지금까지 판문점 도끼만행사건(1968)에 이어 천안함 공격 및 연평도 포격(2011) 등을 비롯하여 여섯 차례의 핵실험과 장거리 투발 미사일 개발에 이르기까지 북한의 크고 작은 도발에도 한반도 상황을 안정적으로 관리해 왔으며, 한미연합연습 등을 통해 북한의 무력적화통일에 대비한 전시 연합작전 수행능력을 갖추기 위해 묵묵히 힘쓰고 있다. 이처럼 미국을 비롯한 17개 회원국의 한결같은 지지와 지원으로 전후(戰後) 한국의 안보 리스크는 대폭 감소하였으며, 이에 힘입어 눈부신 경제성장을 달성할 수 있었다. 이처럼 지구상에 국제연합의 집단안보개념에 따라 특정 국가만을 위해 특화된 유엔사라는 안전보장보험 수혜를 입고 있는 나라는 지구상에 오직 대한민국밖에 없다.

둘째, 유엔사는 조직 관리와 유지를 위해 한국이 별도의 비용 일체를 부담 할 필요가 없는 100% 무상 보험상품이다. 세계 어디에든 외국군대가 주둔하게 되면 그 나라의 안보를 보장해 주는 대가로 주둔에 필요한 기지 제공과 함께 시설이나 인원의 운용과 유지에 필요한 방위비 분담금을 부담하게 되어있다. 이는 주한미군 방위비 분담금을 예를 들면 이해가 보다 쉬울 것이다. 주한미군 방위비 분담금은 주한미군의 주둔 경비 중 '방위비 분담 특별협정(SMA : Special Measures Agreement)'에 따라 한국이 직접 부담하는 비용을 특정해 가리키는 말이다. 이 협정에 따라 한국은 미군 주둔 경비 가운데 인건비와 군사시설비, 군수지원비를 분담하고 있으며, 2021년도에는 1조 1,833억을 웃돌고 있는 가운데 해마다 조금씩 증액되는 추세에 있다. 유엔사는 미국을 비롯한 17개국으로 이루어져 있지만, 한국은 유엔사를 위한 어떠한 유지 비용도 추가적으로 부담하지 않고 있다. 유엔사뿐만 아니라 유엔군 측 중립국감독위원회 스위스와 스웨덴 대표단의 숙소 및 사무실 운영에 필요한 경비도 전액 미8군이 지원해 주고 있으며, 게다가 유엔사라는 거대한 조직을 유엔으로부터 권한을 위임받은 미국이 17개의 회원국을 주도적으로 관리하고 있어 평시 한국은 이에 대해 전혀 신경을 쓰지 않아도 된다.

셋째, 유엔사는 한반도 유사시 엄청난 별도의 유엔안보리 결의를 채택함 없이 전력을 적기에 제공해주는 파격적인 혜택이 보장된 특별한 보험상품이다. 한반도에 전쟁이 발발할 경우 유엔사 회원국들은 과거 안보리결의 제84호(S/1588)와 '워싱턴 선언'에 근거하여 한미연합사(전작권 전환 후 미래연합사)가 필요로 하는 전투부대와 장비 및 자산, 의료구호 물자 등을 제공해준다. 그리고 이들 전력이 한반도에 전개하기 전까지 주일 유엔사 후방기지에서 일시 수용하여 필요한 전투근무지원을 하게 되며, 한반도로 전개 시에는 대부분 전력을 미 전략사령부 책임하에 이동하게 되고, 한반도 도착 후에 한미연합사(미래연합사)가 이를 넘겨받아 운용한다. 또 이들 유엔사 전력이 한반도에서 전투 수행 간에도 유엔사 후방기지에서 필요한 전투근무지원을 지속적으로 지원하게 되므로 한미동맹이 이 전력들을 운용하는 데 아무런 제한이 없게 된다.

넷째, 유엔사라는 보험상품은 보장 기간 면에서도 사실상 무제한이다. 굳이 보장 기간을 따지자면 "한반도에 평화가 정착되어 유엔사가 해체될 때까지"로 규정할 수 있을 것이다. 비록 종전선언이나 한반도 평화협정이 체결되더라도 유엔사의 활용가치는 조금도 변함이 없을 것이다. 왜냐하면, 한반도 평화협정이 체결되더라도 과연 평화협정이 잘 준수되는지를 감시 감독하고 위반행위가 발생한다면 즉각 개입하여 중재 및 조정할 국제 감시기구가 필요하기 때문이다. 그런데 조금만 깊이 생각해 보면 유엔사야말로 한반도 평화협정 관리에 매우 긴요한 기구이며, 한반도 질서가 정전체제에서 평화체제로 바뀌더라도 그 임무를 최적화시키기에 가장 손쉬운 기구라는 것을 알 수가 있다. 한반도를 둘러싼 주변국의 이해관계를 고려할 때 평화협정 체결과 동시에 이를 효과적으로 관리할 새로운 국제기구를 적기에 만들어 가동하기가 쉽지 않은 상황에서, 지난 70여 년 동안 한반도 정전협정 관리자로서 훌륭히 역할을 감당해 왔고, 게다가 한반도와 주변 정세에 익숙한 유엔사가 새로운 임무를 맡는 것이 여러모로 효율적일 것이다.

지금까지 살펴본 바와 같이 유엔사는 해체해야 할 구시대의 유물이 아니라, 한반도 평화와 안정에 매우 유용한 국가전략자산으로 재평가를 받아 마땅하다. 향후 한반도에 분쟁이나 전쟁이 발발할 경우 완벽한 전력제공 특혜를 보장해 주면서도 평시 사용자인 한국으로서는 이를 위한 일체의 유지비 부담을 주지 않는 유엔사는 분명 '신(神)이 한국에 보내준 선물'이 아닐 수 없다. 이보다 더 완벽하고도 보장성이 뛰어난 종신 안전보장보험이 지구상에서 또 어디에 있겠는가? 더욱이 유사시 한반도에 전력을 제공할 17개의 유엔사 회원국들을 관리하고 전력제공을 보장하기 위한 일체의 노력을 미국이 전적으로 감당하고 있어 사실 수혜국인 한국으로서는 크게 신경 쓸 것이 없다. 한국이 할 바는 그저 유엔사의 기여도를 인정하고 지지해 주는 것, 평소 각종 유엔사 활동에 관심을 가지고 적극적으로 참여하는 것, 그리고 전력을 제공하게 될 회원국들과 개별적인 친선우호활동 등 원활한 관계를 잘 유지하는 것 등이 전부이다. 이런것들만 보더라도 전·평시를 막론하고 한반도 평화와 안정에 기여해 왔으며, 유사시 함께 싸울 전력을 제공하게 될 중요한 국가전략자산인 유엔사를 우리 스스로 포기하는 것은 매우 어리석은 일이다. 유엔사 해체에 동조하거나 부추기는 행위는 곧 대남 무력적화통일을 대전략으로 하는 북한과 주변 세력들을 이롭게 만드는 이적행위(利敵行爲)나 다를 바 없을 것이다.

지평리 전투중 전사한 유엔군의 유해

28 유엔사의 미래, 한미동맹의 선택

전평시 유엔사의 임무는 간단명료하면서도 막중하다. 평시 정전협정 준수를 위한 감독과 조사, 이행을 유지하는 것과 유사시 한국방위에 필요한 전력제공 및 회원국의 재참전을 유도하는 것이다. 이러한 유엔사는 유엔안보리 결의안 제84호(S/1588)를 근거로 합법적으로 창설된 유엔의 보조 기관이라는 국제적 지위를 갖고 있지만, 1990년대 이후 지속해 온 북한의 무실화 책동과 국내 일부 세력들의 '흔들기'로 예전보다 유엔사의 존재감이 많이 희석된 것이 사실이다. 북한 비핵화를 두고 미북 간의 협상이 두 차례의 정상회담 이후 지금까지 장기간 답보상태에 있지만, 향후 재개 및 진척 정도에 따라 유엔사 존폐를 둘러싼 논쟁은 언제든지 재점화될 우려가 있다. 더욱이 향후 미국과 북한이 북한 비핵화 문제를 논의하는 과정에서 '북한 비핵화'를 촉진하기 위한 빅딜(big deal)의 성격으로 급진전 될 수도 있는 종전선언 및 평화협정 체결 가능성은 유엔사의 거취를 가름하는 중요한 변수가 될 것이다.

한미 양국은 전작권 전환 이후에도 굳건한 동맹 관계를 견고히 유지해 나가야 하며, 유엔사 재활성화 문제 역시 그러한 시각에서 접근해야 한다. 한미동맹은 미국 주도로 추진되어 온 '유엔사 재활성화'로 인해 전작권 전환 이후 필연적으로 다가올 새로운 갈등에 대비하여 동맹 간의 잡음을 먼저 해소해야 한다. 한미 간에 유엔사를 둘러싼 잡음이 생긴 것을 두고 굳이 잘잘못을 따지자면, 그동안 미국의 논의 요청을 등한시하고 제대로 관심을 기울이지 못한 한국에 일차적인 책임이 있다. 다른 한편으로는 동맹국인 한국을 제쳐두고 장기간 독자적으로 유엔사 재활성화를 추진해 온 미국의 책임도 적지 않다. 결과적으로 그 과정이 어떻게 진행되었든 간에 미국과 한국이 유엔사 재활성화로 인해 불협화음을 내는 것은 미래의 한미동맹을 위해서라도 바람직하지 않으며, 유엔사 해체와 함께 한미동맹 균열을 바라는 주변 국가들이나 특정 세력들에게 이로운 상황만 조성해 주게 될 뿐이다. 그러므로 한미동맹은 유엔사 재활성화로 인해 향후 한미동맹 간에 갈등으로 확대될 수 있는 모든 이슈들에 대해 선제적이고 능동적으로 대처해 나갈 필요가 있으며, 이로 인해 새로운 차원의 '동맹 딜레마'가 발생하지 않도록 특별히 관리할 필요가 있다.

한미동맹이 유엔사와 관련한 제반 갈등 소지를 극복하고 새로운 미래를 지향하면서 상호 유념해야 할 사항이 몇 가지 있다. 첫째, 한미동맹은 유엔사의 전략적 유용성에 근거하여 향후 거취에 관해서 보다 신중해야 한다. 작금의 한국으로서는 평시 유엔사가 수행하는 정전협정 관리자로서 역할과 기능보다는 한반도 유사시 전력제공 기능에 더 비중을 두어야 한다. 유엔사가 존속되어야 유사시 유엔안보리 결의 채택 없이 전구작전에 필요한 전력을 신속히 제공할 수 있기 때문이다. 이를 위해서는 무엇보다 주일 유엔사 후방기지를 견고히 유지하는 것이 중요하다. 유엔사 후방기지는 한반도 유사시 유엔사 회원국들이 제공하는 전력들을 일시적으로 수용하여 유류와 탄약 보충, 부대이동에 필요한 최종 점검 등 필요한 일체의 준비를 마친 후 이들 전력을 한반도로 전개하여 미래연합사에 인계하게 될 '강력한 힘의 원천'이다. 주일 유엔사 후방기지는 여타의 주일 미군기지와 더불어 아시아-태평양지역에서 중국을 견제할 수 있는 동아시아 최대의 전략적 거점이기도 하다. 유엔사와 후방기지는 한미동맹 모두에게 유용한 전략자산인 까닭에 어떠한 이유로든 정치적 협상을 위한 수단으로 사용해서는 안 될 것이다.

둘째, 전작권 전환 이후 평화체제 하에도 한반도의 완전한 평화 정착과 우발상황 발생 시 한국방위를 위해서도 상당기간 유엔사는 한반도에서 존속해야 한다. 비록 북한의 무력화 시도로 그 기능이 크게 훼손되긴 하였지만, 지난 70년간 한반도에 머물면서 위기관리 및 전쟁 억제 기능을 효과적으로 발휘해왔다는 자체만으로도 유엔사의 가치는 그 무엇으로도 값을 매길 수 없다. 설사 한반도 평화협정을 체결하더라도 그 자체가 곧 완전한 평화의 정착을 보장하는 법적 구속력이 없는 만큼, 한반도에 전쟁의 위험성이 완전히 해소되고 항구적인 평화가 구현되는 단계, 즉 '완전하고, 검증 가능하며, 불가역적인 평화(CVIP : Complete, Verifiable, and Ineversible Peace)'가 정착될 때까지 일정 기간 유엔사가 '평화체제 관리자'로서 그 역할을 계속 수행하도록 점진적으로 임무와 역할을 최적화시켜 나가야 할 것이다.

셋째, 유엔사 주(主)지휘소는 반드시 한국작전전구(KTO) 내에 있어야 한다. 한미동맹은 북한과 중국을 비롯한 공산권 국가들의 유엔사 해체 주장에 더하여 국내 진보진영을 중심으로 한 '유엔사 해체' 요구가 극도의 반미감정을 고조시켜 한국 내에 유엔사를 더 이상 존치할 수 없는 상황이 초래되지 않도록 선제적으로 관리할 필요가 있다. 북한을 비롯한 공산권 진영의 유엔사 해체 주장과 국내적 반미감정이 확산될 경우 유엔사를 해체할 의향이 없는 미국으로서는 주한미군사와 유엔사의 지휘소를 분리하여 배치하는 전략적인 선택도 고려할 수도 있을 것이다. 예를 들어 주한미군은 한국에 지속 잔류하되 유엔사는 일본에 있는 후방기지 중 한 곳으로 지휘소를 이전하는 방안이다. 이러한 선택은 유엔사와 후방기지를 그대로 유지하면서도 주변국의 반감과 한국 내 반미 여론을 어느 정도 잠재울 수 있는 차선책은 될 수 있다. 그러나 유엔사가 한국 밖에 위치할 경우 평시 접적 지역이나 해상에서 남북 간 무력충돌이나 고강도 도발이 발생 시 실시간 상황 인식 정도가 제한되고 위기관리 차원의 상황 확대 방지 등 억제 및 중재 기능도 약화될 것이다. 또 유사시 유엔사 고유 임무인 '전력제공 템포(tempo)'에도 매우 부정적 영향을 끼칠 수 있다. 따라서 유엔사 주(主)지휘소가 한국을 벗어나 주일 후방기지 중 어딘가로 재이전하는 일이 없도록 국가적 관심을 기울여야 한다.

넷째, 한미동맹은 애초 합의한 대로 전작권 전환에의 중요한 기준인 '조건'의 달성 여부를 세밀히 검증하여 완전성을 기할 필요가 있다. 아울러 새로운 동맹 지휘구조가 한반도에서 전쟁 억제 및 유사시 전승을 보장할 수 있도록 강력하고 효율적인 연합방위 체제로 구축하되, 유엔사의 임무와 역할 범위를 명확히 정립하여 양국의 핵심이익을 동시에 보호 및 강화하는 상호 윈-윈(win-win) 전략이 중요하다. 한국은 '자주국방'이라는 구호에 급급하여 준비가 덜 된 상태에서 '조건' 보다는 '시기'에 집착하여 성급한 전작권 전환을 추진함으로써 오히려 안보 여건을 악화시키는 우(愚)를 범하지 않도록 해야 할 것이다. 설사 전작권 전환이 조기에 될지라도 한국군 주도의 안보태세와 능력을 완전히 갖추게 되는 일정 시기까지는 유엔사의 도움이 절대적으로 필요한 만큼, 한국은 유엔사에 관한 문제에 접근함에 있어 명분과 실리를 모두 챙길 수 있는 보다 전향적이고 대승적으로 협상력을 발휘할 필요가 있다. 무엇보다도 한미동맹은 유엔사와 관련한 주요 이슈들을 놓고 단순히 각자가 '자국의 핵심이익 극대화'에만 급급하여 동맹과의 관계를 약화되지 않도록 주의해야 한다. 또 한미 양국은 자국의 여론을 지나치게 인위적으로 조장함으로써 불필요하게 동맹의 신뢰를 떨어뜨리거나 반대로 동맹 딜레마를 더욱 고조시키는 우(愚)를 범해서도 안 될 것이다.

　다섯째, 한국은 비록 유엔사가 한국에 주둔하고 있지만, 법적 지위 및 지휘계통을 고려할 때 한국의 의지대로 움직이거나 관여를 할 수 있는 조직이 아니라는 현실적인 한계를 인정하고 지혜로운 해법을 모색해야 한다. 유엔사와 관련한 이슈는 한미 간 대화와 협상을 통해 해결해야 하는데, 협상에 임함에 있어 한국이 처한 안보 현실을 충분히 이해시킬 수 있는 진정성 있는 대화 자세와 함께 합리적이고 설득력 있는 논리를 갖추는 것이 무엇보다도 중요하다. 무엇보다도 세계 유일의 초강대국 미국이 전통적 안보협력 국가라는 점에서 그 체면과 위상을 존중해 줌으로써 유엔사가 한반도에서 존속할 수 있는 여건과 제반 편익을 세심히 배려해 주어야 한다. 이 점은 미국도 마찬가지이다. 미국 역시 70년 전 자신들이 주도적으로 개입하여 공산화를 막고 자유민주주의를 회복시켜 주었던 대한민국이 오늘날 세계 11위의 경제 대국으로서 성장한 것에 대해 동맹국가로서 자부심을 가질 필요가 있다. 지리적으로 동북아지역 대륙의 한쪽 끝단에 자리하고 있는 대한민국이 하나같이 핵으로 무장한 군사적 강국인 주변의 공산권 국가들과 근접하고 있는 불리함 속에서도 한국전쟁 이후 69년간 당당히 자유민주주의를 지켜가고 있는 것 역시 동맹인 미국으로서도 자랑스러워 해야 할 것이다. 따라서 세계 유일의 초강대국인 미국이 전략적 동맹 관계에 있는 한국과 작고 사소한 분야에서까지 과도하게 '치킨 게임'을 벌이는 것은 전 세계에서 자유민주주의를 추구하는 모든 국가 입장에서 미국의 글로벌 리더십이 손상되는 행위임을 인식해야 한다. 한미동맹은 직면하고 있는 중요한 안보 현안들을 논의하면서 당장 눈앞의 전술적인 현안에 집착함으로써 전략적인 핵심이익을 놓치지 않도록 해야 하며, 이를 위해서는 무엇보다 동맹 간의 깊은 신뢰와 확고한 원칙 준수는 필수이다.

끝으로, 한미동맹은 양국이 공감하는 수준으로 제반 이슈와 갈등의 소지를 원만하게 해소함으로써 '재활성화된 유엔사'가 전작권 전환 이후의 미래 한반도 평화와 한국방위에 순기능적 역할을 감당하도록 해야 한다. 가장 최근 몇 차례의 남북정상회담과 북미정상회담 등으로 북핵 문제 해결 및 한반도 평화체제 구축에 대한 일부 진전과 기대가 공존하고는 있지만, 지나온 과정들이 하나같이 순탄치 않았음을 고려할 때 한반도에서 전쟁을 완전히 종식하고 진정한 평화로 가는 길은 아직은 멀고도 요원하게 여겨진다. 대한민국은 역사적으로 숱하게 겪은 세차고 험난한 격동기를 극복하면서 얻어낸 국력과 자신감을 바탕으로 전작권 전환 이후에도 튼튼한 한미동맹을 유지해야 하며, 이를 기반으로 한반도를 뛰어넘어 아시아·태평양지역의 평화와 번영에도 이바지할 수 있기를 기대해 본다.

유엔군사령부에서 유일한 한국군 장성(將星) 직위를 역임했던 역대 유엔사 군정위 수석대표들은 2021년 11월 22일 미 용산기지 내에 있는 드래곤 힐(Dragon Hill)에서 열린 "제6회 유엔사 군정위 수석대표 포럼"에 참석 후 "유엔사 군정위 수석대표 모임"을 발족했다.

주석

1) Rosemary Foot, A Substitude for victory: The Politics of Peace Making at the Korean A
2) 1951년 1월, 애치슨 미 국무장관은 "미국의 아시아 방어선은 알류산 열도와 일본, 유구, 필리핀을 잇는 선이며, 한국과 대만은 제외 한다"고 발표하면서, "미국 방위선 밖의 나라들이 침범을 당하면 UN의 테두리 내에서 보호 한다"는 발언을 한 바 있다. 한표욱, 『이승만과 한미외교』(서울 : 중앙일보사, 1996), p. 77.
3) 남정옥,『한미군사관계사』1871~2002 (서울 : 국방부 군사편찬연구소, 2002), pp. 290-291.
4) 윌리엄 스툭/서은경 역,『한국전쟁과 미국 외교정책』(서울 : 나남출판, 2005), p. 91. 오충근, "한국전쟁과 소련의 유엔 안전보장이사회 결석 : 허사로 끝난 스탈린의 '실리외교,'" 『한국정치학회』제 35집 1호, 2001, pp. 105-123.
5) 김명기, "국제법상 국군의 작전지휘권 이양 공한의 유효성", 육사 논문집, vol 15, 1976. 11. 30, p. 314.
6) 김기호, "전작권 전환 및 연합사 해체에 따른 전략적 대안," 2012. 6, p. 10. 최승범, "한미연합사 해체 이후 유엔사에 관한 연구," 국민대학교 석사학위논문, 2012. 7, pp. 7-9.
7) "Memorandum from Winston Lord to Kissinger (1975. 8. 21)", Winston Lord Files, Box, 354.
8) "Memorandum from Winston Lord to Kissinger (1975. 8. 21)", Winston Lord Files, Box, 354.
9) "Memorandum for Secretary Kissinger from Richard H. Solomon: The Korean Situayion and the China Element," Dec. 3. 1973. NSC Top Secret/Sensitive, Action.
10) Memorandum of Conversation, Deng Xiaoping [Teng Hsiao-p'ng] and Henry A. Kissinger (abridged), 22 October 1975, NKIDP, 2011, pp. 567-568.
11) 문진욱, "유엔사의 역사적 재고찰 및 발전방향에 관한 연구,"『군사연구』제135집, 육군군사연구소, 2013, p. 259.
12) 이상철, 앞의 책, pp. 91-92.
13) 박휘락/김병기, "한미연합사령부 해체가 유엔군사령부에 미치는 영향과 정책제언,"『신아세아』제19권 제3호, 2012, p. 83.
14) 김명기,『주한 국제연합군과 국제법』, (서울 : 국제문제연구소), 1990, p. 61.
15) UN Security Council, "Resolution 83 (1950) of 27 June 1950"
16) 유엔 안보리 결의 제82, 83, 84호와 1950년 10월 7일에 체결된 한국의 통일·독립·민주정부 수립에 관한 유엔총회 결의 제376호, 그리고 1953년 7월 27일 체결된 정전협정의 서명자 및 후임사령관으로서 정전협정의 이행·준수 등이 그 근거임.
17) 한미연합사는 1978년 11월 7일 SCM의 "군사위원회 및 한미 연합군사령부에 대한 관련약정" 승인, MCM의 "전략지시 제1호" 하달, 한미정부의 "한미 연합군사령부 설치에 관한 각서" 교환 등의 절차를 거쳐 상설되었다.
18) 박휘락/김병기, "한미연합사령부 해체가 유엔군사령부에 미치는 영향과 정책제언,"『신아세아』제19권 제3호, 2012, p. 82.

19) UN General Assembly, "Resolution 376 (V): The Problem of the Independence of Korea," at Element http://daccess-dds-ny.un.org/doc/RESOLUTION/GEN/NRO/059/74/IMG/NR005974.pdf.Open (2012. 5. 31)
20) 이명철/차두현/김두승, p. 31.
21) 신현돈, "아태지역 안보의 허브를 가다" 합동참모본부, 『합참』 제82호, 2007, pp. 86-87,.
22) 이명철/차두현/김두승, p. 39.
23) 유엔사 전력제공국 전력통합예규 (2011. 8. 11, 평문)에서 주요 내용을 요약 발췌
24) 유엔사·연합사·주한미군『전략 다이제스트 2016』, p. 21.
25) 유엔사 군사정전위원회, 『정전협정체제 소개』
26) 김성만, "북한이 평화협정과 유엔사 해체를 주장하는 이유," 대전투데이, 2013. 1. 22, http://daejeontoday.com/news/articlePrint.html?idxno=27359, (2017. 6. 15)
27) 국방부, 『2014 국방백서』, 2014. p. 245.
28) 통일연구원, 『통일정세분석 2006-07 주일미군의 재편의 의미와 시사점』, 2006. 5, pp. 77-79.
29) 김동명, "한반도 평화체제 구상," 『통일과 평화』 제3집 1호, 2011, p. 102. 조성렬, 전게서, p. 16.
30) 조선일보 2018년 12월 13일자, "통일硏, 북한 비핵화 50% 되면 유엔사 해체," http://news.chosun.com/site/data/html_dir/2018/12/13/2018121300258.html (2018. 12. 24)
31) 정태욱, "주한 유엔군사령부(UNC)의 법적 성격," 『민주법학』 제34호, 2007, pp. 199-205.
32) 김용한, 『한반도와 국제법』, 한국한숙정보(주), 2009, p. 186. 조영선·박지웅, "유엔사와 평화협정," p. 5.
33) 정재욱, "전시작전통제권 전환과 한미동맹: 유엔군사령부의 역할 정립을 중심으로," 『제주평화연구원』 JPI 정책포럼, 2014. 5, pp. 4-5.
34) 박휘락, "남북한 평화협정 체결에 관한 소망성과 위험, 그리고 과제," 『전략연구』 통권 제75호 (2018. 07), p. 175-185.
35) 美 국무부는 종전선언의 전제조건으로 "핵 리스트 제출이 먼저임"을 밝혔다. 조선일보, "美 '핵 리스트 줘야 종전선언 응할 것'," 2018. 7. 30일자 제1면
36) Walsh, Patrick Michael, Military Coalition Building : A Structural and Normative Assessment of Coalition Architecture, N. p., : New York, 1999, Print. 143.
37) "Map: America's Shrinking Coalition Support in Iraq," *Map: America's Shrinking Coalition Support in Iraq*. N.p., 08 Oct. 2014. Web. 09 oct. 2016. <http://theweek.com/speedreads/444757/map-americas-Shrinking-Coalition-Support-Iraq>
38) Walsh, Patrick Michael, Military Coalition Building : A Structural and Normative Assessment of Coalition Architecture, N. p., : New York, 1999, p. 154.
39) Davis, Robert. "Canada and Persian Gulf War," University of Windsor (1977): n. p. 48.
40) 미 의회는 일본이 걸프전에 대한 재정적 지원을 늘리지 않을 경우에 대비한 압박수단으로 주일미군의 부담금을 모두 일본에게 지우는 결의안을 상정하여 찬성 370표, 반대 53표로 비준하였다.
41) Fritz, Alarik Morgan, "HOW SUPER POWERS GO TO WAR AND WHY OTHER STATES HELP THEM: THE IMPACT OF ASYMMETRIC SECURITY INTERDEPENDENCE ON WAR COALITION FORMATION," *A Dissertation Submitted to the Faculty of the Graqduate School of Arts and Sciences of Gorgetown University* (2008), p. 284.

42) Peters, John E; Deshong, Howard (1995). <*Out of Area or Out of Reach? European Military Support or Operations in Southwest Asia*> (PDF). *RAND Corporation*. ISBN 0-8330-2329-2.
43) Fritz, Alarik Morgan, 전게서, p. 284.
44) Ashraf, Ali, "THE POLITICS OF COALITION BURDEN-SHARING: THE CASE OF THE WAR IN AFGHANISTAN," A Dissertation Submitted to the Graduate Faculty of the Graduate School of Public and international Affairs of the University of Pittsburgh, 2011, pp. 183-184.
45) Ashraf, Ali, Ibid, p. 259-343. 전문가들은 파키스탄이 전쟁기간 중 입은 손실금액을 $20 ~ $50billion 으로 추정하고 있다.
46) Daniel L. Byman & Matthew C. Waxman, "Confronting Iraq: U,S Policy and the Use of Force Since the Gulf War (RAND)," 2000, p. xv.
47) Henry Kissinger, "Does American Need a Foreign Policy?: Toward a Diplomacy for the 21st Century (Touchstone, 2002), p. 189.이진수," 미국의 대 이라크 전쟁 수행에 관한 연구 (고려대 석사학위논문), 2003. 12, p. 11. 재인용
48) 알바니아, 불가리아, 크로아티아, 에스토니아, 라트비아, 리투아니아, 마세도니아, 루마니아, 슬로바키아 및 슬로베니아 등은 NATO 가입 및 미국과의 관계 확대를 원하여 자발적으로 연합에 가입했다. 정옥임, 전게서, p. 61.에서 재인용
49) 김종법, "아프간전과 이라크전을 통해 살펴본 유럽연합과 미국의 대서양동맹의 변화," 한국유럽학회「유럽연구」제 27권 2호, 2009 여름호, pp. 122-123.
50) Anderson, Sarah, Phyllis, and John Cavanagh, 2003, "*Coalition of the Willing or Coallition of the Coerced?: How the Bush Administration Influences Allies in its War on Iraq*," Institude for Peace Studies, 26 February.
51) https://ko.wikipedia.org/wiki/%EA%B1%B8%ED%94%84_%EC%A0%84%EC%9F%81
52) "Coalition Casualties in Afaganistan," Wikipedia Foudation, n.d. Web. 11 Oct. 2016, http://en.Wikipedia.org/wiki/Coalition_in_Afaganistan
53) https://namu.wiki/w/%EC%9D%B4%EB%9D%BC%ED%81%AC%20%EC%A0%84%EC%9F%81
54) 중앙일보 (2016. 9. 10), http://news.joins.com/article/print/20580463, (2017. 8. 1).
55) 당시 파병 찬반 여부 설문조사에서 한겨레신문의 경우 찬성 50.6%, 반대 47.4% (2003. 3. 31), 동아일보는 찬성 48.2% 대 반대 45.1% (2003. 4. 2)이었다.
56) Boooie S. Glaster and Skyler Mastro, "The Big Winner of the Singapore Summit: How China Ended Up Getting the Best Deal," *Foreign Affairs* (Council on Foreign Relations, June 15 2018); 최용환, "종전선언의 쟁점과 과제,"「국가안보전략연구원」, 이슈브리프 18-30, 2018. p. 4에서 재인용
57) 세종연구소, "한반도 종전선언의 의의와 추진방향 및 과제,"「세종정책포럼」, 2018. 7. 20, p. 6.
58) 조성렬, "한반도 평화협정 논의의 재등장 배경과 향후 전망,"「JPI정책포럼」, 제주평화연구원, 2010. 4, p. 17.
59) 장광현, "다시 유엔사(UNC)를 논한다," 굿프렌드 정우, 2020. 10, p. 259.
60) 남북기본합의서 (1991. 12) 제1장 5조에는 "남과 북은 현 정전상태를 남북 사이에 공고한 평화상태로 전환시키기 위하여 공동으로 노력하며, 이러한 평화상태가 이룩될 때까지 현 정전협정을 준수한다"고 명시하고 있다. 김강녕, "정전체제의 평화체제로의 전환: 과제와 전망,"「한미동맹 50년 정전협력 50년 기획논문 II」, p. 136. 재인용